ALL ABOUT Pi STARTER
by SMILE BASIC technology

電子工作を**作る**

ゲームを**遊ぶ**

プログラミングを**楽しむ**

イラスト：荒井清和

JN189106

ALL ABOUT Pi STARTER
by SMILE BASIC technology

CONTENTS

第1章 Pi STARTERを始めよう　4
Pi STARTER（パイスターター）とは／Pi STARTER でできること／Pi STARTER に必要なもの／Pi STARTER への機器の接続／Pi STARTER の実行／ファイルの更新と管理

第2章 プログラミングの基本（ソフトウェア初級）　10
ダイレクトモードとエディットモード／キーアサインとヘルプ／画面に文字を表示する／プログラムで文字を表示する／プログラムの保存と読み込み／数当てゲーム／オレンジ狩りゲーム

第3章 高度な使い方（ソフトウェア上級）　18
画面の仕組み／グラフィックを描く／グラフィックの保存と読み込み／スプライトの表示／スプライトの拡大縮小と回転表示／スプライトを使ったゲーム／サウンドを鳴らす

第4章 電子工作の基礎（ハードウェア初級）　26
電子工作用の道具／電子工作回路を作るための部品／LED を点滅させる／スイッチの状態を読み取る／I2C 通信で加速度センサーを読み取る／SPI 通信で A/D コンバーターを読み取る

第5章 いろいろ作ってみよう（ハードウェア上級）　34
ウェルカムロボット／アーケードゲーム風ラズパイケース／ドライビングゲーム用コントローラー／ニュースウォッチ／ライブカメラ／ドットマトリックス LED ゲーム

SmileBASIC-R リファレンス　72

この本で作ることができるもの

ウェルカムロボット　34

アーケードゲーム風ラズパイケース　42

ドライビングゲーム用コントローラー　48

ニュースウォッチ　54

ライブカメラ　59

ドットマトリックス LED ゲーム　64

第5章
- ウェルカムロボット
- アーケードゲーム風ラズパイケース
- ドライビングゲーム用コントローラー
- ニュースウォッチ
- ライブカメラ
- ドットマトリックス LED ゲーム

SmileBASIC-R リファレンス
- 言語仕様
- DIRECT モード専用
- 配列と変数の定義・配列操作
- 比較・分岐・くりかえしなどの制御
- ユーザー定義の命令と関数・呼び出し
- データ操作・フレームカウント・その他
- コンソール画面への文字表示・文字列の入力
- 各種入力デバイス
- ファイルへの読み書き・一覧所得
- 画面の表示モード
- グラフィックページへの描画
- スプライトの制御
- サウンド
- 数学
- 文字列操作
- ソースコード操作
- GPIO 制御
- ネットワーク
- MML
- 資料

第1章 Pi STARTERを始めよう

1-1 Pi STARTER（パイスターター）とは

　スマイルブームの「Pi STARTER（パイスターター）」はラズベリーパイ（Raspberry Pi）で動くプログラム作りの仕組みです。このプログラム作りの仕組みのことを「開発環境」といいます。ラズベリーパイは英国に拠点を置く「ラズベリーパイ財団」によって開発された教育向けのコンピュータ基板です。ラズベリーパイは2012年の登場以来、現在まで世界中のユーザーに使われています。以下、本書ではラズベリーパイを「ラズパイ」と呼ぶことにします。ラズパイの特徴は、比較的価格が安く、サイズが名刺くらいでありながら、性能がパソコン並みであることです。Pi STARTERを活用することで、より手軽にプログラミングを楽しむことができます。

　これがPi STARTERの実物です。Pi STARTERを動かすためのデータがmicroSDという規格のメモリカードの中に入っています（以下、「microSDカード」と呼ぶことにします）。これをラズパイに接続するだけで、すぐに使うことができます。Pi STARTERにはラズパイは含まれていません。ラズパイは別途、自分で用意する必要があります。

名称	「Pi STARTER（パイスターター）」
内容物	microSDメモリカード × 1枚
メーカー	スマイルブーム
販売	TSUKUMO（株式会社ProjectWhite）
サポートサイト	http://smilebasic.com/pistarter/

◆ microSDの規格

　microSDメモリカードはSDメモリカードをさらに小型化した記録媒体です。microSDメモリカードはアダプタを取り付けることによって、SDメモリカードとして使うことができます。Pi STARTERでは「microSDHC」のメモリカードを使用しています。microSDHCという規格は記憶容量が4GB～32GBに対応していることが特徴です。本書では便宜上、microSDHCメモリカードを「microSDカード」と表記しています。その他、64GB以上の記憶容量に対応した「microSDXC」という規格もあります。

1-2 Pi STARTER でできること

Pi STARTER の特徴と、それを使ってできることをダイジェストで紹介します。

その1「ユーザーにやさしい」

Pi STARTER はプログラミング初心者の方々でも使えるように作られています。ラズパイの電源を入れて、すぐにプログラムを始めることができます。Pi STARTER では「SmileBASIC（スマイルベーシック）」という独自仕様の BASIC 言語を使って、プログラムを作成します。SmileBASIC ではキーボードから命令を入力すると、すぐに実行して結果を表示させることができます。

その2「本格的なゲームが作れる」

Pi STARTER はゲーム作りのための機能が充実しています。その一例がこちら、サンプルプログラムの「SOLID GUNNER-R（ソリッドガンナー リビジョン）」というゲームです。このように大きな敵機や大量の弾が飛び交うゲームを作ることができます。ゲーム内のキャラクタの表示には「スプライト」という機能が使われています。

スプライトは1画面に最大で 512 個表示させることができます。他にもゲームに作りに欠かせないサウンド出力の機能も用意されています。USB ポートにゲームパッドをつないで遊ぶこともできます。

スプライトやサウンド出力の機能については第3章で紹介しています。

その3「ハードウェアに強い」

Pi STARTER は電気信号の入力や出力を行うプログラムを作ることができます。ラズパイには「GPIO コネクタ」という端子があり、この端子を通じて自作の回路と組み合わせることができます。GPIO コネクタから入力した状態を確認するため「GPIO モニター」というツールも収録されています。楽しみながら電気について学んでみましょう。GPIO コネクタについては第4章と第5章で紹介しています。

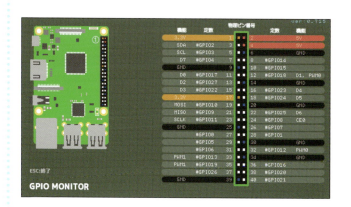

その4「プログラミングを覚えやすい」

Pi STARTER はプログラミングを覚えやすくするための工夫が盛り込まれています。1つは入力の支援機能です。キーボードからある命令を実行しようとした場合、すでに登録されている命令の候補が表示されます。この機能を活用すれば、キーボードを叩く回数を節約することができます。もう一つの工夫が「インラインヘルプ」です。これは紙の説明書と同等の内容がデータとしてソフトウェアに組み込まれているという機能です。画面を見ながら命令について調べることができて便利です。

プログラム作りを助けてくれるツールやサンプルプログラムも充実しています。

その 5 「お財布にもやさしい」

ラズパイの価格は 5000 円前後です。パソコンなどと比べて安価に買い求めることができます。**ラズパイは大手の家電量販店でも取り扱っていますので**、入手しやすくなっています。

❖ Pi STARTER を支える技術「SmileBASIC」

SmileBASIC はスマイルブームが開発したプログラミング言語です。長い歴史を持つ「BASIC」という言語をベースにしつつ、最新の機能を取り入れています。SmileBASIC の技術を使った製品としては、Pi STARTER の他に「プチコン 3 号 SmileBASIC」や「プチコン BIG」があります。「プチコン 3 号 SmileBASIC」は任天堂の携帯ゲーム機、ニンテンドー 3DS で動作するニンテンドー 3DS ソフトウェアです（販売価格 500 円（税込））。「プチコン BIG」は任天堂の据え置き型ゲーム機、Wii U で動作する Wii U ソフトウェアです（販売価格 1000 円（税込））。

1-3　Pi STARTER に必要なもの

Pi STARTER を始めるにあたり、下の表にあるものを用意します。それぞれは写真とおりのものを準備する必要はありません。例えば本書ではプログラムに加え電子工作の製作も行いますので、前述の GPIO にアクセスしやすい公式のケースを使用していますが、プログラムのみを行うのであれば、ちょっと変わったケースにしてもいいかもしれません。

品名	詳細
❶ Pi STARTER	Pi STARTER の入っている **microSD カード**です
❷ ラズベリーパイ	ラズパイ本体です。「**ラズベリーパイ 3 モデル B**」または「**ラズベリーパイ 3 モデル B+**」がおすすめです。価格は 5000 円前後です
❸ キーボード	USB 接続のキーボードを使用します。写真ではワイヤレス式のキーボードを使用していますが、有線式のキーボードでも構いません
❹ マウス	USB 接続のマウスを使用します。写真ではワイヤレス式のマウスを使用していますが、有線式のマウスでも構いません
❺ ラズパイ用ケース	公式のケースが 1300 円ほどの価格で売られています
❻ テレビまたはディスプレイ	HDMI 規格の入力端子のあるディスプレイやテレビを使用します
❼ HDMI ケーブル	**タイプ A オスのコネクタ**の HDMI ケーブルを使用します
❽ USB 電源アダプタ	家庭用の交流（AC）100V から直流（DC）5V を作り出すためのアダプタです。**USB 電源アダプタは最大で 2.5A の電流を出力できるもの**を使用しましょう
❾ USB ケーブル	電源ケーブルとして使用します。端子の形状は **micro-B オス ↔ A オス**のものを使用します。大きな電流に耐えられるように、急速充電対応のものがおすすめです
インターネットの接続環境（必須）	アクティベートやプログラムの更新のために必要です（有線／無線どちらでも可）

1-4 Pi STARTER への機器の接続

1-3 で先ほど用意した機器を組み合わせていきましょう。Pi STARTER に必要な機器の関係を図にすると、こうなります。

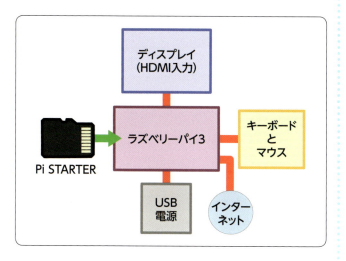

最初に Pi STARTER の microSD カードを**ラズパイのスロットに差し込み**ます。ラズパイ 3 の場合、スロットにはラッチがないため、**「カチッ」**という音はしません。microSD カードを差し込み終わると、写真のような状態になります。

続いて、ラズパイの各ポートに機器を接続します。

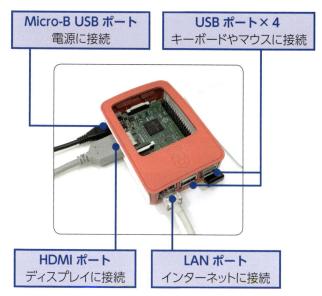

- Micro-B USB ポート：電源に接続
- USB ポート×4：キーボードやマウスに接続
- HDMI ポート：ディスプレイに接続
- LAN ポート：インターネットに接続

ポート	接続について
HDMI ポート	HDMI ケーブルを通じてディスプレイやテレビに接続します
USB ポート	キーボードやマウスに接続します。写真ではワイヤレス式のキーボード＆マウスのレシーバーを接続しています。USB ポートは全部で 4 つありますが、どのポートに接続しても構いません
LAN ポート	LAN ケーブルを通じてインターネットに接続します
micro-B USB ポート	USB ケーブルを通じて、USB 電源アダプタに接続します

◇ 「ラズパイ3」には 2 つの種類があります

ラズパイは数多くの機種が発売されています。ここでは、Pi STARTER 用としてオススメしている**「ラズパイ 3」**を紹介します。まず、写真の左側は 2016 年発売の**「ラズベリーパイ 3 モデル B」**です。末尾の**「モデル B」**とは、過去のラズパイに存在していた**「モデル A」**という製品と区別するためのものです。ただし、**「ラズベリーパイ 3 モデル A」**という製品は現在までに存在していません。このため**「ラズパイ 3B」**と略して呼ぶ場合があります。

右側は 2018 年発売の**「ラズベリーパイ 3 モデル B+」**です。現時点で最新版のラズパイです。こちらは**「ラズパイ 3B+」**と略して呼ぶことができます。**「ラズパイ 3B」**に対して**「ラズパイ 3B+」**はプロセッサの速度が若干高速化しています。さらにネットワークの機能が最新の規格に対応しています。

「ラズパイ 3B」
SoC：Broadcom BCM2837（クアッドコア Cortex-A53）
プロセッサのクロック周波数：1.2 GHz
メモリ容量：1GB
Wi-Fi：2.4GHz 対応（5GHz 未対応）
有線 LAN：10/100 Base-T 対応（1000 Base-T 未対応）
Bluetooth：Bluetooth4.1 対応

「ラズパイ 3B+」
SoC：Broadcom BCM2837B0（クアッドコア Cortex-A53）
プロセッサのクロック周波数：1.4GHz
メモリ容量：1GB（ラズパイ 3B と同じ）
Wi-Fi：2.4GHz/5GHz 対応
有線 LAN：10/100/1000 Base-T 対応
Bluetooth：Bluetooth4.2 対応

1-5　Pi STARTER の実行

接続が完了したら、ラズパイを動かします。ラズパイを電源に接続するとOS（基本ソフトウェア）が起動し、下のような画面が表示されます。

起動時は Pi STARTER を実行するために**アクティベーションの確認**処理が行われます。アクティベーションが終了すると、**Pi STARTER の更新を確認**します。もし、更新を検出した場合には**自動的にダウンロードを行い、Pi STARTER の内容を差し替え**ます。アクティベーションやプログラムの更新には**インターネットへの接続が必要**です。接続できなかった場合は、処理が中止されます。

少し待つと、「Pi STARTER」という画面が表示されます。この画面では、メニューの中から様々な機能を選択することができます。

メニュー	詳細
BASIC の命令デモ	様々な機能を確認することができるサンプルプログラムです。
GPIO モニター	GPIO コネクタから入力をテストするツールです。
内蔵ソフトの更新	サンプルプログラムやツールの更新をインターネットを通じて行います。
SOLID GUNNER-R	本格的なシューティングゲームのサンプルプログラムです。
ファイル管理	ファイルの閲覧ツールです。
ペイントツール	マウスを使って絵を描くツールです。
オプション	設定を行うツールです。

Pi STARTER で、メニューの中から**「プログラムを書く」**を選択すると、Pi STARTER を終了し、プログラムを作成、実行するモードに移動します。この画面は**「ダイレクトモード」**といい、**BASIC 言語を使って命令を直接実行**することができます。Pi STARTER に再度戻りたい場合にはキーボードの**「F2」**キーを押します。

◇ 初回はアクティベーションが必要

Pi STARTER を利用するには一番最初にアクティベーションという手続きが必要です。アクティベーションでは「**アクティベーションコード**」という16桁の英数字を入力することにより、ソフトウェアを有効化します。このさい、ラズパイを**インターネットに接続する必要があります**。インターネットに接続するには有線 LAN の利用を推奨しています。なお、**Wi-Fi によるアクティベーションも可能**です。その場合は、次の手順で行います。まず、アクティベーションコードの入力画面で **Ctrl+C キーを押して、処理を中断**します。中断すると、コマンドラインの入力画面に移行するので、下のコマンドを入力します。

```
sudo raspi-config ENTER
```

カーソルキーと ENTER キーを使って、メニューから「Network Options」→「Wi-Fi」→「Japan」を選択します。続いて、**SSIDとパスフレーズを入力**します。一連の入力が完了すると、最初のメニューに戻りますので、「Finish」を選択します。これで Wi-Fi によるインターネットの接続が可能となります。

```
smilebasic ENTER
```

コマンドラインで上のコマンドを入力すると、アクティベーションが再開されますので、アクティベーションコードを入力してください。アクティベーションに成功すると、次の処理に進みます。以後、アクティベーションコードの入力は不要となります。

1-6 ファイルの更新と管理

Pi STARTER を使ううえで、特に重要なツールを2つ紹介します。

「**内蔵ソフトの更新**」は内蔵ソフトを更新するためのツールです。内蔵ソフトとは Pi STARTER に収録されているツールやサンプルプログラムなどのことです。Pi STARTER を初めて使う場合にはこの機能を実行しておきましょう。「**更新実行**」を選択すると、インターネットに接続して内容を更新します。Pi STARTER の**基本的な機能は起動したさいに自動的に更新**されますが、**内蔵ソフトは自動的に更新されない**ため、この作業によって更新を行います。

「**ファイル管理**」で起動する「**ファイルビュワー**」はファイルやディレクトリの閲覧や管理を行うことができるツールです。テキストファイルや画像ファイルの中身を見たり、**ファイルの名前を変えたり、コピー、削除などが可能**です。非常に便利なツールですが、扱いを間違えると危険でもあります。ファイルを間違って消してしまわないように注意しましょう。

次の章では、いよいよプログラムの作り方を紹介します。

♦ 画面の表示サイズ

Pi STARTER を最初に起動すると、写真のように画面の周辺に余白がある状態で表示されます。このように画面に余白を付け足すことを「**オーバースキャン**」といいます。点線はディスプレイが表示可能なワクの例です。このワクの大きさは**使用するディスプレイによって違っています**。大きさはディスプレイ側に搭載されている表示モードによっても変わります。

Pi STARTER ではキーボードの「**Ctrl**」+「**O**」キーを押すことにより、オーバースキャンの**有効／無効を変更**することができます。

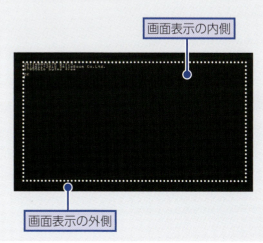

♦ Pi STARTER を支える技術 その2「Linux（リナックス）」

Pi STARTER はラズパイの中で動作していますが、この**ラズパイ自体を動かしている**のが OS（基本ソフトウェア）です。Pi STARTER で採用しているのはラズビアン（Raspbian）という OS です。聞き覚えのない名前かもしれませんが、この OS はラズパイ用に加工した Linux（リナックス）です。OS を動かす根幹部分の機能を Linux カーネルといいます。Linux は 1991 年にリーナス・トーバルズ氏が UNIX の互換 OS として開発したのが始まりです。Linux の大きな特徴はソースコードを含めて、誰でも無料で入手することができるということです。現在、Linux は世界の人々によって開発が続けられ、利用されています。

第2章 プログラミングの基本（ソフトウエア初級）

 ## 2-1　ダイレクトモードとエディットモード

　Pi STARTER を使ってプログラムを作る方法を紹介します。次の手順で進めます。

　まず、Pi STARTER のメニューで「プログラムを書く」を選択して「SmileBASIC-R」の操作画面に移ります。SmileBASIC-R では BASIC という言語を使ってプログラムを作ります。

　SmileBASIC-R のキーの入力方法には「ダイレクトモード」と「エディットモード」の2種類があります。最初に画面に表示されるのがダイレクトモードです。「OK」の文字の下に入力するための目印が点滅しています。この目印を「カーソル」といいます。ダイレクトモードでは「Enter」キーを押すごとに、命令を実行することができます。

　キーを押すと、それに対応する文字が表示されます。初期設定ではアルファベットは小文字表示で表示されます。常に大文字で入力したい場合には「Ctrl」と「Caps Lock」キーを同時に押します。本書では見やすさを考えて大文字で入力します。入力した文字によっては内容の候補が表示されます。これが入力支援機能です。たとえば、「PRI」と入力すると「PRINT」という候補が表示されました。ここで「↓」「Enter」キーで選択すると、入力を完了させることができます。入力した内容を消したい場合には「Back Space(BS)」キーを押します。

　「F8」キーを押すと、「エディットモード」に切り替わります。エディットモードでプログラムを編集すれば、まとめて実行することができます。行の左側にある数字は「行番号」です。ダイレクトモードと違って、「Enter」キーを押しても命令は実行されずに「改行」（⏎）のマークを表示します。行番号は自動的に割り振られます。

エディットモードはプログラムの編集をページ単位で切り替えることができます。この機能を「スロット」といいます。スロットを図にしたものがこちらです。**スロットは全部で4つあり、0～3の番号が付いて**います。初期値としては0番のスロットが割り振られています。

なお、スロットとは別に「SMILEツール」というプログラムの登録できる仕組みがあります。スマイルツールの**登録は2つまで**です。

2-2 キーサインとヘルプ

キー操作の割り当てのことを「キーサイン」といいます。以下はプログラム入力時の基本的なキーサインの一覧です。

■基本的なキーサイン

操作	キー
カーソル移動（ダイレクトモード時は左右の移動のみ）	
改行	Enter
左1文字削除	Back Space(BS)
ダイレクトモード／エディットモード切り替え	F8
ヘルプの表示／非表示切り替え	F1
Pi STARTER 実行	F2
プログラム実行	F5
プログラム停止	F5 または Ctrl+C
大文字／小文字切り替え	Shift+Caps Lock
ひらがな／英語入力切り替え	半角／全角漢字
ひらがな／カタカナ切り替え	Ctrl+K

これだけ覚えておけば、プログラムを書いたり実行することができます。残りのキーサインについてはこの本の後半の命令リファレンス内（→ P.117）で掲載しています。

キーサインは「F1」キーを押すと、画面上で確認することができます。このお助け機能を「ヘルプ」といいます。キーサインを表示するにはカーソルが文字と接していない状態である必要があります。

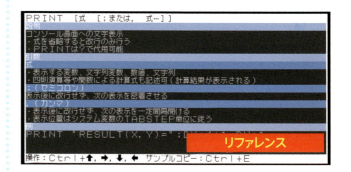

特定のキーワードにカーソルが接している状態で「F1」キーを押すと、それについての解説が表示されます。このような解説文のことを「リファレンス」といいます。命令リファレンスはこの本のP.72からまとめられています。

2-3 画面に文字を表示する

「PRINT」は文字を表示させるための命令です。ダイレクトモードを使って、次のように実行してみましょう。

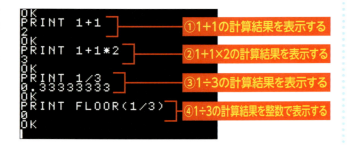

① 1+1の計算結果を表示する
② 1+1×2の計算結果を表示する
③ 1÷3の計算結果を表示する
④ 1÷3の計算結果を整数で表示する

　PRINT命令の実行例です。PRINTの後に数式を打ち込んで「Enter」キーを押すと、計算結果を表示させることができます。

❶数式が「1+1」の場合、答えとして「2」が表示されます。

❷数式が「1+1*2」の場合、「3」が表示されます。「*（アスタリスク）」は掛け算という意味です。計算結果は「(1+1)*2=4」じゃないのかと思う人もいるかもしれませんが、SmileBASIC-Rでは足し算よりも掛け算が優先されます。このため、「1+(1*2)」として計算されます。

❸数式が「1/3」の場合、「0.33333333」と表示されます。「/（スラッシュ）」は割り算という意味です。SmileBASIC-Rではこのように小数を扱うこともできます。

❹数式が「FLOOR(1/3)」の場合、「0」と表示されます。FLOORは少数を切り捨てる関数です。「関数」というのは引数を与えると、ある処理を行って、戻り値を返すという機能のことです。関数はこの他にもたくさんの種類があります。

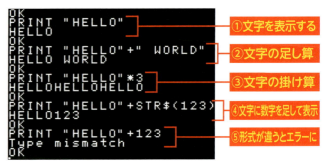

① 文字を表示する
② 文字の足し算
③ 文字の掛け算
④ 文字に数字を足して表示
⑤ 形式が違うとエラーに

　続いて、文字を使ったPRINT命令の実行例です。先ほどと同じように1行ごとに「Enter」キーを押すと実行されます。

❶PRINTの後に文字を書くと、その文字を表示させることができます。文字を扱う場合には"（ダブルクォーテーション）という記号で囲む必要があります。

❷「+」記号を使うと、文字をつなぎ合わせることができます。

❸「*」記号を使うと、文字を反復させてつなぎ合わせることができます。

❹文字と数値を「+」記号でつなぎ合わせます。「STR$」関数を使って、数値を文字に変換しています。

❺文字と数値をそのまま「+」記号でつなぎ合わせると「Type mismatch」というエラーが表示されます。これは式の中で情報の形式が異なっているために起こるエラーです。この場合、文字と数値で形式が違うため実行することはできません。

◆ 算術演算子

　計算式の中で使う記号のことを「算術演算子」といいます。算術演算子の代表的なものは次のとおりです。

- 足し算：＋
- 引き算：－
- 掛け算：＊
- 割り算：／
- 割り算の余りを算出：MOD

◆ エラー

```
OK
PRNT 1+1
Syntax error
OK
```

　もし、命令が正しく動作しない場合は「error(エラー)」というメッセージが表示されます。たとえばこの場合の「Syntax error」は文法のエラーという意味です。原因は「PRINT」と書くべきところを「PRNT」と間違ってしまっているためです。エラーは他にもたくさんの種類があります。

2-4　プログラムで文字を表示する

　PRINT命令を使ってプログラムで作ってみましょう。エディットモードに移行して、次のようなプログラムを入力します。

```
000001 @START
000002 PRINT "HELLO!";
000003 VSYNC
000004 GOTO @START
```

　これは「HELLO!」という文字を表示し続けるというプログラムです。

● 1行目の「@START」は行の目印として。「ラベル」といいます。ラベルの名前は。ユーザーが自由に付けることができます。

● 2行目の右端にある「;（セミコロン）」は表示したあとに改行させないためのものです。こうすることで文字をつなげて表示します。

● 3行目の「VSYNC」は画面の更新と同期を取りながら処理を待つという命令です。この場合、1/60秒＝約0.0166秒に1回のペースでHELLO!の文字が表示されます。

● 4行目はGOTO命令を使って処理を1行目に戻します。このように処理を繰り替えることを「ループ」といいます。この場合、処理が無限に続きますので「無限ループ」ともいいます。

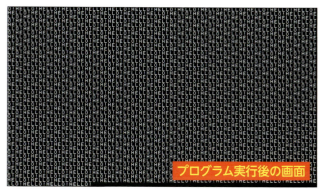

プログラム実行後の画面

　プログラムを実行させるには「F5」キーを押します。プログラムを実行すると「HELLO!」という文字を果てしなく表示し続けます。このプログラムを停止させるには「F5」キー、もしくは「Ctrl」キーと「C」キーを同時に押します。

　これでプログラムがどういうものなのか分かったでしょうか？　もし、知りたいことがあった場合には「F1」キーを押してヘルプを表示させるとヒントが出てくるかもしれません。

◆ 電源の切り方

　ラズパイの電源を切るにはPi STARTERのメニューから「電源を落とす準備」を選択します。もしくは、ダイレクトモードで次の命令を実行します。

```
SHUTDOWN ENTER
```

　命令の入力後、終了を確認する表示がありますので、キーボードの「Y」[Enter]キーを押して決定します。キー入力後、**10秒くらい待ってから**ラズパイの電源を切ります。

◆ カミナリのマークが表示されたら

　ラズパイを使用しているさい、画面の右上に「**カミナリ**」のマークが表示された場合、「**ラズパイを動かす電力が足りない**」という状態です。この状態ではラズパイの性能を十分に発揮することができません。原因としては、USB電源アダプタの電流の供給が不足している、もしくは電源ケーブルの性能が良くないことが考えられます。これらの問題は**USB電源アダプタや電源ケーブルを交換する**ことで対策できます。

2-5　プログラムの保存と読み込み

　作成したプログラムはラズパイ本体の電源を切ると消えてしまいます。そこで、プログラムをファイルとして保存しましょう。
　たとえば、ダイレクトモードで次の命令を実行します。入力したら「Enter」キーを押して実行させます。

```
SAVE"HELLO" ENTER
```

　これで、スロット0の中のプログラムが「HELLO」という名前のファイルとして保存されます。ファイルの保存場所はmicroSDカードの中です。きちんと保存されたかを確認するには「FILES ENTER」と実行します。実行後、一覧から「HELLO」の文字を確認できたら成功です。
　そして、保存したファイルを読み込みたい場合には次の命令を実行します。入力したら「ENTER」キーを押して実行させます。

```
LOAD"HELLO" ENTER
```

　ファイルの名前はユーザーが自由に付けることができます。ただし、「*」や「:」のように使うことが禁止されている記号があります。

　この「HELLO」という名前ですが、後々になってファイルの意味が分からなくなってしまうかもしれません。「HELLO.PRG」という名前にしておけば長くなりますが、中身がプログラムであることが分かります。このようにファイル名の語尾に付ける文字を「拡張子」といいます。「.TXT」ならテキストファイル、「.PNG」ならば画像ファイルなど、拡張子には様々なルールがあります。

　なお、ファイルが存在する階層のことを「ディレクトリ」といいます。この場合、「HELLO」のファイルは初期設定値の「/」ディレクトリに保存されます。ディレクトリの仕組みを図にすると、右の図のようになります。「/」は階層が一番上のディレクトリです。「/」の下には「SYSTEM」などのディレクトリがあります。「TOOL」というディレクトリにはツールに関係するファイルが置かれています。各ディレクトリにはフォルダやディレクトリを置くことができます。

　ファイル名の左端が「/」で始まる場合は絶対的なディレクトリの指定です。たとえば

```
SAVE"/SYSTEM/DOCUMENT/
HELLO" ENTER
```

と記述することで、「DOCUMENT」ディレクトリの中に保存することができます。相対的にディレクトリを指定する場合には

```
CHDIR"SYSTEM" ENTER
CHDIR"DOCUMENT" ENTER
SAVE"HELLO" ENTER
```

のように複数回に分けて実行します。**CHDIR命令は現在作業中のディレクトリを移動する**ための命令です。作業中のディレクトリを1つ上の階層に戻すには

```
CHDIR".." ENTER
```

と実行します。この一連の命令を完全に覚えるには時間がかかりますので、最初はツールの「ファイルビュワー（ファイル管理）」を利用しましょう。

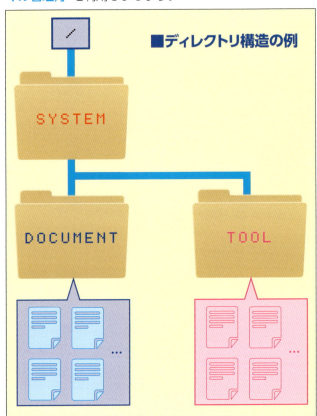

■ディレクトリ構造の例

2-6 数当てゲーム

続いて、PRINT命令を使ったゲームとして「**数当てゲーム**」を作ってみましょう。これはコンピューターの決めた「**秘密の数**」をプレイヤーが予想して当てるというゲームです。プログラムの内容は次のとおりです。

```
000001 ACLS
000002 SEIKAI=RND(100)+1
000003 @MAIN
000004 INPUT "（かずあてゲーム）１から１００のなかから　かずをこたえてください";KOTAE
000005 IF SEIKAI==KOTAE THEN PRINT " せいかいです！おめでとう！":END
000006 IF SEIKAI>KOTAE THEN PRINT " もっとおおきいです"
000007 IF SEIKAI<KOTAE THEN PRINT " もっとちいさいです"
000008 PRINT
000009 GOTO @MAIN
```

このプログラムは次のように処理を行っています。

● 1行目の「ACLS」命令を使って画面を初期化します。この命令を実行すると、画面に何も表示されていない状態になります。
● 2行目は数当てゲームの正解を1～100の範囲で求める処理です。「RND」関数を使って乱数を求めています。求めた値は変数「SEIKAI」に代入します。
● 4行目はキーボードから正解と思った数を入力するため処理です。ここでは「INPUT」命令を使います。入力した値は変数「KOTAE」に代入します。
● 5～7行目は答えた値が正解がどうかを判定する処理です。判定には「IF～THEN～」を使います。
● 9行目はGOTOを使って処理を3行目に戻します。

ここで重要な機能の「**変数**」について紹介します。変数というのは数値が文字を記録するための「**入れ物**」のようなものです。変数に情報を記憶させることを「**代入**」といいます。このプログラムでは変数「KOTAE」にプレイヤーの答えを代入して、変数「SEIKAI」にはコンピューターの求めた正解を代入しています。

変数の名前はユーザーが自由に付けることができます。ただし、名前として使うことのできない記号もあります。変数の名前の右端には変数の型を設定することができます。たとえば、「A%」と記述すると整数型のAという変数が作られます。整数型の変数には小数点以下の値がある数値を代入することができません。

記号	変数の型
なし	倍精度実数型。OPTION DEFINT 指定時には整数型
$	文字列型
%	整数型。32ビットの符号ありの数値。値の範囲は −2,147,483,648 ～ 2,147,483,647
#	倍精度実数型。64ビットの浮動小数点の数値

もう1つ重要な機能が「IF～THEN～」です。このIF～THEN～は式の条件を判断して、処理を分岐させることができます。これを日本語にすると「**もし～ならば～**」となります。書式は「**IF 式 THEN 処理**」です。たとえば、「IF A==1 THEN PRINT "ONE"」と記述した場合、変数Aの値が1だった場合にのみ「ONE」と表示されます。IF～THEN～にはこの他にも「IF～THEN～ENDIF」や「IF～THEN～ELSE～」などの書式があります。

■ **比較演算子の例**

演算子	意味
A==B	AとBが等しい
A>B	AがBより大きい
A<B	AがBより小さい
A>=B	AがB以上
A<=B	AがB以下
A!=B	AとBが等しくない

数当てゲームの実行画面です。数を入力すると、コンピューターはその値に対して「**大きい**」か「**小さい**」かというヒントを出します。これを頼りに答えを予想します。答えが正解と一致するとゲームは終了します。

> ◇ **乱数**
>
> 乱数とはでたらめな数値のことです。
> SmileBASIC-Rの「**RND**」関数は数式を使って乱数を作り出していますので、完全にでたらめというわけではなく、正確には「**疑似乱数**」といいます。

オレンジ狩りゲーム

今度はアクションゲームを作ってみましょう。プレイヤーがひたすらオレンジを集めるゲームなので「オレンジ狩りゲーム」と名付けました。プログラムの内容は次のとおりです。

```
000001 ACLS
000002 PLAYER$=CHR$(58100)
000003 OBAKE$=CHR$(57862)
000004 ORANGE$=CHR$(58089)
000005 X=40
000006 Y=30
000007 SCORE=0
000008 LEVEL=1
000009 @MAIN
000010 K$=INKEY$()
000011 IF K$==CHR$(29) THEN X=X-1
000012 IF K$==CHR$(28) THEN X=X+1
000013 IF X<0 THEN X=0
000014 IF X>79 THEN X=79
000015 SCROLL 0,-1
000016 C=CHKCHR(X,Y)
000017 COLOR #BLUE
000018 FOR I=1 TO LEVEL
000019  LOCATE RND(80),0
000020  PRINT OBAKE$
000021 NEXT
000022 COLOR #YELLOW
000023 LOCATE RND(80),0
000024 PRINT ORANGE$
000025 COLOR #WHITE
000026 LOCATE 0,44
000027 PRINT "SCORE:";SCORE;"   LEVEL:";LEVEL;
000028 IF C==ASC(ORANGE$) THEN
000029  SCORE=SCORE+1
000030  IF (SCORE MOD 3)==0 THEN LEVEL=LEVEL+1
000031 ENDIF
000032 IF C==ASC(OBAKE$) THEN GOTO @GAMEOVER
000033 LOCATE X,Y
000034 PRINT PLAYER$
000035 VSYNC 4
000036 GOTO @MAIN
000037 @GAMEOVER
000038 PRINT
000039 END
```

このプログラムは次のように処理を行っています。

● 2〜3行目は「プレイヤー」「お化け」「オレンジ」のキャラクタを変数に代入しています。ここでは「CHR$」関数を使って特殊な文字を「文字コード」で指定しています。**文字コードとは文字や記号に割り振られた0〜65535の番号**のことです。

● 10行目にある「INKEY$()」関数はキーの入力を読み取る関数です。先ほど使ったINPUT命令は[Enter]キーが押されるまで処理を待っていましたが、この**INKEY$()関数は処理を待ちません**。もし、キーが入力されていない場合には何もない値（NULL文字）を返します。

● 15行目の「SCROLL」命令は**コンソール画面をスクロールさせる**命令です。命令の引数を「0,-1」とすることで、上から下に文字1つぶんをスクロールさせることができます。

● 16行目の「CHKCHR」関数はコンソール画面の**指定した部分の文字コードを検出**する関数です。この関数を使って当たり判定を行います。

● 17〜24行目はお化けとオレンジを表示させる処理です。キャラクタに色を付けて表示するため「COLOR」命令を使います。そして、キャラクタを指定した場所に表示するために「LOCATE」という命令を使います。1行に複数のお化けを表示するために「FOR〜NEXT」を使っています。**FOR〜NEXTは繰り返し処理を行う**ための命令です。

● 28〜32行目はお化けとオレンジの当たり判定です。

● 33〜34行目はプレイヤーを表示する処理です。

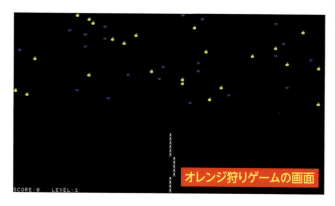

オレンジ狩りゲームの画面

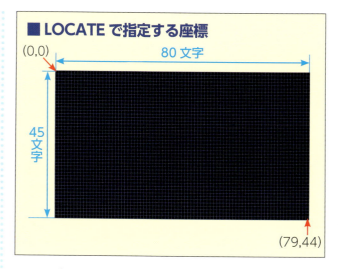

■ LOCATE で指定する座標

プログラムを実行すると、画面が上から下に向かってスクロールを始めます。画面上の青いキャラクタが「お化け」、黄色いキャラクタが「オレンジ」、白いキャラクタが「プレイヤー」です。プレイヤーはカーソルキーの「←」「→」キーを押して左右に移動させることができます。プレイヤーが行列のように表示されていますが、先頭のキャラクタだけに当たり判定があります。これはプログラムの処理を単純化したことが原因ですので、気にしないでください。

このゲームで重要な役割を果たしている命令を紹介します。「LOCATE」命令は PRINT 命令の表示場所を指定することができます。表示場所を指定には座標という考え方を用います。命令の書式は「LOCATE X 座標 ,Y 座標」です。初期設定の状態のコンソール画面は 80 × 45 文字ですから、設定可能な座標の範囲は（0,0）から（79,44）となります。

「COLOR」命令は表示する色を変更する命令です。たとえば「COLOR #YELLOW」と実行すると黄色に設定されます。この「#YELLOW」は定数といって、それに対応する値があらかじめ割り振られています。「PRINT #YELLOW」と実行すれば内容を確認することができます。ゲーム内ではオレンジのキャラクタはオレンジ色ではなく黄色で表示されています。「#ORANGE」という定数は登録されていませんので、オレンジ色に表示したい場合には 22 行目を「COLOR RGB(255,128,0)」に変更しましょう。

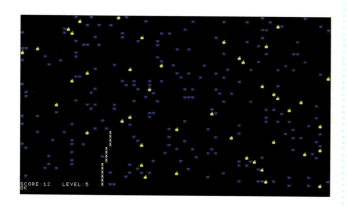

プレイヤーがオレンジに当たった場合、SCORE（得点）が 1 つ加算されます。オレンジを 3 つ取るごとに LEVEL（ゲームの難易度）が 1 つ上がります。プレイヤーがお化けに当たるとゲームオーバーです。

なお、このゲームはカーソルキーを押しっぱなしにすると、キーを離した後でもプレイヤーが勝手に動いてしまいます。押したキーの情報がバッファに溜まってしまうためです。コンソール画面は表示される文字が小さいので、ゲームの迫力がいまひとつです。こうした不満点はより高度な技術を用いることで改善できます。次の章ではそれらの方法について紹介します。

第3章 高度な使い方 （ソフトウェア上級）

 画面の仕組み

SmileBASIC-R の画面表示には次の機能があります。

● **コンソール**：文字を表示する機能です。
● **スプライト**：ゲームのキャラクタ画像などを動かす機能です。最大で 512 個のスプライトを同時に表示することができます。
● **グラフィック画面**：ドット単位で絵を描く機能です。全部で 4 枚のグラフィックページがあります。

これらの機能をイメージしたものが下図です。**コンソール、スプライト、グラフィック画面は階層的な構造**です。

画面が重なっても奥の画面を見ることができるように、**各画面の下地には透明色**を使っています。各画面の重なり具合は「Z 座標」によって設定されています。Z 座標の値が小さいほど画面は手前に表示されます。コンソールの Z 座標を設定するには「TPRIO」命令、スプライトの Z 座標を設定するには「SPOFS」命令、グラフィックの Z 座標を設定するには「GPRIO」命令を使います。

階層の一番奥には「背景色」があります。背景色の初期設定は黒色ですが、「BACKCOLOR」命令で変更することができます。なお、「プチコン 3 号」や「プチコン BIG」とは違い、BG 画面は付いていません。

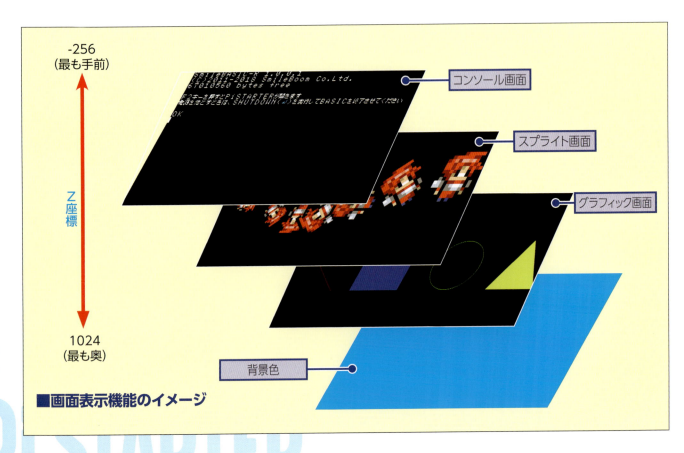

■画面表示機能のイメージ

3-2 グラフィックを描く

グラフィック画面は全部で 4 枚のページがあります。ページは 0〜3 の番号で指定します。1 度に表示できるのは 1 枚だけです。初期設定では 0 番のページを表示しています。3 番はスプライト用として使用しています。表示するページは「GPAGE」命令で変更できます。

初期設定時のグラフィック画面の表示サイズは 640 × 360 ドットです。表示サイズは「XSCREEN」命令を使って変更することができます。グラフィック画面は実際の表示範囲の他に、表示されていない範囲があります。この見えない範囲は「GOFS」命令を使ってオフセット値を変更して表示することもできます。

SmileBASIC-R では色はカラーコードという値で指定します。カラーコードは定数（# 色の名前）で指定する方法と、「RGB」関数を使って算出する方法があります。RGB 関数は赤色、緑色、青色を 0〜255 の範囲で混ぜ合わせて色を作ります。理論的に 1677 万 7216 色を表現することができます。この他に「透明色」という色があり、画面の重ね合わせに使うことができます。

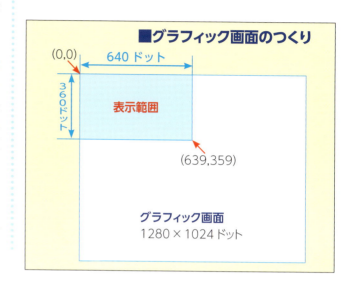

■グラフィック画面のつくり

```
000001 ACLS
000002 GPSET 50,100,#WHITE
000003 GLINE 100,100,200,200,#RED
000004 GFILL 240,100,340,200,#BLUE
000005 GCIRCLE 440,150,50,#LIME
000006 GTRI 530,200,580,100,630,200,#YELLOW
```

グラフィック画面を描画するプログラムの例です。グラフィックに関する代表的な命令を並べています。

プログラムを実行すると、画面に点、線、四角形、円、三角形が描かれます。以上の命令を組み合わせることで様々な絵を描くことができると思います。

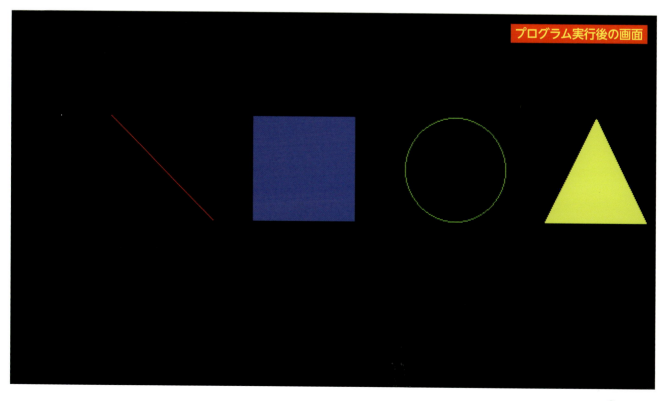

プログラム実行後の画面

3-3 グラフィックの保存と読み込み

　SAVE命令を使って、グラフィック画面の状態をファイルに保存することができます。保存するさいの書式は「**SAVE "リソース名：ファイル名"**」です。リソース名は次のように指定します。

■グラフィック画面のリソース名

リソース名	ページ番号
GRP0	グラフィックページ 0
GRP1	グラフィックページ 1
GRP2	グラフィックページ 2
GRP3	グラフィックページ 3

　グラフィックページ0を保存したい場合には次の命令を実行します。

```
SAVE"GRP0:GRAPH.PNG" ENTER
```

　この命令を実行すると「GRAPH.PNG」というファイルが保存されます。ファイルが正しく保存されたかどうかを確認するには「FILES ENTER」を実行してみましょう。PNGというのは画像ファイルの形式です。

　この保存したファイルを読み込むには次の命令を実行します。

```
LOAD"GRP0:GRAPH.PNG" ENTER
```

　この命令を実行すると画面に画像ファイルの内容が表示されます。

◇ お絵かきツールもあります

　グラフィックを描く別の方法として、「ペイントツール」を使って描くこともできます。「ペイントツール」は「TOPMENU」から実行することができます。

◇ 画面の「滑らか表示」

　「**滑らか表示**」は画面サイズを縮小しているさいに滑らかに表示する機能のことです。「**アンチエイリアス**」ともいいます。滑らか表示のオン／オフを変更するには「Ctrl」＋「I」キーを押します。画面サイズを変更するには「Ctrl」＋「O」キーを押します。

　滑らか表示をオンの状態にすることで、縮小時に文字がギザギザに表示されてしまう現象を防ぐことができます。その代わり、**画面が少しぼやけたような状態で表示**されます。

　滑らか表示は画像の演算を行うために、**システムに若干の負担**を生じます。SmileBASIC-Rを処理能力を最大限に引き出したいという場合には滑らか表示をオフにすることをおすすめします。

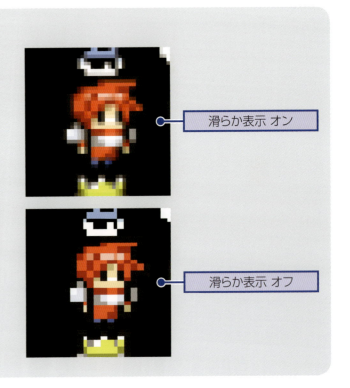

滑らか表示 オン

滑らか表示 オフ

3-4 スプライトの表示

続いてスプライトを表示する方法を紹介します。

```
00001 ACLS
00002 FOR I=0 TO 16*11-1
00003  X=(I MOD 16)*40    'Xざひょう
00004  Y=FLOOR(I/16)*32   'Yざひょう
00005  C=I+2048           'ていぎばんごう
00006  SPSET C OUT N      'スプライトさくせい
00007  SPOFS N,X+8,Y+24   'ざひょうせってい
00008  LOCATE X/8,Y/8
00009  PRINT C
00010 NEXT
```

スプライトを表示するプログラムの例です。

● 6 行目は「SPSET」命令を使ってスプライトを作成しています。SPSET 命令には複数の書式がありますが、この場合は**命令を実行すると、変数 N にスプライトの管理番号が代入**されます。管理番号というのは個々のスプライトに割り振られた番号のことです。管理番号の範囲は 0～511 番です。

● 7 行目は「SPOFS」命令を使ってスプライトの**表示する位置を設定**してます。

スプライトは登録済みのキャラクタの画像を使って手軽に表示させることができます。この機能を「**キャラクタ定義用テンプレート**」といいます。キャラクタ定義用テンプレートには「**定義番号**」**という番号が割り振られ**ています。

プログラム実行後の画面

プログラムを実行すると大量のスプライトが表示されます。画面の数値はキャラクタ定義用テンプレートの定義番号です。いろいろなゲームで使えそうな素材を確認することができます。

登録されているキャラクタは全部で数千種類以上あります。他の番号も見たいという場合は、**5 行目の式を書き換え**て実行してみましょう。

3-5　スプライトの拡大縮小と回転表示

スプライトはそのまま表示するだけではなく、拡大縮小や回転をさせた状態で表示することができます。

```
000001 ACLS
000002 FOR I=0 TO 11
000003   C=2544           'ていぎばんごう
000004   X=20+(I*50)      'Xざひょう
000005   Y=120            'Yざひょう
000006   S=1+(I*0.5)      'スケール
000007   D=I*45           'かくど
000008   SPSET C OUT N    'スプライトさくせい
000009   SPOFS N,X,Y      'ざひょうせってい
000010   SPSCALE N,S,S    'スケールせってい
000011   SPROT N,D        'かくどせってい
000012 NEXT
```

　スプライトの拡大縮小と回転表示プログラムの例です。

● 10 行目の「SPSCALE」命令でスプライトの拡大縮小を行っています。変数 S にはスケール（拡大率）を代入しています。値が 1 の場合は等倍で表示されます。

● 11 行目の「SPROT」命令でスプライトの回転を行っています。変数 D には回転する角度を代入しています。角度は 少数単位で指定することができます。

プログラム実行後の画面

■ キャラクタ定義用テンプレート 2544 番

16 ドット / 16 ドット

原点 (8,15)

　プログラムを実行すると、このような画像が表示されます。スプライトを拡大、回転した状態で表示します。

　定義番号が 2544 番のキャラクタが上のテンプレートです。画像のサイズは 16 × 16 ドットです。画像の中央下に「原点」が設定されています。スプライトの拡大縮小や回転はこの座標基準点を中心にして行います。

3-6 スプライトを使ったゲーム

この章のまとめとして、今まで紹介した技術を使ってゲームを作ってみましょう。一つ前の章で作ったゲームはキーボードでキャラクタを操作していたため、キーを押し続けると正しく動作しないという問題を抱えていました。そこで、今回は**ゲームパッドを使ってキャラクタを操作**できるようにします。

```
000001 ACLS:GCLS #GREEN
000002 PLAYER=2544:OBAKE=3068:ORANGE=2049 'ていぎばんごう
000003 X=320:Y=300
000004 SCORE=0:LEVEL=1
000005 SPSET PLAYER OUT N 'プレイヤーのスプライトさくせい
000006 SPCOL N
000007 WHILE 1
000008   LOCATE 0,44
000009   PRINT "SCORE:";SCORE;"    LEVEL:";LEVEL;
000010   IF MAINCNT MOD 30==0 THEN  'おばけとオレンジしゅつげん
000011     SPSET ORANGE OUT M
000012     SPCOL M
000013     SPANIM M,"XY",1,RND(640),-1,-5*60,RND(640),376,1
000014     FOR I=1 TO LEVEL
000015       SPSET OBAKE OUT M
000016       SPCOL M,-1,-8,2,2
000017       SPANIM M,"XY",1,RND(640),-1,-4*60,RND(640),376,1
000018     NEXT
000019   ENDIF
000020   FOR I=1 TO 511 'がめんがいのキャラをけす
000021     IF SPUSED(I)==FALSE THEN CONTINUE
000022     SPOFS I OUT TX,TY
000023     IF TY>=376 THEN SPCLR I
000024   NEXT
000025   STICK 0 OUT SX,SY         'ゲームパッドにゅうりょく
000026   IF SX<-0.5 THEN X=X-4
000027   IF SX>0.5  THEN X=X+4
000028   IF X<8 THEN X=8
000029   IF X>631 THEN X=631
000030   SPOFS N,X,Y 'プレイヤーひょうじ
000031   HIT=SPHITSP(N) 'あたりはんてい
000032   IF HIT!=-1 THEN
000033     SPCHR HIT OUT DN
000034     IF DN==ORANGE THEN
000035       SPCLR HIT
000036       SCORE=SCORE+1
000037       IF (SCORE MOD 3)==0 THEN LEVEL=LEVEL+1
000038     ENDIF
000039     IF DN==OBAKE THEN BREAK
000040   ENDIF
000041   VSYNC
000042 WEND
000043 PRINT
```

● 7行目は処理をループさせるための記述で「WHILE~WEND」という命令です。WHILE～WENDでは**ループ継続させる条件を設定**することができます。ここでは「WHILE 1」と記述することで**無限ループ**を作り出しています。

● 10~19行目はお化けやオレンジを画面に追加するための処理です。0.5秒ごとに実行されます。

● 20~24行目は画面外に出てしまったスプライトを消すための処理です。**SPSET命令を使ってスプライトの座標を1つずつ調べ**ています。スプライトを**消すには「SPCLR」**命令を使います。

● 25~30行目はプレイヤーを動かす処理です。
● 31~40行目はプレイヤーの当たり判定の処理です。
● 41行目は「VSYNC」命令を使い、ループの**周期を1/60秒に調節**しています。

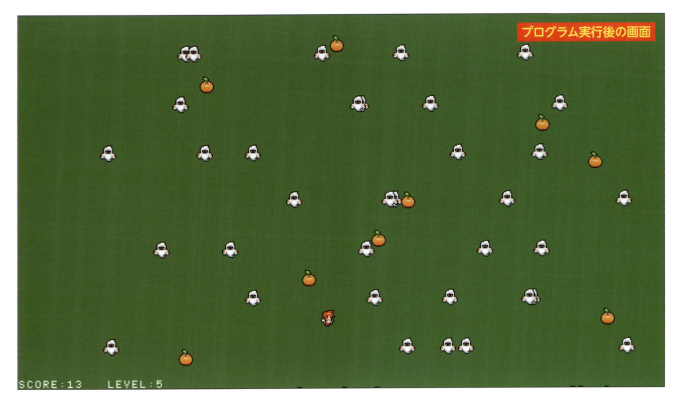

　プログラム実行後の画面です。プレイヤーはゲームパッドのアナログスティックで左右に移動することができます。お化けとオレンジは画面の上から下に向かって移動してきます。プレイヤーがオレンジに触れるとSCORE（得点）が1つ加算されます。SCOREが3つ増えるたびにLEVEL（難易度）が増えていきます。プレイヤーがお化けに触れるとゲームオーバーです。

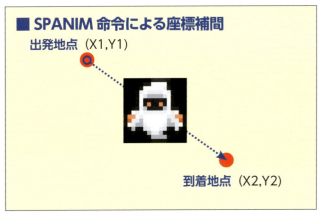

　お化けやオレンジを動かす処理には「SPANIM」命令を使っています。**SPANIMはスプライトでアニメーション表示を行う**ことができるという命令です。SPANIM命令にはたくさんの機能が備わっていますが、ここでは座標の補間機能を使っています。最初に**出発地点と到着地点の座標と移動時間を設定してしまうと、あとは自動的にスプライトを移動**してくれるという機能です。

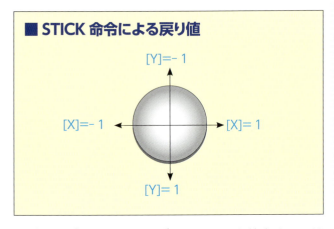

　ゲームパッドのアナログスティックを検出するには「STICK」命令を使用します。命令を実行すると、**X方向とY方向という2つの値を得る**ことができます。値の範囲は-1〜+1です。スティックを**倒していない時、値は0**となります。

プレイヤーが他のキャラクタに触れたかどうかを判断するには、「SPHITSP」関数を使います。SPHITSP は衝突判定を行うための関数です。下準備として「SPCOL」命令で衝突判定機能を有効にします。この時、お化けだけは当たり判定を甘くしています。

■ SPHIT の当たり判定の設定

プレイヤーの当たり判定　オバケの当たり判定
16×16 ドット　　　　　2×2 ドット

3-7　サウンドを鳴らす

ゲームに音を付けると臨場感が増して、より面白くすることができます。効果音を鳴らすには「BEEP」命令を使います。たとえば、プログラムに次の命令を記述します。

```
BEEP 13
```

これ実行すると、「ドーン」という効果音を鳴らすことができます。引数の「13」は効果音番号を表しています。効果音番号の指定できる範囲は 0～133 番と 256～383 番です。効果音番号の 224～255 番はユーザー定義用として割り振られています。ユーザー定義用の音の波形は「WAVESET」命令を使うことで設定することができます。

BGM を鳴らしたいという場合には「BGMSET」命令と「BGMPLAY」命令を使います。たとえば、次のようにプログラムを記述します。

```
BGMSET 128,"CDEFGAB"
BGMPLAY 128
```

これで「ドレミファソラシ」という曲が再生されます。引数の「CDE～」の部分は MML という言語による楽曲のデータです。引数の「128」は楽曲番号を表しています。指定できる楽曲番号の範囲は 128～255 です。ゲームの倍位、曲を果てしなく演奏させる必要がありますので、BGMSET 命令の引数を次のように修正します。

```
BGMSET 128,"[CDEFGAB]"
```

これで曲が無限に再生されます。曲を止めたい場合には次の命令を実行します。

```
BGMSTOP
```

◆ ゲームパッドの設定

Pi STARTER では様々な種類のUSBゲームパッドを接続することができます。これのゲームパッドはボタン配置やレバーのあり/なし等、仕様が異なっている場合があります。こうした仕様の違いは「OPTION」で設定することによって、正常に利用できるようになります。設定するにはメニューで「OPTION」を選択してから「ゲームパッド」を選択しましょう。

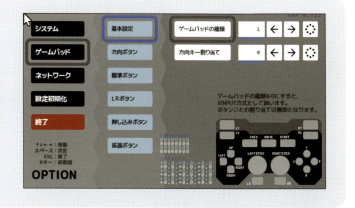

第4章 電子工作の基本（ハードウェア初級）

4-1 電子工作用の道具

　電子工作をするために必要な道具、もしくはあると便利な道具を紹介します。

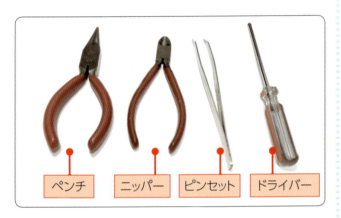

　こちらは基本的な工具です。左から順に**ペンチ、ニッパー、ピンセット、ドライバー（ねじ回し）**です。工具は用途に応じて様々な種類がありますが、電子工作に適したサイズを選びましょう。

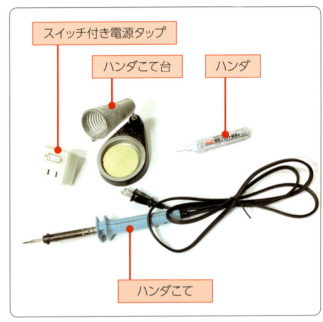

　こちらはハンダ付けをするために必要な道具一式です。左上から順に**スイッチ付き電源タップ、ハンダこて台、ハンダ**。そして、**ハンダこて**です。ハンダはたくさんの種類が存在しますが、「**電子回路用**」「**電子工作用**」などと書かれているものを使いましょう。ハンダこての選び方も同様です。写真のハンダこてはワット数が25Wで、価格は1000円くらいです。

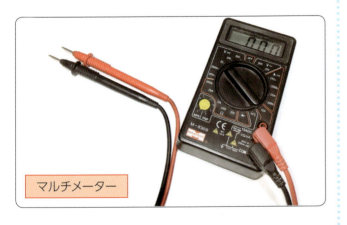

　電子工作で重宝する道具の1つが「**マルチメーター**」です。**テスター**ともいいます。**回路の電圧を測定したり、電流を測定したり、抵抗値を測定**する時に使います。

4-2 電子工作回路を作るための部品

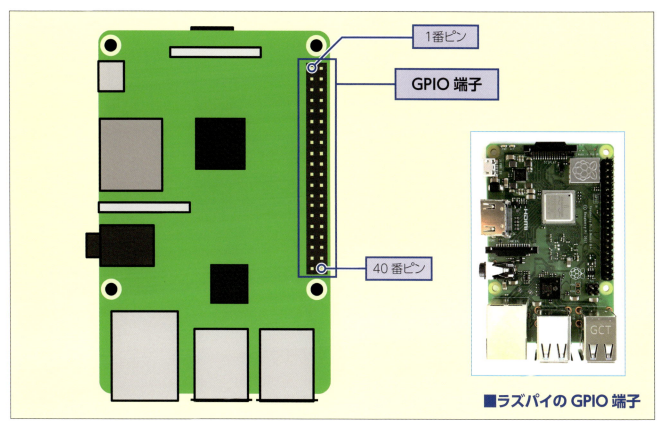

■ラズパイのGPIO端子

　ラズパイには「GPIO」という機能があり、電気的な信号を入力したり、出力することができます。GPIOはGeneral Purpose Input Outputの略で、「汎用的な入出力」という意味です。ラズパイには「GPIOコネクタ」という40ピンの端子があり、ここに回路を接続します。コネクタ部分にある針のような端子のことを「ピンヘッダ」といいます。

　ラズパイ内のプロセッサは3.3Vの電圧で動作していますので、入出力できる信号の電圧は「0V」か「3.3V」の2種類です。0Vの状態を「Low」、3.3Vの状態を「High」といいます。

左右ごとに横方向の穴が内部で電気的につながっています。なので、電子部品を穴に差し込むだけで回路を作ることができます。ただし、ハンダ付けで作る回路に比べて強度が足りないため、長期的に使う場合には向いていません。

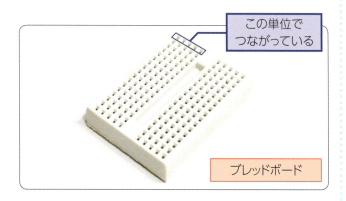

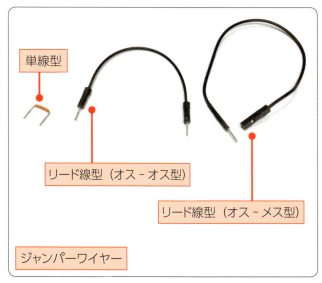

　これは「ブレッドボード」といって、ハンダ付けをしないで回路を作るための道具です。写真のブレッドボードは

　これは「ジャンパーワイヤー」という配線するための部品です。ブレッドボードに差し込んだり、ピンヘッダに差し込んで使います。写真は3種類のジャンパーワイヤーを並べています。左から順に単線型、リード線型（オス-オス型）、リード線型（オス-メス型）です。

4-3 LED を点滅させる

まずは練習を兼ねて、LED を光らせてみましょう。

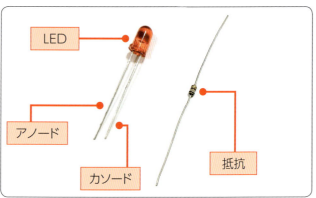

LED と**抵抗**を用意します。写真の LED は直径 5mm の赤色 LED です。LED は日本語では**「発光ダイオード」**といいます。LED は足の長い方を**「アノード」**、足の短い方を**「カソード」**といいます。そして、**アノードからカソードに電気を流した時に光**を放ちます。LED はダイオードの性質を持っていますので、逆方向に電気を流すことができません。

抵抗は電気を流れにくくするための部品です。この電気の流れにくさを抵抗値といいます。**抵抗値の単位は「Ω（オーム）」**です。ここでは、680 Ω のカーボン抵抗を使用しています。この抵抗値が LED の光った時の明るさを決めています。

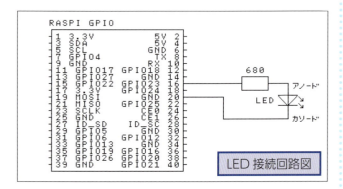

LED を光らせるための回路の**回路図**です。LED は**カソード側を GND** につなぎます。GND の端子は複数存在していますが、どの GND につないでも構いません。LED の**アノード側の端子は抵抗を経由して GPIO** につなぎます。接続する先は好きな GPIO で構わないのですが、ここでは GPIO23（16 番ピン）につなぎました。

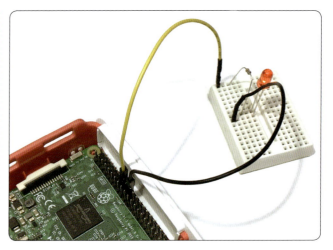

作成した回路がこちらです。もし手持ちの材料があるならば、**GND につなぐジャンパーワイヤーは黒色**にしましょう。色に意味を持たせることで電気の流れる向きがはっきりと分かるようになります。写真ではすでにプログラムを実行していますので、LED が点灯しています。

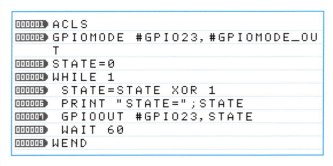

LED を点灯させるプログラムです。プログラムを実行すると、**LED が 1 秒ごとに点灯と消灯**を繰り返します。LED を点灯や消灯をさせるには最初に**「GPIOMODE」**命令を使って、端子のモードを出力に設定します。そして、**「GPIOOUT」**命令を使って出力する端子の論理を設定します。

変数 STATE には出力する端子の論理を格納しています。変数 STATE が**「1」の場合は端子から High（電圧が 3.3V）が出力され、LED が点灯**します。逆に**「0」の場合は端子から Low（電圧が 0V）が出力され、LED が消灯**します。**「WAIT」**命令は指定したフレーム数だけ処理を待つことができます。ここでは 60 フレーム＝ 1 秒間だけ処理を待っています。

4-4　スイッチの状態を読み取る

スイッチの状態がオンかオフかを読み取ってみましょう。

タクトスイッチ

```
000001 ACLS
000002 GPIOMODE #GPIO12,#GPIOMODE_IN
000003 GPIOPUD #GPIO12,2     'PULLUP
000004 WHILE 1
000005   IF GPIOIN(#GPIO12)==0 THEN
000006     PRINT "SWITCH ON"
000007   ELSE
000008     PRINT "SWITCH OFF"
000009   ENDIF
000010   WAIT 60
000011 WEND
```

スイッチを入力するプログラムです。

　最初に「GPIOMODE」命令を使って、端子を入力に設定します。先ほどのLEDの点滅のプログラムとは信号の向きが逆になります。続いて、「GPIOPUD」命令を使って、端子のプルアップを行います。「プルアップ」というのは**抵抗を介して入力端子をVCCに接続**することです。端子の状態を入力するには「GPIOIN」関数を使います。スイッチを押していない場合、端子にHighが入力されますので、GPIOIN関数の戻り値は「1」です。スイッチを押している場合は端子にはLowが入力されますので、GPIOIN関数の戻り値は「0」です。

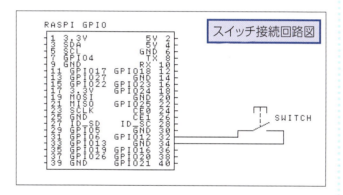

スイッチ接続回路図

　スイッチを入力する回路の回路図です。スイッチの端子は2本ありますが、**どちらか片方をGPIOにつなぎ**ます。接続先はどのGPIOでも構いませんが、ここではGPIO12（32番ピン）につなぎました。**もう片方の端子はGNDに接続**します。この回路ではスイッチを押すことによって、GPIO12がGNDにつながるようになっています。

プログラム実行後の画面

　プログラムを実行した画面がこちらです。スイッチを押すと「SWITCH ON」、離すと「SWITCH OFF」と表示されます。表示が更新されるのは1秒に1回です。

> ### ◆ ピンの接続間違いに注意
> 　GPIO端子のピンに回路を接続する際は、さし間違いをしないように注意しましょう。さし間違いしてしまうと最悪の場合ラズパイ本体が壊れる場合があります。特に電源（V）とアース（GND）の扱いには注意してください。金属でのショートにも気をつけましょう。回路を接続する際は、回路図とピンの接続部品の向きなどがあっているかなど、確認を行った上で接続しましょう。

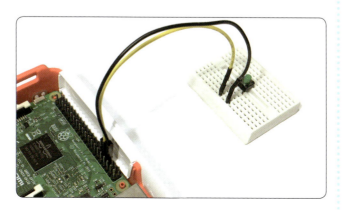

スイッチを接続した様子です。これで回路が完成しました。

4-5 I2C通信で加速度センサーを読み取る

加速度とは速度が変化するときの度合いのことです。自動車のアクセルを踏み込むと速度が上がりますが、この時に加速度は上昇します。逆に自動車が一定の速度で走っている場合には加速度は0です。そして、地球上の物体はすべて重力によって加速しています。これが重力加速度です。ここでは加速度センサーで重力加速度を測定することによって、センサーの傾きを検出します。

下図がラズパイと加速度センサーをつなぐための回路図です。I2C通信を行いますので、**GPIOコネクタのSDA（3番ピン）とSCL（5番ピン）を使用**します。

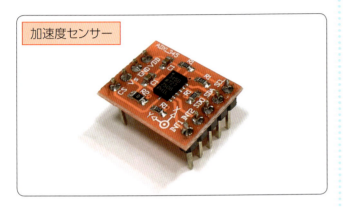

加速度センサー

加速度センサーを接続した様子。これで回路が完成です。

Cixi Borui Technology製の**「3軸加速度センサモジュールADXL345」**です。筆者の場合は秋月電子通商で購入しました。小さな基板には**Analog Devices社のADXL345**が搭載されています。両側にある**9か所の端子（ピンヘッダ）は自分でハンダ付け**する必要があります。この**加速度センサーの通信方式はSPIかI2Cかを選択**することができます。ここではI2Cを使用します。

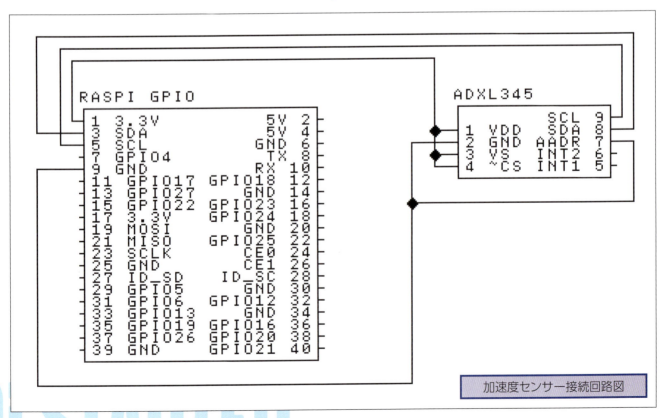

加速度センサー接続回路図

```
000001 ACLS
000002 SZ=6
000003 DIM BUF%[SZ]  'じゅしんバッファ
000004 ADR=&H53  'I2Cデバイスアドレス ADXL345
000005 X=640/2
000006 Y=360/2
000007 R=150
000008 SPSET 2383 OUT SPN
000009 GCIRCLE X,Y,R,#BLUE
000010 I2CSTART
000011 I2CSEND8 ADR, &H31, &H0B  'レンジをせってい
000012 I2CSEND8 ADR, &H2D, &H08  'そくていスタート
000013 WHILE INKEY$()==""
000014  I2CSEND ADR,&H32  'かそくどをそくてい
000015  I2CRECV ADR, BUF%, SZ
000016  XA=SIGNED((BUF%[1] << 8)+BUF%[0])
000017  YA=SIGNED((BUF%[3] << 8)+BUF%[2])
000018  ZA=SIGNED((BUF%[5] << 8)+BUF%[4])
000019  LOCATE 0,0
000020  FOR I=0 TO 5
000021   PRINT "BUF%[";I;"]=&H";HEX$(BUF%[I],2)
000022  NEXT
000023  PRINT "X=";FORMAT$("%5D",XA)
000024  PRINT "Y=";FORMAT$("%5D",YA)
000025  PRINT "Z=";FORMAT$("%5D",ZA)
000026  SPOFS SPN,X+(XA*R/256),Y-(YA*R/256)
000027  VSYNC 1
000028 WEND
000029 I2CSTOP
000030 END
000031 '--- 16BITせいすうにふごうをつける
000032 DEF SIGNED(UDATA)
000033  IF UDATA>=&H8000 THEN UDATA=UDATA-&H10000
000034  RETURN UDATA
000035 END
```

加速度センサーを読み取るプログラムです。**I2C通信を行うため、最初に「I2CSTART」命令を使用**します。加速度センサーを初期化するために「I2CSEND8」命令を使って、加速度センサー内のレジスタに設定値を書き込みます。加速度を**読み取るには「I2CSEND」命令と「I2CRECV」命令**を使います。

プログラムを実行した画面が下の写真です。画面の左上にはX軸、Y軸、Z軸の加速度が表示されます。「BUF%」は加速度センサー内のレジスタの値です。**加速度の値は256で1Gに相当**します。**X軸とY軸の加速度はサッカーボールの位置で表現**しています。加速度センサーを傾けると、サッカーボールは円の外側に近づきますが、この円の位置が1Gを示しています。

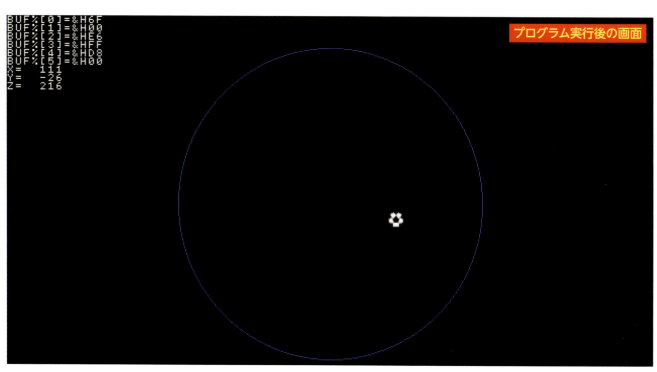

プログラム実行後の画面

4-6 SPI通信でA/Dコンバーターを読み取る

「A/Dコンバーター」という部品を取り付けて、A/D変換を行ってみましょう。**A/D変換とはAnalog/Digital変換の略**で、アナログを入力してをデジタルの値で出力することです。**デジタルの入力は「High」か「Low」かの2種類**しかありませんが、アナログの入力は0〜3.3Vの途中にある電圧も測定することができます。

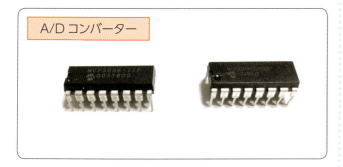

A/Dコンバーター

Microchip Technology製のA/Dコンバーター2種類、**「MCP3008」**と**「MCP3208」**です。筆者の場合は秋月電子通商で購入しました。ここではどちらか1つを使います。両者は性能が少し違っていて、MCP3008は分解能が10ビット（0〜1023）、MCP3208は分解能が12ビット（0〜4095）です。**分解能というのはデジタル入力できる値の幅**のことです。ピンの配置は全く同じです。通信方式にはSPIが使われています。

下図がA/Dコンバーターをつなぐ回路の回路図です。SPI通信を行うためには**「MISO」「MOSI」「SCLK」「CE0」**という端子を使います。A/DコンバーターのCH0〜CH7端子には何らかの電圧を入力する必要があります。ここでは、**CH0に10kΩの可変抵抗**をつないでいます。

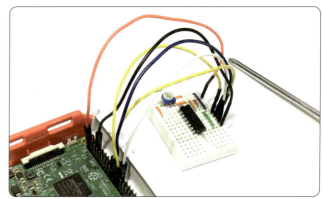

A/Dコンバーターを接続した回路がこちらです。ブレッドボードにある青い部品が10kΩの可変抵抗です。**可変抵抗の白い部分をドライバーで回すと抵抗値が変化して**、分圧という現象によってA/Dコンバーターに伝わる電圧が変化します。この場合、ドライバのサイズは**「1番」**がおすすめです。

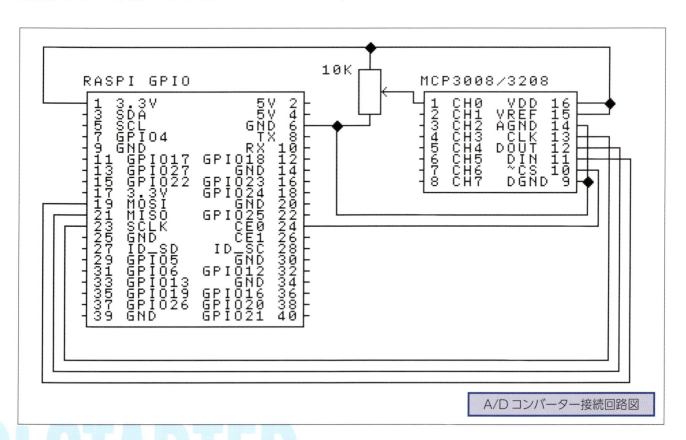

A/Dコンバーター接続回路図

```
000001 '12BIT 8CH ADコンバータ MCP3208
000002 '          +------STARTBIT 1
000003 '          |+-----SINGLE/DIFF
000004 '          ||+----D2
000005 '          ||| +--D1
000006 '          ||| |+-D0
000007 '          ||| ||
000008 '00000110 00XXXXXX XXXXXXXX SEND
000009 '???????? ????DDDD DDDDDDDD RECEIVE DATA 0-4095
000010 '
000011 '10BIT 8CH ADコンバータ MCP3008
000012 '          +------STARTBIT 1
000013 '          | +-----SINGLE/DIFF
000014 '          | |+----D2
000015 '          | ||+---D1
000016 '          | |||+--D0
000017 '          | ||||
000018 '00000001 1000XXXX XXXXXXXX SEND
000019 '???????? ??????DD DDDDDDDD RECEIVE DATA 0-1023
000020 ACLS
000021 DIM BUF%[3] 'じゅしんバッファ
000022 F=400000 'クロック(HZ)
000023 T=0 'タイミング CPOL=0,CPHA=0
000024 SPISTART F,T
000025 INPUT "0:MCP3008 / 1:MCP3208 ";MODE
000026 WHILE INKEY$()==""
000027  IF MODE==0 THEN
000028   BUF%[0]=&B00000001
000029   BUF%[1]=&B10000000
000030   CNTMAX=1023
000031  ELSE
000032   BUF%[0]=&B00000110
000033   BUF%[1]=&B00000000
000034   CNTMAX=4095
000035  ENDIF
000036  BUF%[2]=&B00000000
000037  SPISENDRECV BUF%
000038  CNT = ((BUF%[1] << 8) + BUF%[2]) AND CNTMAX
000039  V=CNT*3.3/CNTMAX
000040  PRINT "Count=";FORMAT$("%5d",CNT);"  Volt=";FORMAT$("%6.3f",V);"V"
000041  WAIT 60
000042 WEND
000043 SPISTOP
```

A/Dコンバーターを読み取るためのプログラムです。「SPISTART」命令を使ってSPI通信を開始します。A/Dコンバーターと通信を行うには「SPISENDRECV」命令を使います。3バイトのコマンドを送信して、同時に3バイトの測定結果を受信します。A/Dコンバーターの種類がMCP3008かMCP3208かによってコマンドや分解能が違いますので、IF文で分岐しています。

プログラムを実行した画面が右の写真です。一番最初に使用しているA/Dコンバーターを選択します。「0」を入力するとMCP3008、「1」を入力するとMCP3208が選択されます。A/D変換は1秒間に1回のペースで行います。画面の「Count=」はA/D変換によって求めた測定値です。これをカウント値といいます。「Volt=」はカウント値を元に算出した入力電圧です。カウント値に対して入力電圧は比例しています。この写真ではドライバーを使って可変抵抗を回しながら実行していますので、値が激しく変化しています。

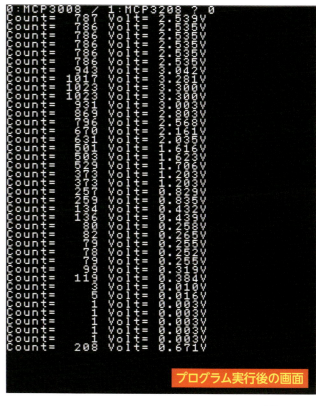

プログラム実行後の画面

第5章 いろいろ作ってみよう（ハードウェア上級）

5-1 ウェルカムロボット

シンプルな接客ロボットです。物体や人が近づいたら、測距センサーが反応して、店員がお辞儀をし、スピーカーから「いらっしゃいませ」という音声が流れます。お辞儀をするための機構にはサーボーモーターを使っています。製作用に下の材料を用意しましょう。他にもラズパイ本体とディスプレイ、USB電源アダプタ（2個）が必要です。

■ 製作に使用する材料

部品名	詳細	数量
測距センサー	シャープ製「GP2Y0E03」	1
ユニバーサル基板	秋月電子通商製「Raspberry Pi用ユニバーサル基板」	1
ピンソケット	40pin（2×20pin）ピンソケット	1
サーボモーター	GWSサーボ S03T/2BBMG/JRタイプ	1
microUSBコネクタ	秋月電子通商製「電源用microUSBコネクタDIP化キット」	1
ピンヘッダ	L型 1×3pin ピンヘッダ	1
ピンソケット	丸ピン型 1×2pin ピンソケット	2
ねじ・ナット・ワッシャー	直径3mm・長さ1cm	4
ねじ・ナット	直径2.6mm・長さ1〜2cm	4
紙パック	1000mlサイズの空き容器	1
USBケーブル	micro-B USB電源ケーブル	2

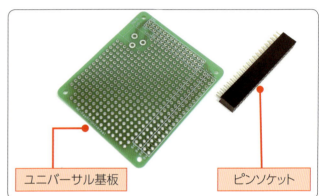

写真左側は「Raspberry Pi用ユニバーサル基板」です。ラズパイに接続しやすいサイズに設計されています。写真右側は **40pin（2×20pin）のピンソケット**です。

測距センサー「GP2Y0E03」です。赤外線を使って距離を測定するセンサーです。センサーには丸い窓が2つあり、**向かって左側が発光部、右側が受光部**です。赤外線を照射して、それが反射した角度を元に距離を算出します。このため、物体の反射率に影響されずに正確に距離を測定することができます。接続方法はアナログとI2Cの2種類から選択できます。秋月電子通商ではケーブル付きの状態で売られています。

サーボモーター

L型の**ピンヘッダ**です。ここでは3ピンにカットして使います。

秋月電子通商の「**電源用micro USBコネクタDIP化キット**」です。ここではサーボモーターに電源を供給するために使います。

丸ピン型の**ピンソケット**です。micro USBコネクタをそのままユニバーサル基板にハンダ付けするともったいないので、その中間に取り付けます。

Grand Wing Servo-Tech(GWS)社の**「S03T 2BBMG」**という**サーボモーター**です。このサーボモーターは回転速度が比較的遅く、その代わりにトルク（回転する力）が大きいです。**接続はJRタイプという規格**を採用しています。同じJRタイプのサーボモーターで代用することができます。

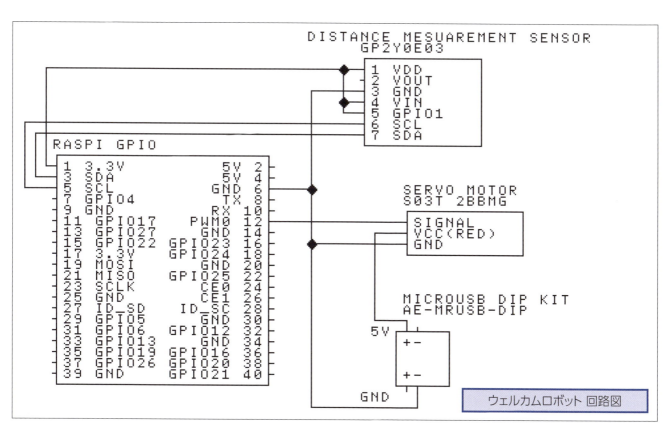

ウェルカムロボット 回路図

ウェルカムロボットの回路図です。**ラズパイ用とサーボモーター用、2つの電源で動作**します。ラズパイ側の動作電圧は3.3Vで、サーボモーター側の動作電圧は5Vです。サーボモーターは突発的に大きな電力を消費しますので、安全性を考えて電源を分離しています。

測距センサー（GP2Y0E03）の**GPIO1端子をHighに接続すると、通信方式にI2Cが設定**されます。**サーボモーターを動かすにはPWMという技術を使って、ラズパイ側からパルス信号を送る**必要があります。ラズパイの場合、PWM機能は使用できるGPIOコネクタの端子が決まっています。ここでは**PWM0が搭載されている12番ピン**を使用することにします。

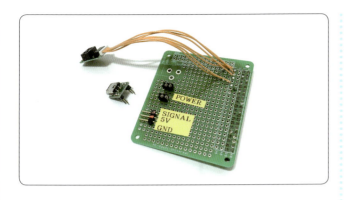

完成した基板です。コネクタ付近にはラベルプリンターで印刷したシールを貼っています。

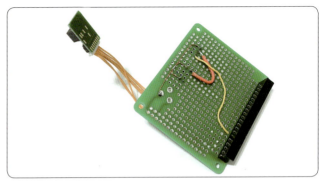

基板の裏側です。大きな電流が流れることを想定して、サーボモーターのVCCには**太めのリード線**をつないでいます。

ケースを作る

続いて、ケースを作ります。1000mlの紙パックの容器を裏返して使います。

ケースの正面に穴を空けて測距センサーを外側に向けます。測距センサーは内側から粘着テープで固定します。

紙パック容器に粘着テープを貼って、ケースの形状に組み立てます。そして、ケースに穴を空けて、ラズパイ本体とサーボモーターを取り付けます。**ラズパイにはHDMIケーブルと電源ケーブル（2本）を接続**します。

サーボ基板とサーボモーターを合体させます。**サーボモーターの端子はオレンジ色がシグナル、赤色がVCC、茶色がGND**です。

ケースを後ろ側から見た様子です。**サーボホーン（円盤の部分）に単線のワイヤーを結び付けて**、そこに厚紙を貼り付けます。これで回転部分は完成です。

ラズパイの取り付け穴は直径3mmのねじが入りません。このため、**直径2.6mmのねじ**を使っています。

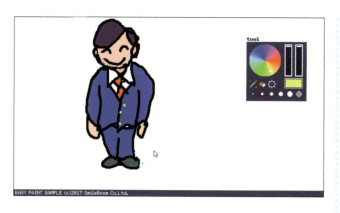

　Pi STARTERのメニューから「ペイントツール」を実行して、「店員さん」の絵を描きます。マウスで絵を描くのはちょっと難易度が高いかもしれません。描き終わったら、「Print Screen」キーを押してPNGファイルとして画像を保存します。ファイルは「/IMAGE/SCREENSHOT」ディレクトリに格納されます。

　ケースを前から見た様子です。作業しやすいように、ケースの側面に大きく穴を空けています。

　USBメモリなどを使って、作成したPNGファイルをコピーして、パソコンなどからカラープリンターで印刷します。印刷したものをサーボモーターの回転部分に貼り付けます。

　これでハードウェアは完成です。

動作させるプログラムを作る

　続いてソフトウェアを作ります。まず、「いらっしゃいませ」という音声のWAVファイルを用意しましょう。**WAVファイルとは音の波形を記録するファイル形式**の1つです。WAVファイルは自分の声などから録音して作りましょう。ただし、ラズパイには録音機能が標準ではありませんので、パソコンやタブレットを使って録音します。音声を録音してWAVファイルに保存することができるフリーソフトを活用しましょう。保存時のファイル名は「welcome.wav」とします。このファイルをUSBメモリなどを使って、ラズパイにコピーします。

　SmileBASIC-Rの仕様では、**読み込むことのできるWAVファイルはモノラル、サンプリングレートは44kHz**と定められています。筆者が試したところでは、データビットのサイズは8ビット／16ビットのどちらでも問題ないようです。容量的な都合により、録音時間は8秒未満である必要があります。

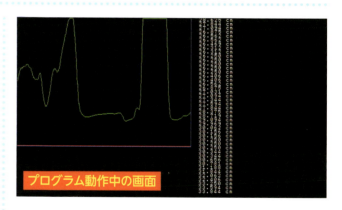

プログラム動作中の画面

　続いて、ロボットの制御プログラムを作ります。上の写真が、プログラムの動作画面です。測距センサーがグラフがスクロールしながら表示されます。**測定した距離が一定より遠い場合は待機中**となり、サーボモーターの回転軸は0度で止まっています。**一定より近い場合は回転軸が90度回転して、その後、0度に**戻ります。一連の動作が終わったら、また待機中に戻ります。

　作成したプログラムは次ページに掲載しています。

■「ウェルカムロボット」プログラムリスト

```
000001 ' ウェルカムロボット
000002 ACLS
000003 SENUM=224   ' こうかんばんごう
000004 WAVSET SENUM,"WELCOME.WAV"   ←←「いらっしゃいませ」の声を録音したWAVファイルを読み込む
000005 GP2Y0EADR=&H40 'GP2Y0E03 I2Cデバイスアドレス
000006 SHIFTBIT=1 '1=MAXIMUM DISPLAY 128cm  / 2=MAXIMUM DISPLAY 64cm
000007 I2CSTART
000008 I2CSEND8 GP2Y0EADR,&H35,SHIFTBIT   ←←測距センサーの最大値を128cmに設定
000009 IF RESULT==0 THEN PRINT "ERROR":END
000010 MODE=0    'PWM出力モード値 MARK:SPACE
000011 F=256      ' クロック分周値
000012 HZ=19200000/F  ' クロックしゅうはすう 75[KHZ]
000013 FREQ=60 ' サーボパルスしゅうはすう[HZ]
000014 P=FLOOR(HZ/FREQ)  ' クロックの分解能
000015 WAVEWIDTH=1000/FREQ ' サーボパルスはちょう[msec]
000016 SERVOPIN=#GPIO18  ' ピン番号12(GPIO18)
000017 GPIOMODE SERVOPIN,#GPIOMODE_PWM ' ハードウェアPWM   ←←サーボモーターの端子を設定
000018 GPIOHWPWM MODE,F,P ' PWM出力モード
000019 GX1=1   :GY1=1
000020 GX2=359:GY2=257
000021 GBOX GX1-1,GY1-1,GX2+1,GY2+1,#BLUE
000022 OLDY=-1
000023 THRESHOLD=35 ' しきいち   ←←お辞儀をする距離のしきい値。単位はcm
000024 MOVEFLAG=0    ' シーケンス
000025 WHILE INKEY$()==""
000026  DISTANCE=GP2Y0EGET(GP2Y0EADR) ' きょりをそくてい   ←←距離を測定
000027  NOWY=GY2-(DISTANCE*2)
000028  PRINT " "*46;FORMAT$("%7.3F",DISTANCE);" cm"
000029  GCOPY GX1+1,GY1,GX2,GY2,GX1,GY1,1   ←←グラフのスクロール
000030  GLINE GX2,GY1,GX2,GY2,#BLACK
000031  GPSET GX2,GY2,#RED
000032  IF OLDY != -1 THEN GLINE GX2-1,OLDY,GX2,NOWY,#LIME   ←←グラフの描画
000033  OLDY=NOWY
000034  IF MOVEFLAG==0 THEN  ' たいきちゅう
000035   DEGREE=0
000036   IF DISTANCE<=THRESHOLD THEN   ←←対象物が一定距離よりも近づいた場合
000037    MOVEFLAG=1
000038    VOL=127 ' おんりょう
000039    BEEP SENUM,0,VOL,0
000040   ENDIF
000041  ELSEIF MOVEFLAG==1 THEN ' おじぎちゅう
000042   DEGREE=DEGREE+(90/60)   ←←サーボモーターを1秒かけて90度に回転させる
000043   IF DEGREE>=90 THEN MOVEFLAG=2
000044  ELSE ' おじぎしゅうりょう
000045   DEGREE=DEGREE-(90/120)   ←←サーボモーターを2秒かけて0度に戻す
000046   IF DEGREE<=0 THEN MOVEFLAG=0
000047  ENDIF
000048  SERVOSET DEGREE ' サーボモーターのかくどせいぎょ   ←←サーボモーターの角度制御
000049  VSYNC 1
000050 WEND
000051 I2CSTOP
000052 GPIOMODE SERVOPIN,#GPIOMODE_IN
000053 END
000054 ' ---- きょりをそくてい
000055 DEF GP2Y0EGET(ADR)   ←←測距センサーから距離を読み取る
000056 DISTH=I2CRECV8(ADR,&H5E)
000057 IF RESULT==0 THEN RETURN -1
000058 DISTL=I2CRECV8(ADR,&H5F)
000059 IF RESULT==0 THEN RETURN -1
000060 DISTANCE=(DISTH*16+DISTL)/16/POW(2,SHIFTBIT)
000061 RETURN DISTANCE
000062 END
000063 ' ---- サーボモーターのかくどせいぎょ
000064 DEF SERVOSET DEGREE   ←←サーボモーターの角度制御
000065 IF DEGREE<-90 THEN DEGREE =-90
000066 IF DEGREE>90  THEN DEGREE =90
000067 POS=1.5    ' サーボパルスはば ちゅうしんち[msec]
000068 POSW=0.85  ' サーボパルスはば へんかりょう[msec]
000069 POS=POS-(DEGREE*POSW/90) ' サーボパルスはば[msec]
000070 DUTY=FLOOR(POS*P/WAVEWIDTH) ' デューティ比
000071 GPIOOUT SERVOPIN,DUTY ' PWMのデューティ比を設定
000072 END
```

「いらっしゃませ」と喋らせるためには、WAVSET 命令を使って WAV ファイルを読み込ませます。このプログラムでは効果音番号の 224 番に登録しています。一度登録してしまえば、BEEP 命令を使って何度でも再生させることができます。

距離を測定するには I2CRECV8 命令を使って、測距センサーと通信を行います。レジスタの &H5E 番地と &H5F 番地を参照してこの 2 つの値を組み合わせることで距離を求めることができます。

測距センサーは測定できる最長の距離を選択できます。モードを設定するには I2CSEND8 命令を使って、レジスタの &H35 番地に値を書き込みます。書き込む値が 0 の場合は 64cm のモード、1 の場合は 128cm のモードです。このプログラムでは 128cm のモードに設定しています。

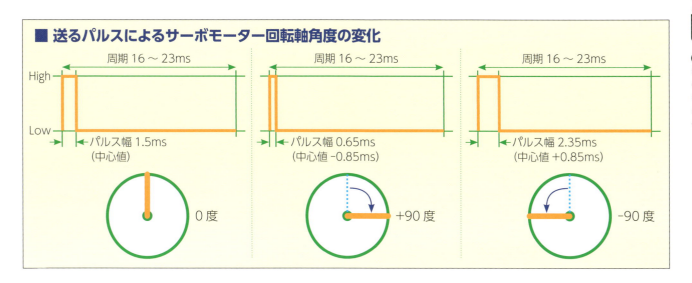

■ 送るパルスによるサーボモーター回転軸角度の変化

サーボモーターを制御するには SIGNAL 端子に上図のようなパルスを送ります。パルスの High である時間によって、回転軸の角度が変化します。ここで使用するサーボモーターの場合、出力するパルスの幅が 1.5msec の場合、回転軸は 0 を示します。パルスの幅を中心値から約 -0.85 〜 +0.85ms だけ変化させると、回転軸は＋ 90 度〜 -90 度の範囲で回転します。この特性はサーボモーターの種類によって仕様が異なる場合があります。

このようにパルス幅を制御する技術のことを PWM といいます。PWM は「pulse width modulation（パルス幅変調）」の略です。SmileBASIC-R の場合、ソフトウェア PWM とハードウェア PWM の 2 種類から選択することができます。前者はソフトウェア的に時間を監視してパルスを出力するモードで、出力する波形の誤差が大きいという欠点があります。後者はハードウェア的に波形を出力するため誤差はありませんが、使用できる端子の数が限られています。このプログラムではハードウェア PWM を使用しています。回転軸をゆっくり回転させるための工夫としてメインループが 1 周するごとに回転軸の角度を指定し直しています。

プログラムを実行してみましょう。測距センサーの測定値がグラフとして表示されます。測距センサーに手をかざすと厚紙に描かれた店員さんがお辞儀をします。同時にディスプレイのスピーカーから「いらっしゃいませ」という音声が流れます。サーボモーターの回転軸を 0 度→ 90 度→ 0 度と動かすことでお辞儀を表現しています。お辞儀をする合図となる距離のしきい値は 35cm に設定しています。

このロボットには制御の基本的な要素が詰まっていますので、他の用途にも応用できると思います。さらに面白い使い道を見つけてみましょう。

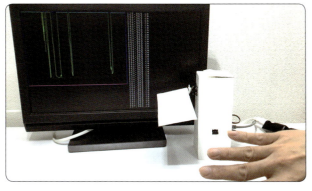

■ おまけ　WAV ファイルの中身を見るツール

```
000001 'WAV FILE VIEW FILE BY TAKUYA MATSUBARA
000002 ACLS
000003 DIM WAVBUF[0] 'WAV FILE BUFFER
000004 NAME$= "WELCOME.WAV"
000005 PRINT "FILENAME:";NAME$
000006 LOAD "RAW:"+NAME$,WAVBUF 'OPEN WAV DATA    ←←← WAV ファイルを配列内に読み込む
000007 TOTALSIZE = LEN(WAVBUF)
000008 PTR=0
000009 TXT$=GETTXT()          :PRINT "[RIFF]: "+TXT$
000010 IF (TXT$ != "RIFF") THEN
000011  PRINT "FORMAT ERROR:THIS FILE IS NOT WAV FORMAT"
000012  END
000013 ENDIF
000014 FILESIZE=GETLONG()  :PRINT "FILE SIZE: "+STR$(FILESIZE)
000015 TXT$=GETTXT()          :PRINT "[WAVE]: "+TXT$
000016 TXT$=GETTXT()          :PRINT "[FMT ]: "+TXT$
000017 FMTSIZE=GETLONG()   :PRINT "FMT SIZE: "+STR$(FMTSIZE)
000018 FMTID=GETWORD()       :PRINT "FMT ID: "+STR$(FMTID)
000019 CHANNEL=GETWORD()   :PRINT "CHANNEL: "+STR$(CHANNEL)
              ↑↑↑ モノラルの場合は 1、ステレオの場合は 2
000020 SRCHZ=GETLONG()      :PRINT "SAMPLERATE: "+STR$(SRCHZ)+" HZ"
              ↑↑↑ サンプリングレート
000021 BPS=GETLONG()          :PRINT "BYTE/S: "+STR$(BPS)    ←←← 1 秒あたりの転送バイト数
000022 BLOCKSIZE=GETWORD():PRINT "BLOCKSIZE: "+STR$(BLOCKSIZE)
000023 DATABIT=GETWORD()   :PRINT "DATA BIT: "+STR$(DATABIT)
000024 TXT$=GETTXT()          :PRINT "[DATA]: "+TXT$
000025 DATALEN=GETLONG()   :PRINT "DATA LENGTH: "+STR$(DATALEN)
000026 GX=160.0
000027 GY=16.0
000028 GW=479.0
000029 GH=128.0
000030 BYTECNT=0
000031 IF DATABIT==8 THEN RANGE=256 ELSE RANGE=65536
000032 X1=GX:Y1=GY:X2=GX+GW:Y2=GY+GH
000033 GBOX X1,Y1,X2,Y2,#BLUE
000034 X1=GX:Y1=GY+GY+GH:X2=GX+GW:Y2=GY+GH+GY+GH
000035 GBOX X1,Y1,X2,Y2,#BLUE
000036 WHILE 1
000037  IF (BYTECNT>=DATALEN) THEN BREAK
000038  X=GX+(GW*BYTECNT/DATALEN)
000039  IF DATABIT==8 THEN    ←←← 左スピーカー（モノラル）の波形データーを読み込む
000040   DATAL=GETBYTE()
000041   INC BYTECNT
000042  ELSE
000043   DATAL=GETWORD()
000044   INC BYTECNT,2
000045   IF DATAL>=&H8000 THEN DATAL=DATAL-&H10000
000046   DATAL=DATAL+&H8000
000047  ENDIF
000048  GPSET X,GY+(GH*DATAL/RANGE),#LIME  ←←← 波形を描く
000049  IF(CHANNEL==2) THEN    'STEREO
000050   IF DATABIT==8 THEN   ←←← 右スピーカーの波形データーを読み込む
000051    DATAR=GETBYTE()
000052    INC BYTECNT
000053   ELSE
000054    DATAR=GETWORD()
000055    INC BYTECNT,2
000056    IF DATAR>=&H8000 THEN DATAR=DATAR-&H10000
000057    DATAR=DATAR+&H8000
000058   ENDIF
000059   GPSET X,GY+GY+GH+(GH*DATAR/RANGE),#LIME  ←←← 波形を描く
000060  ENDIF
000061 WEND
000062 END
000063 '-------TEXT
000064 DEF GETTXT()
000065 TXT$=CHR$(WAVBUF[PTR])
000066 TXT$=TXT$+CHR$(WAVBUF[PTR+1])
000067 TXT$=TXT$+CHR$(WAVBUF[PTR+2])
000068 TXT$=TXT$+CHR$(WAVBUF[PTR+3])
000069 PTR=PTR+4
000070 RETURN TXT$
000071 END
```

```
000072 '-------LONG
000073 DEF GETLONG()
000074 A=WAVBUF[PTR]
000075 A = A+(WAVBUF[PTR+1] << 8)
000076 A = A+(WAVBUF[PTR+2] << 16)
000077 A = A+(WAVBUF[PTR+3] << 24)
000078 PTR=PTR+4
000080 RETURN A
000081 END
000082 '-------WORD
000083 DEF GETWORD()
000084 A = WAVBUF[PTR]
000085 A = A+(WAVBUF[PTR+1] << 8)
000086 PTR=PTR+2
000087 RETURN A
000088 END
000089 '-------BYTE
000090 DEF GETBYTE()
000091 A = WAVBUF[PTR]
000092 PTR=PTR+1
000093 RETURN A
000094 END
```

　WAVファイルの中身を確認するためのツールを自作してみました。名付けて「wavview」です。ツールを実行すると、このようにサンプリングレートやデーターのサイズ、モノラル／ステレオ、波形データーなどを見ることができます。これを改造して波形の変換ツールを作ってみると面白いと思います。

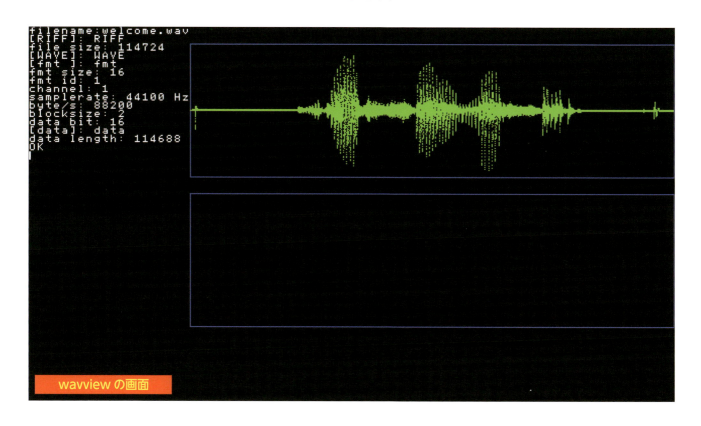

wavviewの画面

5-2 アーケードゲーム風ラズパイケース

ゲーム専用の大型のラズパイケースです。ジョイスティックレバーとボタンとディスプレイとスピーカーを搭載していますので、電源さえつなげば、どこででもゲームセンターの気分を楽しむことができます。

下の材料を用意しましょう。この他にもラズパイ本体とディスプレイ、USB電源アダプタ（2個）が必要です。

ラズベリーパイ財団が開発した「**Raspberry Pi 7インチ公式タッチディスプレイ**」です。純正品のラズパイ用の液晶ディスプレイです。画面のサイズは7インチです。解像度は800 x 480ピクセルと低めですが、Pi STARTERでも問題なく使うことができます。画面へのタッチの検出機能も搭載されています。実売価格はおよそ1万円です。

■ 製作に使用する材料

部品名	詳細	数量
ジョイスティック	ゲーム用ジョイスティックレバー	1
ボタン	ゲーム用スイッチ	2
ユニバーサル基板	Cタイプ片面ユニバーサル基板	1
ピンソケット	40pin（2×20pin）ピンソケット	1
ディスプレイ	「Raspberry Pi 7インチ公式タッチディスプレイ」(RASPBERRY PI TOUCH DISPLAY)	1
スピーカー	ヘッドホン用コイルスピーカー。1W以下を推奨	1
ミニプラグ	3.5mm　4極ミニプラグ	1
リード線		
ねじ・ナット・ワッシャー	直径3mm・長さ1cm	8
ねじ・ナット・ワッシャー	直径3mm・長さ2cm	8
ダンボール箱	全長30cm以上、幅25cm以上、奥行き10cm以上がおすすめ	1
USBケーブル	micro-B USB電源ケーブル	2

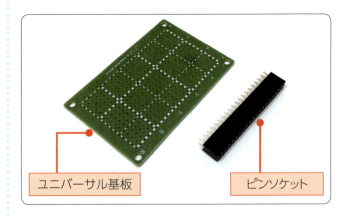

写真左側が「**Cタイプ片面ユニバーサル基板**」です。ランドという金属の被膜が**片面にだけプリント**されています。写真右側が40pinピンソケットです。ピンソケットは最終的に**ラズパイのGPIOコネクタに接続**します。

ジョイスティックとボタン

3.5mm 4極ミニプラグです。その名のとおり、4つの端子があるプラグです。ラズパイの場合、プラグの端子には**「左スピーカー」「右スピーカー」「GND」「ビデオ信号」**が割り振られています。今回はビデオ信号を使用しませんので、**3極ミニプラグで代用**しても問題ありません。

写真左側は秋月電子通商で購入したメーカー不明の**ジョイスティックレバー**です。4個のマイクロスイッチを内蔵していて、8種類の方向を検出することができます。写真右側は三和電子製の**ゲームスイッチ**（直径30mm）です。筆者の場合は千石電商で購入しました。

8Ω0.5Wのスピーカーです。ヘッドホン端子に直結して使いますので、**電力消費（W）の少ないもの**を使いましょう。

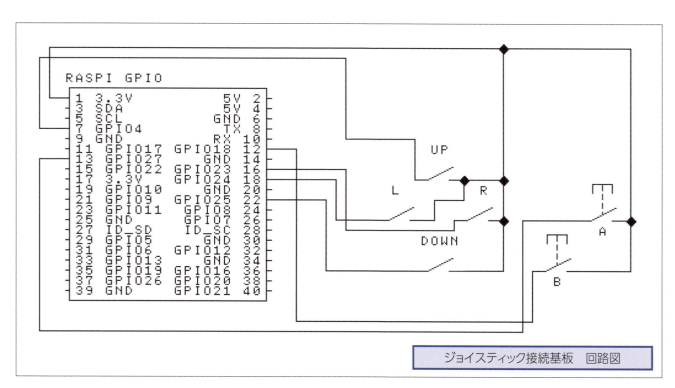

ジョイスティック接続基板　回路図

ジョイスティック接続基板の回路図です。**ジョイスティックレバーとボタンをGPIOコネクタに接続**します。GPIOの入力端子は**ソフトウェアによってプルダウンに設定**します。プルダウンというのは端子が抵抗を介してGNDに接続されている状態のことです。これにより、レバーやボタンが**オフの場合、端子にはLow（0）が入力**されます。逆にレバーやボタンが**オンになった場合、端子には3.3Vが接続されて、High（1）が入力**されます。

スピーカー部分の回路図です。**ラズパイではHDMIかヘッドホン端子のどちらか一方から音**を鳴らすことができます。ここではヘッドホン端子から鳴らすことにします。回路をシンプルにするため、左側のスピーカーだけを鳴らしています。ヘッドホン端子は流せる電流が限られていますので、**消費電力が比較的小さいヘッドホン用のスピーカーを接続**します。このため、大きな音量で鳴らすことはできません。大きな音量で鳴らす方法については後のページで紹介します。

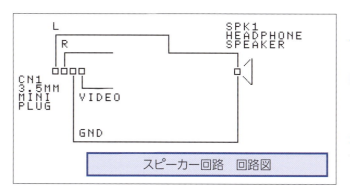

スピーカー回路　回路図

組み立てとセッティング

ケースを作ります。手ごろなサイズのダンボール箱を用意して、**67.5 度の角度で切断**します。このうちの片方をひっくり返して貼り合わせると、45 度の傾斜を作ることができます。この角度は自分の好みに合わせて調節しましょう。

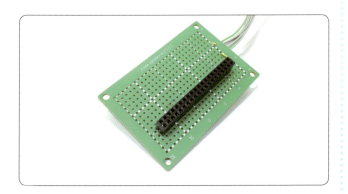

完成したジョイスティック接続基板の表側（部品面）です。ラズパイと合体した時に基板がリボンケーブルと**衝突することを避けるため、ピンソケットの取り付け位置を基板の中心からずらし**ています。

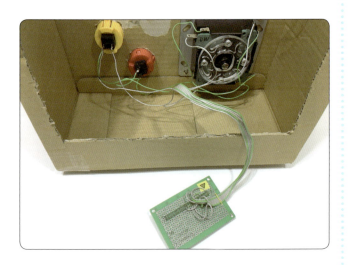

ジョイスティック接続基板の裏側（ハンダ面）です。**ラズパイに接続した時には、こちらが表**になります。基板にはジョイスティックレバーとボタンをつなぎます。基板上の**三角形のシールはピンソケットの 1 番ピン**を示しています。このシールはラベルプリンターで印刷しています。

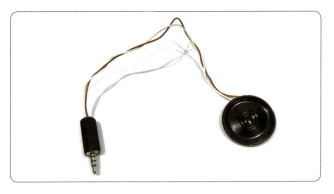

完成したスピーカーの回路です。**ミニプラグにヘッドホン用スピーカーを直結**しただけです。使いやすくするため、ミニプラグの樹脂部分を短く切断しています。

ケースの底をくりぬきます。底は完全にはくり抜かず、**周辺を残して強度を維持**します。穴を空けることで作業しやすくなり、放熱の問題も解消することができます。ディスプレイとスピーカーを搭載する部分にも穴を空けます。さらにジョイスティックレバーとボタンを取り付けて、配線を行います。

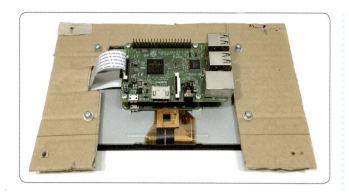

　直径 3mm のねじを使って、ディスプレイにダンボール板を固定します。写真では**長さ 1cm のねじを使用**していますが、長すぎるのでナットを通して先端を短くしています。ディスプレイの詳しい寸法についてはラズベリーパイの公式サイトで公開されています（https://www.raspberrypi.org/documentation/hardware/display/7InchDisplayDrawing-14092015.pdf）。

　そして、**ディスプレイの上にラズパイを取り付け**ます。取り付け用のねじはディスプレイに付属しています。ディスプレイの**向きは茶色のフレキシブル基板が見えている側が下**になります。さらに、ラズパイとディスプレイを 15 ピンのリボンケーブルで接続します。ラズパイには**「DSI」**という専用のコネクタがあり、**カバーをスライドさせることによってリボンケーブルを差し込む**ことができます。なお、**「/boot/config.txt」**というファイルを書き換えれば、画面を 90 度回転させたり、180 度回転させた状態で表示させることもできます。ここでは画面を回転させずに表示します。

　直径 3mm・**長さ 2cm のねじを使って、ケース内にディスプレイ（&ラズパイ）とスピーカーを取り付け**ます。そして、ラズパイにジョイスティック接続基板とジョイスティックを取り付けます。

　ディスプレイの電源はラズパイから供給する方法と micro USB コネクタから供給する方法の 2 通りがあります。ここでは後者を選択します。2 本の USB ケーブルを使い、**USB 電源アダプタ→ディスプレイ→ラズパイの順に接続**します。これで 1 つの電源でディスプレイとラズパイの両方を動かすことができます。

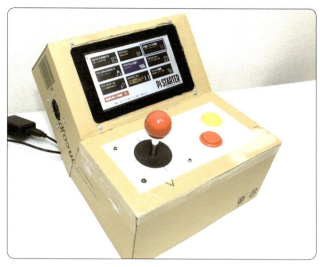

　以上でハードウェアが完成です。

　電源を入れると、Pi STARTER のメニュー画面が表示されます。**ディスプレイに関する設定は自動的に行われます**ので、すぐに使うことができます。もし画面が真っ暗な場合には接続方法を間違っている可能性があります。**リボンケーブルと USB ケーブルが正しく接続されているかを確認**してみましょう。

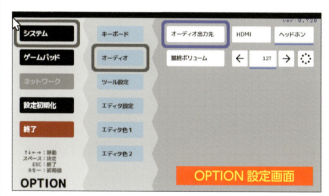

　初期設定ではオーディオ出力先に HDMI が選択されていますので、これを変更します。メニューから**「オプション」**を実行して、**システム→オーディオ**のメニューから、**「オーディオ出力先」**の項目を**「ヘッドホン」**を選択します。

　最後に**「終了」**を選択すると設定は完了です。

ジョイスティックを使えるように変更する

ソフトウェアを用意します。ここでは Pi STARTER のサンプルとして収録されているシューティングゲームの「SOILIDGUNNER-R」を使用します。SOLIDGUNNER-R は GPIO を使って操作するためのプログラムがあらかじめ組み込まれていますので、**設定の一か所を書き換えるだけでジョイスティックに対応**させることができます。ダイレクトモードで次のようにコマンドを入力します。

```
CD /SYSTEM/SOLIDGUNNER_R
 ENTER 
LOAD "SOLIDGUNNER_R.PRG"
 ENTER 
```

これでプログラムの読み込みができました。続いて、「F8」キーを押してエディットモードに移行します。

プログラム 11 行目の次の記述を書き換えます。

```
var USE_GPIO=false
       ↓
var USE_GPIO=true
```

これで GPIO を使ってジョイスティックを読み取ることができます。

ゲーム画面

キーボードの「F5」キーを押してプログラムを実行します。このようにジョイスティックを使ってゲームを楽しむことができます。レバーをボタンを激しく操作してもケースが変形しないように、**ダンボールのつなぎ目にはテープを貼って補強**しましょう。

プログラムを保存する場合、オリジナルのファイルを**上書きしてしまわないように別のファイル名で保存**します。たとえば次のコマンドを実行します。

```
SAVE "SOLIDGUNNER_R2.PRG"
 ENTER 
```

■ おまけ　オーディオアンプの自作

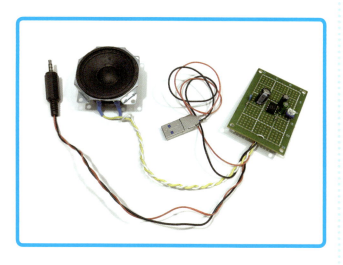

先に紹介したスピーカーの回路では音量を大きくして鳴らすことができません。その欠点を解消したのが、このオーディオアンプの回路です。**増幅回路を使い大音量で鳴らす**ことができます。回路を動かす**電源はラズパイのUSBポートから供給**します。

■ 製作に使用する材料

部品名	詳細	数量
アンプIC	新日本無線製「NJM2073D」	1
スピーカー	8Ωコイルスピーカー	1
(CN1) ミニプラグ	3.5mm 4極ミニプラグ（3極でも可）	1
(CN2)USBプラグ	Type-A USBプラグ	1
(C1) 電解コンデンサ	オーディオ用無極性 4.7μF 電解コンデンサ	1
(C2) 電解コンデンサ	220μF 電解コンデンサ	1
(C3) 電解コンデンサ	100μF 電解コンデンサ	1
(C4) 積層セラミックコンデンサ	0.1μF 積層セラミックコンデンサ	1
(VR1) 可変抵抗	10kΩ可変抵抗	1
(R1) 抵抗	10kΩカーボン抵抗 1/6W	1
(R2) 抵抗	10Ωカーボン抵抗 1/6W	1
リード線		

アンプICの「NJM2073D」です。増幅用の回路を2つ内蔵していますので、**これ1つでステレオのアンプ**を作ることができます。秋月電子通商で購入しました。

左から順に、❶**積層セラミックコンデンサ**、❷**電解コンデンサ**、❸**無極性電解コンデンサ**です。無極性ではない電解コンデンサは取り付けの向きが決まっています。**足の長い方がプラス側の端子**です。

可変抵抗という抵抗値を変えることができる部品です。半固定抵抗ともいいます。写真のように様々な大きさがありますが、**ここでは右側のタイプ**を使っています。

Type-Aという形状のUSBプラグです。この回路では**VCCとGNDの端子にだけ接続**します。配線のミスをなくすため、**VCCに取り付けるリード線には赤色**を使いましょう。

8Ω8Wの**コイルスピーカー**です。ダイナミックスピーカーともいいます。**コネクタ部分は不要なので切断**します。

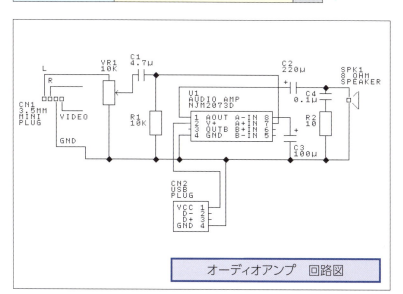

オーディオアンプ　回路図

オーディオアンプの回路図です。この回路は部品が多いため、番号を付けて表記しています。「U1」は最も重要な部品の**アンプIC**です。ICにはAとBという2つの入出力端子があります。**この回路はA側だけを使用**しています。空いているB側に回路とスピーカーを追加することで、ステレオ再生に対応させることができます。「VR1」は**音量を調節**するための部品です。「C1」「C2」は**直流を流さないようにする**ための部品です。「C2」「C3」は**取り付けの向きが決まっています**ので、間違えないようにしましょう。なお、「R1」「C4」「R2」は音を綺麗にして鳴らすための部品なので、省略してしまっても一応は音は鳴ります。

5-3 ドライビングゲーム用コントローラー

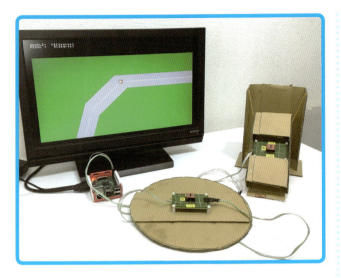

ドライビングゲームで遊ぶことを想定したコントローラーです。**ハンドルとアクセルペダルの2つで構成**されています。ハンドルは手に持って、宙に浮かせた状態で使います。ブレーキペダルはありません。

次の材料を用意しましょう。この他にもラズパイ本体とディスプレイとUSB電源アダプタが必要です。

■ 製作に使用する材料

部品名	詳細	数量
加速度センサー	「3軸加速度センサーモジュール ADXL345」	2
ユニバーサル基板	Cタイプ片面ユニバーサル基板	2
ICソケット	2列×5pin	2
ピンソケット	1×5pin ピンソケット	2
ピンヘッダ	L型 1×5pin ピンヘッダ	1
スペーサー	長さ1cm、ねじ・ナット付き	8
ねじ	直径3mm、長さ1cm	8
リード線		
熱収縮チューブ		
ダンボール		
輪ゴム		3
USBケーブル	micro-B USB電源ケーブル	1

加速度センサーです。第4章で使用したものと同じですが、ここでは**2個同時に**使います。

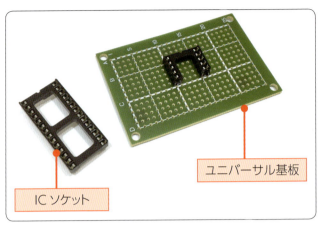

ICソケットと**ユニバーサル基板**です。ICソケットは加速度センサーの接続に使いますので、**2列×5ピンだけ残した状態で切断**します。

ピンソケットです。ここでは**5ピンだけ残して切断**します。

ピンヘッダです。**5ピンだけ残した状態で切断**して使います。

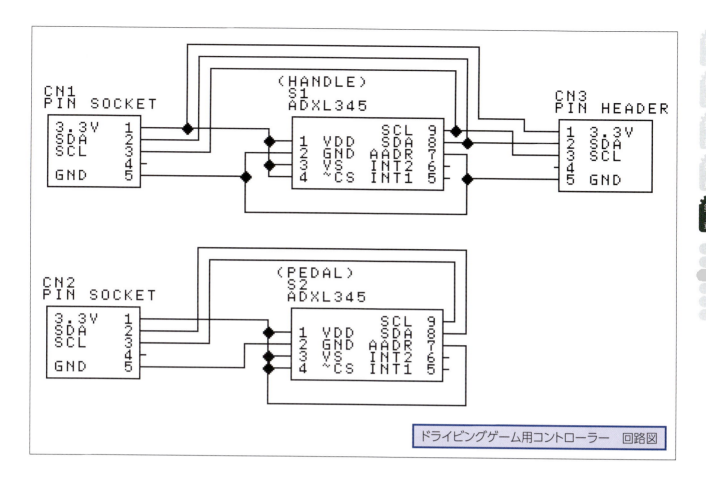

コントローラーの回路図です。**ハンドル用とアクセルペダル用で 2 つの加速度センサーを使用**します。加速度センサーは**数珠つなぎに接続**します（デイジーチェーンといいます）。

ハンドルとアクセルペダルをそれぞれを単体で使えるように**ピンヘッダ／ソケットのピン配置を共通化**しています。加速度センサーの ADXL345 はデバイスアドレスを 2 種類に切り替えることができます。**7 番ピンが Low の場合はデバイスアドレスが &H53、High の場合はデバイスアドレスが &H1D** となります。

コントローラーを組み立てる

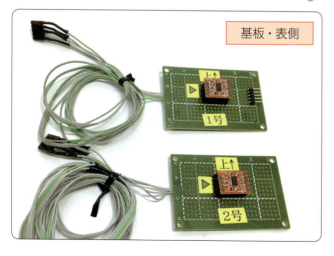

基板・表側

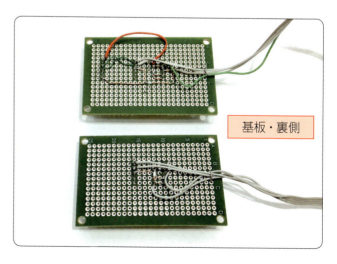

基板・裏側

完成したコントローラの基板です。**写真上の 1 号機がハンドル用、下の 2 号機がアクセルペダル用**です。ピンソケットは**ハンダ付けした部分が露出しないように熱収縮チューブを被せて**います（ホットボンドでも代用できます）。ピンソケットの向きを間違えないように油性のマーカーで 1 番ピンに印を描きます。

基板上の三角形の**シールは部品の 1 番ピンを示す**ために貼っています。シールはラベルプリンターで印刷しています。

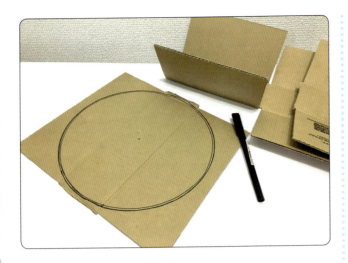

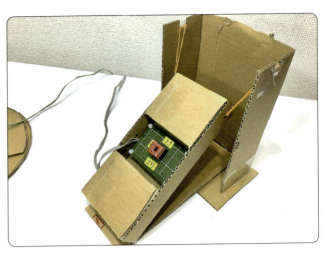

ダンボール箱を切って**ハンドル**を作ります。このような場合、手ではなくダンボール側を回すと綺麗に円を描くことができます。

アクセルペダルが完成しました。**輪ゴムを使ってペダル部分を吊り上げ**ています。輪ゴムは3本を1本につないでいます。この状態で加速度センサーの傾き角度は35度くらいです。**ペダルを踏むことで傾き角度は0度**に近づきます。

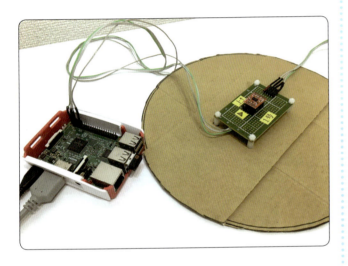

ハンドルが完成しました。ダンボール**板の中心に基板を固定**するだけです。

ピンソケットは**ラズパイのGPIOコネクタに接続**します。ピンソケットの**1〜6番ピンは、GPIOコネクタの1、3、5、7、9番ピンに対応**させています

ハンドルとアクセルペダルを合体させます。

以上でハードウェアが完成です。続いて、ソフトウェアを作ります。

ドライビングシミュレーターを作る

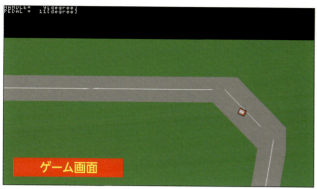

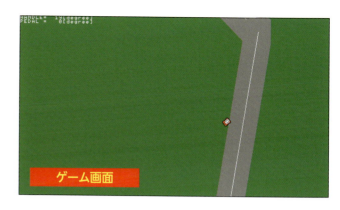

とてもシンプルなドライビングシミュレーターです。上から見た視点でコースと自動車を表現しています。自動車が動くと、それに追従して画面がスクロールします。

```
000001 '--- DRIVE
000002 ACLS
000003 DIM CPX[0],CPY[0] 'コースデーター
000004 SZ=6
000005 DIM BUF%[SZ] 'I2Cじゅしんバッファ
000006 DIM ADR[2] 'I2Cデバイスアドレス
000007 HANDLE=0 '1ごうき ハンドル
000008 PEDAL=1   '2ごうき アクセルペダル
000009 ADR[HANDLE]=&H53 'ハンドル デバイスアドレス
000010 ADR[PEDAL] =&H1D 'アクセルペダル デバイスアドレス
000011 I2CSTART
000012 WHILE 1              ←←コースの座標を読み込んで、配列に格納する
000013  READ X,Y 'コースデーター よみこみ
000014  IF X<0 THEN BREAK
000015  PUSH CPX,X
000016  PUSH CPY,Y
000017 WEND
000018 GCLS #GREEN
000019 HABA=50 'みちはば
000020 FOR I=0 TO LEN(CPX)-1 'コースをびょうが     ←←グラフィック画面にコースを描く
000021  X1=CPX[I]
000022  Y1=CPY[I]
000023  X2=CPX[(I+1) MOD LEN(CPX)]
000024  Y2=CPY[(I+1) MOD LEN(CPY)]
000025  FOR FX=-HABA/2 TO HABA/2
000026   FOR FY=-HABA/2 TO HABA/2
000027    GLINE FX+X1,FY+Y1,FX+X2,FY+Y2,#GRAY
000028   NEXT
000029  NEXT
000030  GLINE X1,Y1,X2,Y2,#WHITE
000031 NEXT
000032 OFSX=0
000033 OFSY=0
000034 MX=CPX[0]
000035 MY=CPY[0]
000036 SPSET 2399 OUT CAR
000037 ADXL345INIT HANDLE 'かそくどセンサーしょきか    ←←加速度センサーを初期化する
000038 ADXL345INIT PEDAL              ←←加速度センサーを初期化する
000039 WAIT 1
000040 ADXL345GET PEDAL OUT XA,YA,ZA
000041 PEDAL0=90-DEG(ATAN(ZA,YA)) 'アクセルペダルしょきち
000042 DIR=0
000043 SPEED=0
000044 MARGIN=150
000045 WHILE 1
000046  K$=INKEY$()
000047  IF K$==CHR$(&H1B) THEN BREAK
000048  WHILE 1 'がめんのスクロール         ←←自動車の動きに合わせて画面をスクロールさせる
000049   IF MX<(OFSX+MARGIN)          THEN DEC OFSX:CONTINUE
000050   IF MX>(OFSX+(640-MARGIN))    THEN INC OFSX:CONTINUE
000051   IF MY<(OFSY+MARGIN)          THEN DEC OFSY:CONTINUE
000052   IF MY>(OFSY+(360-MARGIN))    THEN INC OFSY:CONTINUE
```

```
000053    BREAK
000054  WEND
000055  GOFS OFSX,OFSY
000056  ADXL345GET HANDLE OUT XA,YA,ZA
000057  HANDLEA=90-DEG(ATAN(YA,XA))        ' ハンドルのかくど        ←←←ハンドルの角度を算出する
000058  ADXL345GET PEDAL OUT XA,YA,ZA
000059  PEDAL1=90-DEG(ATAN(ZA,YA))
000060  PEDALA=ABS(PEDAL0-PEDAL1)  ' アクセルペダルのかくど（そうたいてき）
        ↑↑↑アクセルペダルの相対的な角度を算出する
000061  LOCATE 0,0
000062  PRINT "HANDLE=";FORMAT$("%4d",HANDLEA);"[degree]"
000063  PRINT "PEDAL =";FORMAT$("%4d",PEDALA);"[degree]"
000064  SPEED=SPEED*0.95     ' げんそく
000065  IF SPEED<0.01 THEN SPEED=0
000066  IF PEDALA>5 THEN       ←←← アクセルペダルを踏んだ場合の処理
000067    SPEED=SPEED+(PEDALA/100)  ' かそく
000068    DIR=DIR+(HANDLEA/30)        ' むきをしゅうせい
000069  ENDIF
000070  MX=MX+COS(RAD(DIR))*SPEED  ' くるまのいどう
000071  MY=MY+SIN(RAD(DIR))*SPEED
000072  SPROT CAR,DIR+90       ←←←自動車のスプライトを回転表示
000073  SPOFS CAR,MX-OFSX,MY-OFSY
000074  VSYNC
000075  WEND
000076  I2CSTOP
000077  END
000078  '--- コースデーター
000079  DATA 320,100
000080  DATA 1000,100
000081  DATA 1100,200
000082  DATA 1000,800
000083  DATA 800,800
000084  DATA 200,700
000085  DATA 100,500
000086  DATA 200,200
000087  DATA -1,-1
000088  '--- かそくどセンサーしょきか
000089  DEF ADXL345INIT ID    ←←←加速度センサーの初期化
000090    I2CSEND8 ADR[ID], &H31, &H0B  ' レンジをせってい
000091    I2CSEND8 ADR[ID], &H2D, &H08  ' そくていスタート
000092  END
000093  '--- かそくどセンサーよみとり
000094  DEF ADXL345GET ID OUT XA,YA,ZA      ←←←加速度センサーの読み取り
000095    XA=0
000096    YA=0
000097    ZA=0
000098    I2CSEND ADR[ID],&H32  ' かそくどをそくてい
000099    IF RESULT==0 THEN RETURN
000100    I2CRECV ADR[ID], BUF% ,SZ
000101    X=SIGNED((BUF%[1] << 8)+BUF%[0])
000102    Y=SIGNED((BUF%[3] << 8)+BUF%[2])
000103    Z=SIGNED((BUF%[5] << 8)+BUF%[4])
000104    XA=Y          ←←← +
000105    YA=X          ←←← +--  加速度センサーのXY軸を画面のXY軸と一致させる
000106    ZA=Z
000107  END
000108  '--- 16BIT せいすうにふごうをつける
000109  DEF SIGNED(UDATA)
000110    IF UDATA>=&H8000 THEN UDATA=UDATA-&H10000
          ↑↑↑2の補数表現に従って、値をマイナスにする
000111    RETURN UDATA
000112  END
```

　メインループではハンドルとアクセルペダルの**状態を読み取り、自動車の動きに反映**させています。自動車はスプライトを使い、回転させながら表示しています。**コースはグラフィック画面**を使って表示しています。

　変数 **SPEED** には**自動車の移動速度**を格納しています。変数 **DIR** には**自動車の進行方向**を格納しています。これに三角関数を使うことによって、自動車の移動する座標を算出することができます。自動車の止まりにくさを再現するため、変数 **SPEED を少しずつ減らして**います。

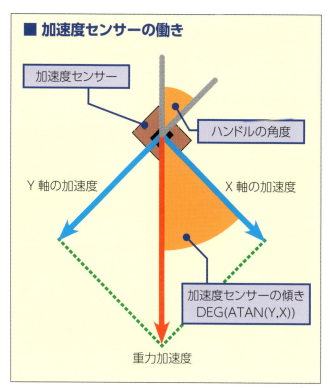

■ 加速度センサーの働き

ハンドルの角度を検出するには**X軸とY軸の加速度を使用**します。2つの加速度を**「ATAN」**という関数の引数に与えることで、傾きを算出することができます。ATAN関数の**戻り値にはラジアンという単位**が使われています。**「DEG」**関数を使うと、**ラジアンから度数に値を変換**することができます。算出した傾きはハンドルの向きと逆になりますので、**符号を反転**する必要があります。

アクセルペダルの場合は傾く向きがハンドルと違っていて、**Z軸とY軸の加速度から傾きを算出**します。アクセルペダルは最初から傾いていて、**踏み込むことで水平に近づき**ます。そのため、プログラム内では実行した最初に角度を変数に格納しておいて、その**角度との絶対値をペダルの踏み込んだ量として**採用しています。

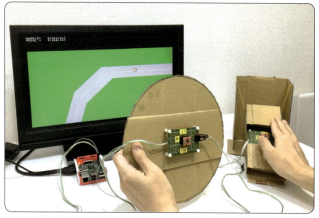

左の写真がプログラムを実行中の様子です。アクセルペダルを踏むと、自動車が加速します。本来は足で踏むべきところですが、撮影のため手を使っています。

ハンドルは手で持ち上げた状態で使います。ハンドルを回転させると、自動車の進行方向が変わります。現時点では自動車を走らせるだけでゲームになっていませんが、走行タイムを測定する機能を付け加えればレーシングゲームとして遊べるようになるかもしれません。画面が回転したり、三次元的な視点を表現できるようになれば、もっと臨場感が増すと思います。改造してみましょう。

◆ 回路図を描くツール

本書に掲載されている回路図はすべて**「回路図エディタ」**という自作のツールを使って描いています。回路図エディタ自体もPi STARTERを使って作成しています。

回路図エディタはフリーソフトとして、
https://sites.google.com/site/yugenkaisyanico/pistarter/
にて公開中です。

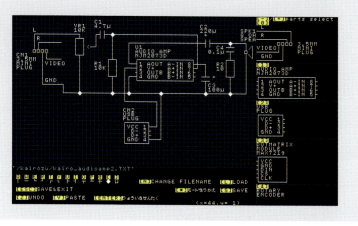

5-4 ニュースウォッチ

■ 製作に使用する材料

部品名	詳細	数量
ドットマトリックスLED	SainSmart 製「MAX7219 使用 32×8 ドットマトリクス LED モジュール」。ジャンパーワイヤー付き	1
紙パック	1000ml サイズの空き容器	1
ねじ・ナット	直径 3mm・長さ 1cm	4
ねじ・ナット	直径 2.6mm・長さ 1〜2cm	4

ドットマトリックス LED を使ったニュースの電光掲示板です。名付けて**「ニュースウォッチ」**です。インターネットから入手したニュースの見出しを連続的に表示します。

次の材料を用意しましょう。他にラズパイ本体とディスプレイ、USB 電源アダプタ、電源ケーブルが必要です。

SainSmart 製の**「MAX7219 使用 32×8 ドットマトリクス LED モジュール」**です。赤色 LED を 32×8 個を搭載しています。**動作電圧は 5V。通信方式は SPI** です。LED のダイナミック点灯は搭載している IC が自動的に行います。秋月電子通商で 2100 円で購入しました。製品には 5 本のジャンパーワイヤーが付属しています。

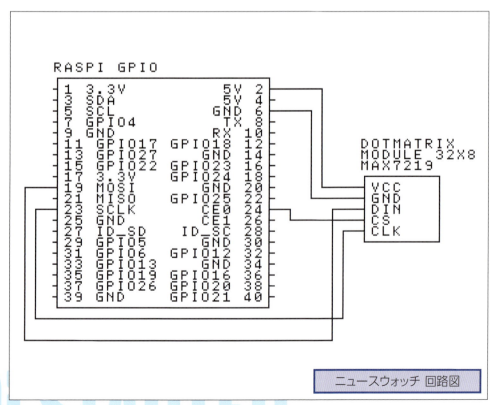

ニュースウォッチ 回路図

ニュースウィッチの回路図です。**GPIO コネクタの SPI 通信用の端子をドットマトリックス LED に接続**しています。**VCC は電源。GND はグランド**です。**DIN はデータ、CS はチップセレクト、CLK はクロックを入力**するための端子です。

ドットマトリックス **LED 側の動作電圧は 5V** ですが、これに対して、**ラズパイ側の動作電圧は 3.3V** です。本来、電圧の違う回路を直結してはいけないのですが、この場合は**信号がすべて 3.3V → 5V への一方通行なので、実害はないと判断**して接続しています。

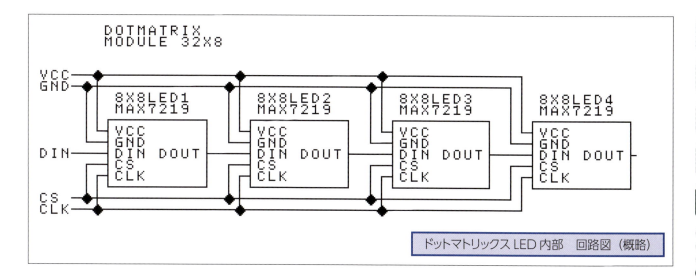

ドットマトリックス LED 内部　回路図（概略）

　ドットマトリックス LED 内部の概略的な回路図がこちらです。Maxim Integrated Products 製の **「MAX7219」** という IC を 4 個搭載しています。**IC 1 つで 8 × 8 個の LED を制御**することができます。ラズパイから送信されたデータは左から 1 番目の IC に入力され、2 番目、3 番目、4 番目と順番に伝わる仕組みです。このため、**表示するデータは右端から先に送信**する必要があります。

ニュース表示板本体を組み立てる

　ケースを作ります。1000ml の紙パックを 2 つに切り分けます。切った片方にラズパイとドットマトリックス LED を取り付けます。もう片方は外装に使います。

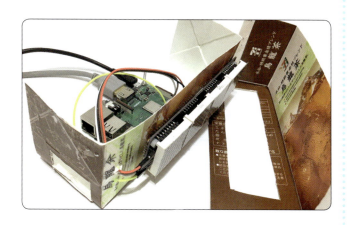

　ケースを外側から見た様子です。ドットマトリックス LED の**すき間にナットを入れて直径 3mm のねじで固定**します。部品に余分な負担がかからないように、ねじはゆるめに付けます。**5 本のジャンパーワイヤーをドット**マトリックス LED に接続して、ケース内部へ引き込みます。接続するジャンパーワイヤーは分かりやすさを考えて、**VCC= 赤色、GND= 黒色**に割り当てました。

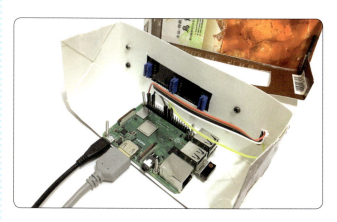

　ケースの内部です。ラズパイを直径 2.6mm のねじで固定します。ねじはゆるめに取り付けます。内部に引き込んだジャンパーワイヤーはラズパイの GPIO コネクタに接続します。ラズパイには HDMI ケーブルと電源ケーブルも接続します。

　ケースの外装を取り付け、ハードウェアが完成です。

想定外の事態ですが、そのままラズパイの電源を入れると、ドットマトリックス LED が全点灯してしまいました。この状態では**大量の電流が流れて**しまい、ラズパイや電源が正常に動作しなくなってしまいます。

対処療法になりますが、GPIO コネクタの **2 番ピン（5V）のジャンパーワイヤーを外**します。これで **VCC に 5V が供給されず、LED が消灯**します。ジャンパーワイヤーはプログラムを実行する直前に接続しましょう。

ニュースウォッチのプログラムを作る

続いて、ニュースを表示するためのプログラムを作ります。複数ある**ニュースの見出しを一本の文字列**につないで、ドットマトリックス LED に表示します。分かりやすいように、ニュースの区切りには**「/」**を入れます。ドットマトリックス LED の表示内容と同じものをグラフィック画面にも表示します。

```
000001 'NEWS WATCH BY TAKUYA MATSUBARA
000002 ACLS
000003 GOSUB @MAX7219INIT  'ドットマトリクスLEDしょきか
000004 NEWS$=""
000005 HTML$=HTTPGET$("https://news.google.co.jp")  'ニュースよみとり
         ↑↑↑Googleニュースからニュースを読み込む
000006 TAG$=""
000007 I=0
000008 WHILE I<LEN(HTML$)-1
000009   I=INSTR(I,HTML$,"<span>")  ←←←ニュースの見出しを検索
000010   IF I<0 THEN BREAK
000011   I=I+6
000012   I2=INSTR(I,HTML$,"<")
000013   NEWS$=NEWS$+"/"+MID$(HTML$,I,I2-I)  ←←←見出しを抜き出して、変数に格納する
000014   I=I2+1
000015 WEND
000016 NEWS$=NEWS$+"...."
000017 LOCATE 0,16
000018 PRINT MID$(NEWS$,0,80*28);
000019 SCRLX=0          'スクロールようカウンタ
000020 SCRLSPEED=16/60  'スクロールそくど[ドット/フレーム]
000021 MOJIX=600        'ついかもじのざひょうX
000022 MOJIY=32         'ついかもじのざひょうX
000023 MOJICNT=0        'ついかもじのカウンタ
000024 IDX=0
000025 WHILE IDX<LEN(NEWS$)
000026   VSYNC 1
000027   SCRLX = SCRLX+SCRLSPEED
000028   IF SCRLX>=1 THEN
000029     SCRLX = SCRLX -1
000030     GCOPY TMPX+1, TMPY, TMPX+32, TMPY+7, TMPX, TMPY, 1  'スクロール
           ↑↑↑1ドットぶん左へスクロール
000031     FOR Y=0 TO 7  'もじをついか
```

```
000032       GPSET TMPX+31,TMPY+Y,GSPOIT(MOJIX+MOJICNT,MOJIY+Y)
000033       ↑↑↑新しい文字を描き加える
       NEXT
000034   MOJICNT=(MOJICNT+1) MOD 8
000035   IF MOJICNT==0 THEN 'もじこうしん
000036     GFILL MOJIX,MOJIY,MOJIX+7,MOJIY+7,#BLACK
000037     GPUTCHR MOJIX,MOJIY,MID$(NEWS$,IDX,1),1,1,#RED    ←←新しい文字を更新
000038     INC IDX
000039   ENDIF
000040   MAX7219DRV 'ドットマトリクスLEDひょうじ  ←← 32×8ドットぶんの表示データを送信
000041   FOR X=0 TO 31 'がめんにかくだいひょうじ
000042     FOR Y=0 TO 7
000043       GX=X*16
000044       GY=Y*16
000045       GBOX GX,GY,GX+16,GY+16,#NAVY
000046       GFILL GX+1,GY+1,GX+15,GY+15,GSPOIT(TMPX+X,TMPY+Y)
000047       ↑↑↑グラフィック画面に拡大表示
000048     NEXT
000049   NEXT
000050  ENDIF
000051 WEND
000052 END
000053 '---MAX7219使用 32×8ドットマトリクスLEDモジュール しょきか
000054 @MAX7219INIT    ←←ドットマトリックスLEDを初期化するサブルーチン
000055 DIM SPIBUF%[8]   'そうしんバッファ
000056 TMPX=600         'さぎょうエリアのざひょうX
000057 TMPY=0           'さぎょうエリアのざひょうY
000058 F=400000 'クロック（HZ）
000059 T=0 'タイミング CPOL=0,CPHA=0
000060 SPISTART F,T
000061 MAX7219INITSUB &H09, &H00 'DECODE MODE
000062 MAX7219INITSUB &H0A, &H04 'INTENSITY
000063 MAX7219INITSUB &H0B, &H07 'SCAN LIMIT
000064 MAX7219INITSUB &H0C, &H01 'SHUTDOWN
000065 MAX7219INITSUB &H0F, &H00 'ISPLAYTEST
000066 MAX7219INITSUB &H00, &H00 'SHIFT DATA
000067 MAX7219INITSUB &H00, &H00 'SHIFT DATA
000068 MAX7219INITSUB &H00, &H00 'SHIFT DATA
000069 RETURN
000070 '---しょきかめいれい
000071 DEF MAX7219INITSUB ADDRESS, DAT
000072 SPIBUF%[0]=ADDRESS
000073 SPIBUF%[1]=DAT
000074 SPISEND SPIBUF%,2
000075 END
000076 '---ひょうじ
000077 DEF MAX7219DRV    ←← 32×8ドットの表示データをドットマトリックスLEDに送信
000078 WORK=0
000079 FOR Y=0 TO 7
000080   BYTECNT=0
000081   FOR X=31 TO 0 STEP -1
000082    WORK=(WORK << 1) AND &HFF
000083    C=GSPOIT(TMPX+X,TMPY+Y)
000084    RGBREAD C OUT R,G,B
000085    IF R>=128 THEN WORK=WORK OR 1
000086    IF (X MOD 8)==0 THEN
000087      SPIBUF%[BYTECNT]=8-Y 'ADDRESS
000088      BYTECNT=BYTECNT+1
000089      SPIBUF%[BYTECNT]=WORK 'DATA
000090      BYTECNT=BYTECNT+1
000091    ENDIF
000092   NEXT
000093   SPISEND SPIBUF%,8    ←← SPI通信で32ドットぶんの表示データを送信
000094 NEXT
000095 END
```

ニュースは「HTTPGET$」関数を使って入手します。HTTPGET$ 関数は**インターネットを介して WEB サーバーからデータを取得**することができる関数です。WEB サーバーの接続先は Google ニュース（https://news.google.co.jp）です。Google ニュースは各社のメディアから見出しを抜き出して表示しているサイトです。このため、ニュースの詳細については入手できません。

　サイトから入手したデータは「HTML」という書式で記述されています。HTML にはタグという「<>」の記号を使って各種の設定を行っています。Google ニュースの場合、ニュースの見出しには「<span>」というタグが付けられています。この span タグを **INSTR 関数で検索して、必要な部分を抜き出し**ます。

　「@MAX7219INIT」はドットマトリックス LED を初期化するサブルーチンです。SPI 通信を有効化してから、IC を初期化するコマンドを送信します。コマンドは 1 回あたり、レジスタ番号 1 バイト＋データ 1 バイト＝合計 2 バイトを送信します。**搭載されている IC すべてにコマンドを送る必要がある**ため、初期化の最後に意味のない 2 バイト（&H00,&H00）を 3 回送信しています。

　「MAX7219DRV」は 32×8 ドットの表示データをドットマトリックス LED に送信するためのユーザー命令です。ここでは表示したい内容をグラフィック画面に描いておいて、それを送信するという方法を採用しています。画面のスクロールは GCOPY 命令、ドットの描画は GPSET 命令を使って行っています。**画面の更新は一気に行う必要あるため、表示データは 1 行＝ 32 ドットをまとめて送信**します。

　プログラムを実行すると、このようにニュースが次々と表示されます。正確にはニュースの見出しです。文字の流れる速度は 1 秒あたり 2 文字に設定しています。この**速度を変更するには変数 SCRLSPEED の値を書き換え**ましょう。1 度に表示できるのは 4 文字だけなので、少し読みにくいかもしれません。実際に確認してみたところ、Google ニュースへアクセスすると 4400 文字ものニュースが取得できました。すべての文字を表示し終えるまでに約 36 分かかる計算になります。

　このように Pi STARTER を使うことによって、IoT デバイスを手軽に作ることができます。ドットマトリックス LED の面白い使い道が他にもないか考えてみましょう。

5-5 ライブカメラ

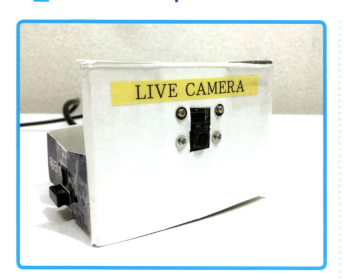

次の材料を用意しましょう。この他ラズパイ本体とディスプレイ、USB電源アダプタ、電源ケーブルが必要です。

■ 製作に使用する材料

部品名	詳細	数量
カメラ	「Raspberry Pi カメラモジュール V2」	1
紙パック	500mlサイズの空き容器	1
ねじ・ナット	直径2mm・長さ1～2cm	4
ねじ・ナット	直径2.6mm・長さ1～2cm	4

ネットワークを通じて映像を伝えることができるカメラです。ネットワークカメラともいいます。現時点でSmileBASIC-Rは**カメラの機能には対応していないのですが、SYSTEM$ 関数を使う**ことによって撮影が可能となります。

カメラモジュール

「Raspberry Pi カメラモジュール V2」 という純正の周辺機器です。カメラモジュールには**無印と「V2」の2種類**がありますが、本書ではV2を使用します。V2はソニー製のCMOSカメラを搭載し、最高3280×2464ピクセルの静止画撮影と1080pの動画撮影に対応しています。価格は4500円ほどです。

■ ライブカメラの構成図

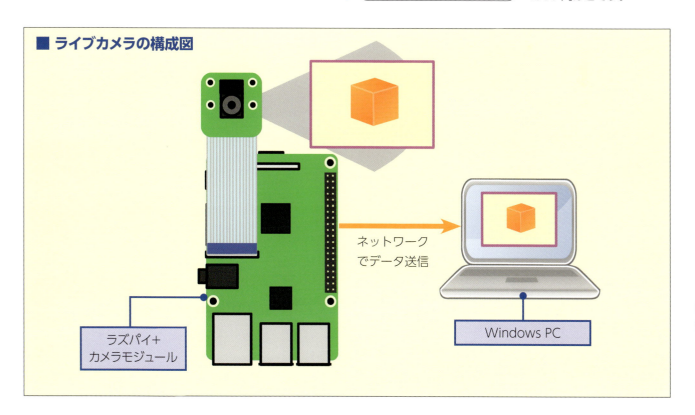

全体の構成を図にしたものがこちらです。ラズパイとWindows搭載パソコンをネットワークに接続します。ネットワークは有線／無線どちらでも構いません。ラズパイには **「カメラモジュール」** という周辺機器を接続します。

パソコン側は**WEBサーバーを実行することで、ラズパイからの画像データを受信**できるようにします。このため、ラズパイ側はクライアントとして機能します。

ライブカメラを組み立てる

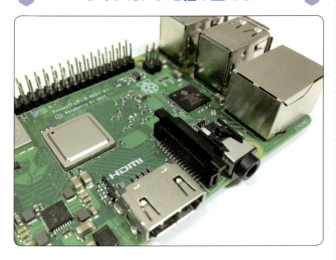

カメラモジュールをラズパイの「CSI」というコネクタに接続します。写真は CSI コネクタのカバーを上方向にスライドさせた状態です。ラズパイの製造メーカーによってはコネクタにシールが貼られています。その場合は剥がしてから使います。

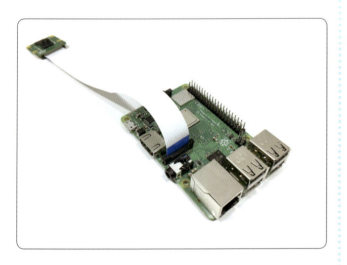

コネクタの**すき間にリボンケーブルを差し込み**ます。差し込み終わったら、コネクタの**カバーを元の位置に戻し**ます。これでカメラモジュールの接続は完了です。

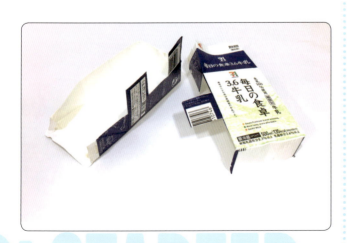

ケースを作ります。紙パックを 2 つに切り分けます。

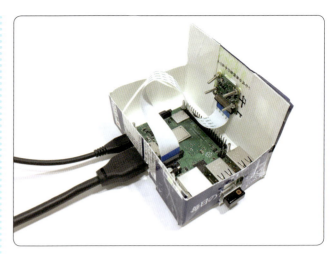

ケースにはカメラなどを取り付けるための穴を空けます。そして、**直径 2mm のねじを使ってカメラをケースに取り付け**ます。カメラの向きはリボンケーブルのある方を下にします。さらに**直径 2.6mm のねじを使ってラズパイを取り付け**ます。ねじは部品を圧迫しないようにゆるめに取り付けます。

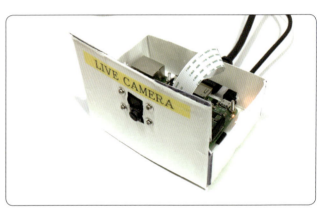

表面が殺風景なので、ラベルプリンターで印刷したシールを貼りました。

以上でハードウェアは完成です。

設定中の画面

初期設定の状態ではカメラモジュールの利用は有効にはなっていません。このため、次のような設定が必要になります。まず、ダイレクトモードで **[QUIT [Enter]]** を入力して、SmileBASIC-R を終了します。終了させると、コマンドの入力画面が表示されます。

次に「sudo raspi-config [Enter]」のコマンドを入力して、ラズパイ用 OS の設定ツールを実行します。そして、メニューから「Interfacing Option」→「Camera」→「Yes」→「Ok」を順に選択します。

設定の最後にメニューの「Finish」→「Yes」を選択すると、ラズパイの再起動が行われます。これでカメラモジュールの設定は完了です。

続いて、ソフトウェアを作ります。

設定が終了した画面

ライブカメラのプログラムを作る

```
000001 'LIVE CAMERA
000002 ACLS
000003 URL$="http://192.168.0.4"  'サーバーアドレス    ←←サーバーのアドレス。各自で書き換える
000004 PATH$ = "/boot/SMILEBOOM/SMILEBASIC-R/workspace"   ←← OS 上でのディレクトリ
000005 TEMPFILE$="/TEMPCAMERA.PNG"    ←←保存する画像のファイル名
000006 W=160
000007 H=W*3/4
000008 WHILE INKEY$()==""
000009  LOCATE 0,20
000010  PRINT "take picture"
000011  CMD$="sudo raspistill "
000012  CMD$=CMD$+"-n "                    '-n : DO NOT DISPLAY A PREVIEW
        WINDOW
000013  CMD$=CMD$+"-w "+STR$(W)+" "        '-w : SET IMAGE WIDTH <SIZE>
000014  CMD$=CMD$+"-h "+STR$(H)+" "        '-h : SET IMAGE HEIGHT <SIZE>
000015  CMD$=CMD$+"-e png "                '-e : ENCODING TO USE FOR OUTPUT
        FILE
000016  CMD$=CMD$+"-o "+PATH$+TEMPFILE$    '-o : OUTPUT FILENAME
000017  RET$=SYSTEM$(CMD$)      ←←カメラモジュールで撮影する
000018  IF INSTR(RET$,"failed")>=0 THEN
000019   PRINT RET$
000020   END
000021  ENDIF
000022  CLS
000023  LOCATE 0,20
000024  PRINT "send image data"
000025  LOAD "GRP0:"+TEMPFILE$    ←←撮影した画像を読み込む
000026  FOR Y=0 TO H-1
000027   SENDDATA$=""
000028   SENDDATA$=SENDDATA$+HEX$(0,3)     ←← X 座標
000029   SENDDATA$=SENDDATA$+HEX$(Y,3)     ←← Y 座標
000030   SENDDATA$=SENDDATA$+HEX$(W,3)     ←←ドットの数
000031   FOR X=0 TO W-1
000032    C=GSPOIT(X,Y)
000033    RGBREAD C OUT R,G,B
000034    SENDDATA$=SENDDATA$+HEX$(R,2)+HEX$(G,2)+HEX$(B,2)   ←← RGB 値
000035   NEXT
000036   RET$=HTTPPOST$(URL$,SENDDATA$)   ←←サーバーへ送信
000037  NEXT
000038 WEND
```

3 行目の**変数 URL$ には**サーバーの IP アドレスを入力します。この値は使用するネットワーク環境によって違いますので、各自で書き換えましょう。この例では **192.168.*.* で始まるローカルな IP アドレス**を使用しています。使用するポート番号は 80 です。

グローバル IP アドレスによる接続も可能だと思いますが、**その場合はサーバー側のルーターには「ポート開放」**

という設定を行います。その場合、全世界からのアクセスが可能となってしまいますので**セキュリティの面では危険**が伴います。

カメラモジュールの撮影は「raspistill」を使って行います。raspistill は OS 上で実行するソフトウェアなので、**SYSTEM\$ 関数を使って呼び出し**します。コマンドの実行にはスーパーユーザーの権限が必要であるため「sudo」という記述を追加しています。カメラ撮影の画素は 160 × 120 ドット（ピクセル）です。撮影した**画像は PNG ファイルの形式で「/」ディレクトリに保存**します。

SmileBASIC-R における「/」ディレクトリは OS 上では、「/boot/SMILEBOOM/SMILEBASIC-R/workspace」ディレクトリとして扱います。

画像データを送信するには「HTTPPOST\$」関数を使用します。HTTPPOST\$ 関数は文字しか送信することができません。このため、**数値を 16 進数の文字に変換して送**ります。一度に送信できるデータのサイズは 2083 バイトまでですので、画像は分割して送ることになります。送信データは次のような形式を採用しています。

■ 送信データの形式

X 座標（16 進 3 ケタ）	Y 座標（16 進 3 ケタ）	ドット数（16 進 3 ケタ）	RGB 値（16 進数 6 ケタ）	RGB 値……

X 座標と Y 座標は描画の開始地点です。**ドット数は開始地点からの右方向に描画する点の数**を示しています。RGB 値はドットの赤色・緑色・青色を 16 進数 2 桁 × 3 の値で示しています。

パソコン側のプログラムを作ります。ここでは ONION software の「**HSP（HOT SOUP PROCESSOR）**」を使うことにします。HSP はフリーソフトで、HSP の公式サイト (http://hsp.tv/) から無償で入手できます。現時点での最新バージョンは 3.5 です。HSP は BASIC に似た書式を採用している点や、豊富な機能を備えている点が特徴です。

プログラムは次のとおりです。

```
//get image for Windows用 HSP 3.x
#include "hspsock.as"
     screen 0,640,480
     title "HTTPサーバー"
     sdim rxbuf,2000
     ipget          //ホストのIPアドレスを変数refstrに代入
     port = 80  //ポート番号
     crlfcrlf=strf("%c",13)+strf("%c",10)+strf("%c",13)+strf("%c",10)
     title "ホスト IP アドレス:"+refstr
*main
     sockmake 0,port //ソケットをサーバーとして初期化
     if stat : goto *errbye
     id=0  //ソケット ID
     repeat
          sockwait id      //クライアントの着信を待つ
          if stat>1 : goto *errbye
          if stat==0 : break
          wait 10
     loop

     title "接続しました("+refstr+")"
     sockget rxbuf,2000,id      // 受信する変数，受信サイズ，ソケット ID 番号
     i=instr(rxbuf,0,crlfcrlf)    ←← データの開始位置を検索
     if i<0 :goto *errbye
     i=i+4
     keta=3:gosub *rx2num:x=ret    ←← X 座標
     keta=3:gosub *rx2num:y=ret    ←← Y 座標
     keta=3:gosub *rx2num:w=ret    ←← ドット数
     redraw 0
     repeat
          keta=2:gosub *rx2num:r=ret    ←← 赤色
          keta=2:gosub *rx2num:g=ret    ←← 緑色
          keta=2:gosub *rx2num:b=ret    ←← 青色
          color r,g,b
          pset x,y  //点を表示   ←← ドットを描画する
          x=x+1
          w=w-1
          if w<=0 :break
     loop
     redraw 1
     mm="ret=ok"
     sockput mm //データを送信
```

```
        if stat : goto *errbye
        sockclose
        goto *main
*errbye
        dialog "Socket error"
        sockclose
        mes "終了"
        stop
//---- 文字を数値に変換
*rx2num    ←←← 文字列型16進数を数値に変換する
        ret=0
        while keta>0
            ret=ret*0x10
            c=peek(rxbuf,i)
            i=i+1
            if c>=0x30 and c<=0x39:ret=ret+(c-0x30)
            if c>=0x41 and c<=0x46:ret=ret+(c-0x41)+10
            keta=keta-1
        wend
        return
```

　プログラムでは TCP/IP 通信を行いますので、そのため「hspsock.as」というライブラリを使用しています。「sockmake」命令を使って、ソケットを作成して、「sockwait」命令で相手からの接続を待ちます。「sockget」命令でデータを受信します。

　sockget 命令で受信したデータの例です。この例では「ABCDEFG」という文字を受信しています。データの先頭部分はデータの形式について細かく記載されています。**この書式のことを HTTP といいます**。これを見たところ、改行コードには CR(&H13)&LF(&H10) が使われています。**CR & LF が 2 回連続しているところからデータが始まっていますので、それを目印に**してデータを抜き出すことにします。

　プログラム実行してみましょう。
　プログラムは**パソコン（Windows）側を先に実行して、次にラズパイ（SmileBASIC-R）側を実行**します。写真はラズパイ側の実行画面です。カメラモジュールによって撮影した画像を表示します。画像は WEB サーバーに送信します。

　パソコン側の実行画面です。ラズパイ側で撮影した画像が表示されました。見事、成功です。

　画像の**送受信は連続的に行われ**ます。実際に測ってみたところ、1 回あたりの撮影から表示にかかる時間は約 22 秒でした。かなり遅いです。遅い理由の 1 つは raspistill の処理に時間がかかりすぎることです。他にも GSPOIT 関数でドットを 1 つずつ読み取っているので遅くなっていると考えられます。**GSPOIT 関数ではなく GSAVE 命令を使ったほうが効率がいいかも**しれません。いろいろと改造して遊んでみましょう。

5-6　ドットマトリックス LED ゲーム

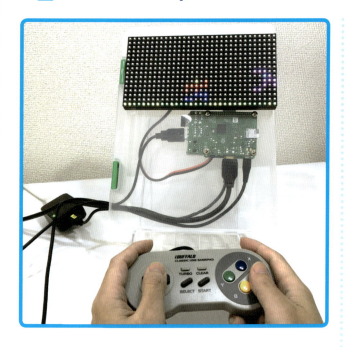

ドットマトリックス LED

カラーのドットマトリックス LED です。Adafruit Industries 製の「32x16 RGB LED Matrix」を使用します。カラー LED を 32 × 16 個搭載しています。**動作電圧は 5V**。フラットケーブルと電源ケーブルが付属しています。

カラーのドットマトリックス LED を使ったゲーム機です。表示の**解像度は 32 × 16 ドット**です。カラフルなアクションゲームを楽しむことができます。

次の材料を用意しましょう。この他にもラズパイ本体とディスプレイ、USB 電源アダプタ（2 個）が必要です。

■ 製作に使用する材料

部品名	詳細	数量
ドットマトリックス LED	Adafruit Industries 製「32x16 RGB LED Matrix」	1
ユニバーサル基板	秋月電子通商製「Raspberry Pi 用ユニバーサル基板」	1
ピンソケット	40pin（2 × 20pin）ピンソケット	1
micro USB コネクタ	秋月電子通商製「電源用 micro USB コネクタ DIP 化キット」	1
ピンヘッダ	2 × 8pin ピンヘッダ	1
ピンソケット	丸ピン型 1 × 2pin ピンソケット	2
コンタクト	VH コネクタ用コンタクト	2
ねじ・ナット・ワッシャー	直径 3mm・長さ 1cm	4
ねじ・ナット	直径 2.6mm・長さ 1 ～ 2cm	4
書類ケース	B5 サイズの書類ケース	1
スタンド	カタログ・メニュースタンド	1
ゲームパッド	USB 接続のゲームパッド	1
リード線		
熱収縮チューブ	直径約 4mm	
USB ケーブル	micro-B USB 電源ケーブル	2

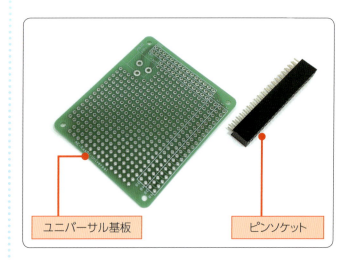

ユニバーサル基板　　ピンソケット

写真左側は **Raspberry Pi 用ユニバーサル基板**です。写真右側は **2 × 20pin のピンソケット**です。

2 × 20pin の**ピンヘッダ**です。ここでは 2 × 16pin にカットして使います。

コンタクトというコネクタ内部に組み込む部品。秋月電子通商で「**VHコネクタ　コンタクト　SVH-21T-P1.1**」という名前で10個セット50円で販売されています。

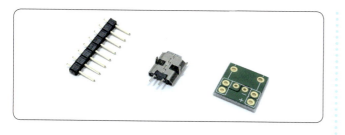

micro USB 電源用のコネクタです。秋月電子通商の「電源用 micro USB コネクタ DIP 化キット」を使用しています。

丸ピン型のピンソケットです。2 pinに切断して使います。

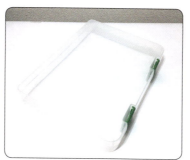

B5 サイズの書類ケースです。100 円ショップで購入しました。

カタログなどを立てるためのスタンドです。100 円ショップで購入しました。

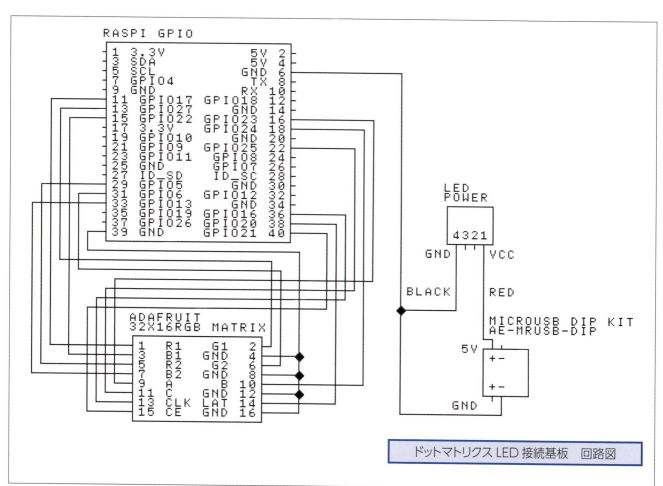

ドットマトリクス LED 接続基板　回路図

　ドットマトリクス LED との接続基板の回路図です。**ドットマトリクス LED 側の動作電圧は 5V ですが、ラズパイ側の動作電圧は 3.3V** です。この回路の場合、信号はすべてラズパイ→ドットマトリクス LED への**一方通行**になっています。このため、動作に問題ないと判断して直結しています。

　この回路は**大きな電力を消費しますので、ラズパイ用とドットマトリクス LED 用とで電源を分離**しています。

　ドットマトリクス LED の **VCC は専用の USB 電源アダプタから供給**します。電源を分離する場合に必要なことは **GND を共通**にすることです。逆に **5V 出力は絶対に電源同士で接続してはいけません**。

ドットマトリックス LED ゲームを組み立てる

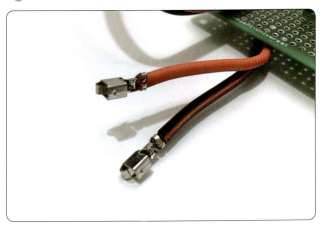

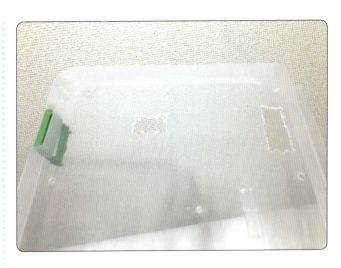

赤色と黒色のリード線を用意して、**VH コネクタのコンタクトを取り付け**ます。本来は圧着用のペンチを使ってコンタクトを取り付けますが、筆者の場合は普通のペンチで取り付けています。リード線の先端部分は**接触不良を起こす可能性**がありますので、ハンダ付けしています。

ケースに穴を空けます。100 円ショップのケースにはポリプロピレンが使われています。これらの材質は柔らかくて**加工しやすいのですが、ビビが入って壊れやすい**です。

ケースに穴を空ける方法ですが、手作業だと時間がかかるので電動ドリルを使うことをオススメします。写真は電動ドライバーの先端（ビット）をドリルに交換して使う例です。電動ドライバーは安いものでは 3000 円くらいから販売されています。

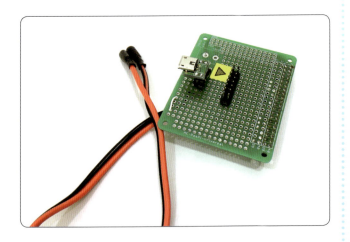

完成した基板です。**三角形のシールは 1 番ピンを示し**ています。コンタクトは**ショートを防ぐため、熱収縮チューブを被せ**ています。

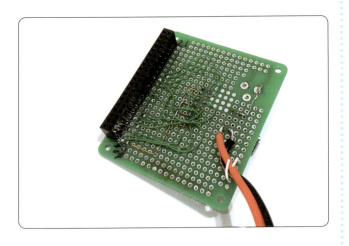

ケースに部品を取り付けて配線します。**ドットマトリックス LED は直径 3mm のねじ**を使い、**ラズパイは直径 2.6mm のねじ**を使って取り付けます。

フラットケーブルは短いため、**ラズパイをドットマトリックス LED の裏側に取り付けて**、できるだけ近づけています。

基板の裏側はこのようになります。リード線はつなぎ間違えを減らすため、**赤色を 5V、黒色を GND に割り当て**ます。

ラズパイのUSBポートにゲームパッドを接続して、ケースを閉じます。最後に、出来上がったケースをスタンドに乗せます。

以上でハードウェアの完成です。

動作させるゲームのプログラムを作る

続いて、ソフトウェアを作ります。ここではアクションゲームを作ることにします。

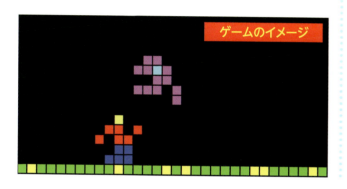

左の写真が作成するゲームのイメージ画像です。**画面の解像度が低いため、スプライト用に登録されている16×16ドットのキャラクタでは大きすぎます。そこで、5×5ドットのキャラクタを自作**することにします。画面のピンク色の物体が敵のモンスターで、その下に居るのがプレイヤーキャラです。

ゲーム内容はプレイヤーキャラを操作して、モンスターをひらすら避け続けます。操作方法は**十字ボタンの左右で移動、Aボタンでジャンプ**とします。

ゲームのプログラムは次のとおりです。プログラムは本書の中で最も長く、全部で200行ほどあります。

```
000001 'RGB DOTMATRIX LED GAME
000002 ACLS
000003 DIM IMG[0]
000004 RESTORE @IMGDATA
000005 WHILE 1
000006  READ A
000007  IF A==999 THEN BREAK
000008  PUSH IMG,A
000009 WEND
000010 @IMGDATA ←←キャラクタのデータ。5×5ドット×6パターン
000011 DATA 0,0,6,0,2 'PLAYER0
000012 DATA 2,2,2,2,2
000013 DATA 2,0,2,0,0
000014 DATA 0,0,1,1,1
000015 DATA 1,1,0,0,1
000016 DATA 0,0,6,0,0 'PLAYER1
000017 DATA 0,2,2,0,2
000018 DATA 2,0,2,2,0
000019 DATA 0,0,1,1,0
000020 DATA 0,1,1,1,0
000021 DATA 0,0,6,0,0 'PLAYER2
000022 DATA 0,2,2,2,0
000023 DATA 0,2,2,2,0
000024 DATA 0,0,1,0,0
000025 DATA 0,1,0,1,0
000026 DATA 0,0,0,0,0 'PLAYER3
000027 DATA 0,0,6,0,0
000028 DATA 0,0,2,0,0
```

```
000029 DATA 0,0,1,0,0
000030 DATA 0,0,1,0,0
000031 DATA 0,3,3,0,0     'MONSTER0
000032 DATA 3,3,5,3,0
000033 DATA 0,0,3,3,0
000034 DATA 3,3,3,0,3
000035 DATA 0,0,0,0,3
000036 DATA 3,3,3,0,0     'MONSTER1
000037 DATA 0,0,5,3,0
000038 DATA 0,0,3,3,3
000039 DATA 0,0,3,0,3
000040 DATA 3,3,0,0,0
000041 DATA 999
000042 GOSUB @RGBLEDINIT
000043 DIM COLORTBL[0] '---COLOR TABLE
000044 FOR I=0 TO 7
000045  R = ((I>>1) AND 1)*255
000046  G = ((I>>2) AND 1)*255
000047  B = (I AND 1)*255
000048  PUSH COLORTBL,RGB( R, G, B )     ←←←8色のカラーテーブルを作成
000049 NEXT
000050 SEQ=-1
000051 WHILE 1
000052  IF SEQ==-1 THEN
000053   GCLS
000054   MX=32/4
000055   MY=10
000056   MY1=0
000057   TX=0
000058   TY=0
000059   SEQ=0
000060   SCORE=0
000061  ENDIF
000062  CNT=MAINCNT
000063  WHILE CNT==MAINCNT
000064   RGBLEDDRV     ←←←ダイナミック点灯を繰り返す
000065   FOR DELAY=0 TO 500:NEXT
000066  WEND
000067  IF SEQ>0 THEN     ←←←ゲームオーバーの処理
000068   GPUTCHR 0,0,"スコア",1,1,#RED
000069   GPUTCHR 0,8,FORMAT$("%4D",SCORE),1,1,#RED
000070   INC SEQ
000071   IF SEQ>180 THEN SEQ=-1
000072   CONTINUE
000073  ENDIF
000074  FOR I=0 TO 31
000075   GPSET I,15,GSPOIT(I+1,15)     ←←←地面のスクロール
000076  NEXT
000077  IF RND(2) THEN C=#GREEN ELSE C=#YELLOW
000078  GPSET 31,15,C
000079  GFILL MX,MY,MX+4,MY+4,0
000080  K$=INKEY$()
000081  IF K$==CHR$(&H1B) THEN BREAK     ←←←ESCAPEキーを押したら終了
000082  BT=BUTTON()
000083  IF BT AND &HFF00 THEN BREAK
000084  IF (BT AND (1<<#BID_LEFT))!=0 OR K$==CHR$(29)  THEN MX=MX-0.4
         ↑↑↑プレイヤーの左移動
000085  IF (BT AND (1<<#BID_RIGHT))!=0 OR K$==CHR$(28) THEN MX=MX+0.4
         ↑↑↑プレイヤーの右移動
000086  IF MX<0  THEN MX=0
000087  IF MX>31 THEN MX=31
000088  IF MY>=10 THEN
000089   MY=10
000090   MY1=0
000091   IF (BT AND (1<<#BID_A))!=0 OR K$==" " THEN MY1=-1.6:BEEP 8
          ↑↑↑プレイヤーのジャンプ
000092  ELSE
000093   IF (BT AND (1<<#BID_A))==0 THEN
000094    MY1=MY1+0.16
000095   ELSE
000096    MY1=MY1+0.08
000097   ENDIF
000098  ENDIF
000099  IF MY1>1.6 THEN MY1=1.6
000100  MY=MY+MY1
```

```
000101  IF MY>=10 THEN MY=10
000102  PTR=(FLOOR(MAINCNT/5) MOD 4)*25
000103  SPPUT MX,MY,PTR    ←←←プレイヤーキャラクタをグラフィック画面に表示
000104  GFILL TX,TY,TX+4,TY+4,0
000105  SPEED=((SCORE/30)+0.2)
000106  IF SPEED>2.5 THEN SPEED=2.5
000107  TX=TX-SPEED    ←←←敵キャラクタの移動
000108  PTR=((FLOOR(MAINCNT/6) MOD 2)+4)*25
000109  IF TX<0 THEN
000110    TX=31
000111    TY=RND(3)*4
000112    INC SCORE
000113  ENDIF
000114  SPPUT TX,TY,PTR    ←←←敵キャラクタをグラフィック画面に表示
000115  IF ABS(MX-TX)<=3 AND ABS(MY-TY)<=3 THEN SEQ=1:BEEP 13
000116 WEND
000117 RGBLEDEND
000118 END
000119 '---
000120 DEF SPPUT SX, SY, PTR    ←←←グラフィック画面に5×5ドットのキャラクタを表示する
000121  FOR Y=SY TO SY+4
000122    FOR X=SX TO SX+4
000123      GPSET X, Y, COLORTBL[IMG[PTR]]
000124      PTR=PTR+1
000125    NEXT
000126  NEXT
000127 END
000128 '---LEDしょきか（ADAFRUIT 32X16 RGB DOTMATRIX LED）
000129 @RGBLEDINIT    ←←←ドットマトリックスLEDの初期化
000130 PINCLK = 36
000131 PINLAT = 38
000132 PINOE = 40
000133 PINR1 = 11
000134 PING1 = 13
000135 PINB1 = 15
000136 PINR2 = 29
000137 PING2 = 31
000138 PINB2 = 33
000139 PINA = 16
000140 PINB = 18
000141 PINC = 22
000142 LINENUM = 0
000143 DEPTH = 4    ←←←諧調表示の総画面数
000144 DEPTHCNT=0
000145 GPIOMODE PINR1 ,#GPIOMODE_OUT
000146 GPIOMODE PING1 ,#GPIOMODE_OUT
000147 GPIOMODE PINB1 ,#GPIOMODE_OUT
000148 GPIOMODE PINR2 ,#GPIOMODE_OUT
000149 GPIOMODE PING2 ,#GPIOMODE_OUT
000150 GPIOMODE PINB2 ,#GPIOMODE_OUT
000151 GPIOMODE PINA ,#GPIOMODE_OUT
000152 GPIOMODE PINB ,#GPIOMODE_OUT
000153 GPIOMODE PINC ,#GPIOMODE_OUT
000154 GPIOMODE PINCLK ,#GPIOMODE_OUT
000155 GPIOMODE PINLAT ,#GPIOMODE_OUT
000156 GPIOMODE PINOE ,#GPIOMODE_OUT
000157 GPIOOUT PINOE ,1 'DISABLE
000158 GPIOOUT PINCLK ,1
000159 RETURN
000160 '---LEDてんとう
000161 DEF RGBLEDDRV    ←←←ドットマトリックスLEDの点灯
000162 GPIOOUT PINOE ,1 'DISABLE    ←←←LEDの点灯を禁止
000163 GPIOOUT PINA ,LINENUM AND 1
000164 GPIOOUT PINB ,(LINENUM >> 1) AND 1
000165 GPIOOUT PINC ,(LINENUM >> 2) AND 1
000166 GPIOOUT PINCLK ,1    ←←←点灯させるLEDの行を選択
000167 GPIOOUT PINLAT ,1 'LATCH ON
000168 THRESHOLD=(256*(DEPTHCNT+0.5)/DEPTH)    ←←←諧調表示のためのしきい値を算出
000169 FOR X=0 TO 31    ←←←1行＝32ビットの表示データを送信
000170  C1 = GSPOIT(X,LINENUM)
000171  C2 = GSPOIT(X,LINENUM+8)
000172  RGBREAD C1 OUT R1,G1,B1
000173  RGBREAD C2 OUT R2,G2,B2
000174  GPIOOUT PINR1 ,(R1 > THRESHOLD)
000175  GPIOOUT PING1 ,(G1 > THRESHOLD)
```

SMILE BASIC technology

```
000176     GPIOOUT PINB1 ,(B1 > THRESHOLD)
000177     GPIOOUT PINR2 ,(R2 > THRESHOLD)
000178     GPIOOUT PING2 ,(G2 > THRESHOLD)
000179     GPIOOUT PINB2 ,(B2 > THRESHOLD)
000180     GPIOOUT PINCLK ,0
000181     GPIOOUT PINCLK ,1
000182  NEXT
000183  GPIOOUT PINLAT ,0 'LATCH OFF  ←←表示データを確定する
000184  GPIOOUT PINOE  ,0 'ENABLE     ←←LEDの点灯を許可する
000185  LINENUM = (LINENUM+1) MOD 8
000186  IF LINENUM==0 THEN DEPTHCNT=(DEPTHCNT+1) MOD (DEPTH+4)
000187  END
000188  '---LEDしょうとう
000189  DEF RGBLEDEND  ←←ドットマトリックスLEDの全消灯
000190  FOR I=0 TO 31
000191     GPIOOUT PINCLK ,0
000192     GPIOOUT PINR1 ,0
000193     GPIOOUT PING1 ,0
000194     GPIOOUT PINB1 ,0
000195     GPIOOUT PINR2 ,0
000196     GPIOOUT PING2 ,0
000197     GPIOOUT PINB2 ,0
000198     GPIOOUT PINCLK ,1
000199  NEXT
000200  GPIOOUT PINCLK ,0
000201  GPIOOUT PINLAT ,1 'LATCH ON
000202  GPIOOUT PINLAT ,0 'LATCH OFF
000203  GPIOOUT PINOE  ,1 'DISABLE
000204  END
```

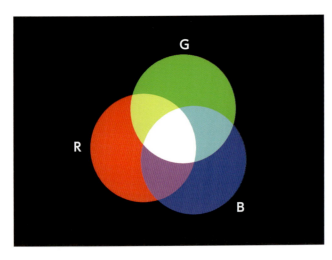

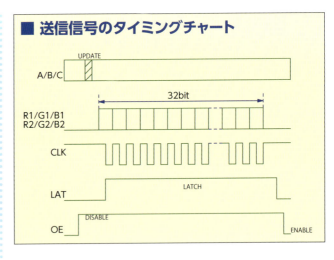

■ 送信信号のタイミングチャート

　まず、動作の原理から紹介します。カラーのドットマトリックスLEDは**ドット1つに赤色・緑色・青色のLEDが搭載**されています。この3個のLEDの点灯／消灯を組み合わせることによって、**全8色の表示が可能**です。ここからさらに9色以上の表示を行う方法については後で紹介します。

　ラズパイからドットマトリックスLEDへ送信する信号のタイミングチャートです。図は**横軸が時間、縦軸が信号の論理**を表しています。信号がHighならば上側、Lowなら下側に線を描きます。今回使用するドットマトリックスLEDは全16行のうち、**同時に点灯できるのは2行まで**です。点灯する行の選択はA/B/C端子で行います。C=ビット2、B=ビット1、A=ビット0に割り当てて、0~7行を選択できます。行を選択する際には、誤動作を防ぐために必ず**OE（OUTPUT ENABLE）をHigh**にします。行の選択は画面上半分8行と画面下半分8行を同時に行われます。点灯/消灯のデータは**画面上半分8行をR1/G1/B1、画面下半分8行をR2/G2/B2に送信**します。データの論理はHighが点灯、Lowが消灯です。

　データは**32ビット送信すると1行分の点灯内容が格納**されます。送信したデータを**確定するにはLAT（LATCH）をHigh→Low**にする必要があります。

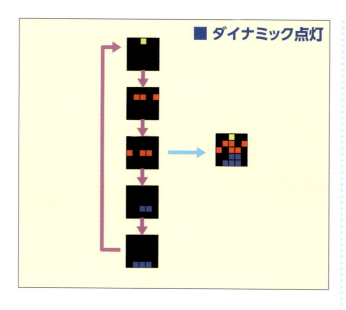

■ ダイナミック点灯

5諧調表示を実験した例です。上記のプログラムの表示内容だけを書き換えて実行しています。**赤色・緑色・青色を5諧調で組み合わせることで、5×5×5=125色を表現**することができます。これらの表示は4回の画面切り替えを繰り返すことによって可能となります。

使用するドットマトリックスLEDは全16行のうち同時に点灯できるのは2行までです。全部の行を点灯させるには、「**目の残像**」を応用します。たとえば、図のような場合、5回分の点灯を高速に切り替えることで、5行全部が点灯しているように見せかけることができます。**こうした制御方法を「ダイナミック点灯」**といいます。ダイナミック点灯は高速に実行しないと、画面が点滅しているように見えてしまいます。

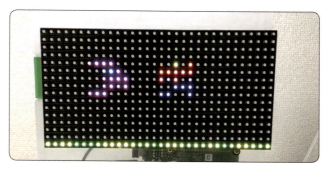

ゲームプログラムの実行結果です。プレイヤーキャラを操って、モンスターを避け続けます。操作にはゲームパッドの十字ボタン（左右）とAボタンを使います。**メインループは1/60秒の周期で動作**してますので、キャラクタはなめらかに動きます。点滅のちらつきもありません。

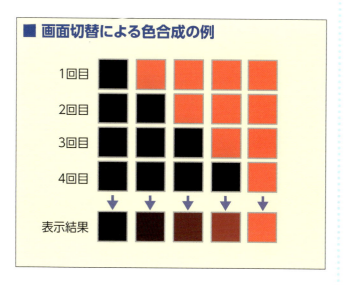

■ 画面切替による色合成の例

さらに、LEDの点滅を高速に行うことで、微妙な色彩の表現が可能です。たとえば、この図の場合、**4回ぶんのLEDの点灯回数を制御**することによって、**5種類の諧調を表現**することができます。この処理も画面の点滅を感じさせないように、できる限り高速に行う必要があります。

モンスターの移動は少しずつ速くなっていき、難易度が上がっていきます。プレイヤーキャラがモンスターに接触するとゲームオーバーです。ゲームオーバー時にはスコアが表示されます。

なお、このプログラムですが、ラズパイのプロセッサを**非常に酷使**します。実測したところでは、ラズパイ側で0.8Aもの電流が流れていました。理由は**VSYNC命令を使わずにダイナミック点灯を行い続けているため**です。処理を休ませるための時間をまったく設けていません。もし、**実行時にカミナリマークが表示された場合**には、性能の優れたUSB電源アダプタとUSBケーブルに交換しましょう。

SmileBASIC-R リファレンス

言語仕様	73	グラフィックページへの描画	91
DIRECT モード専用	74	スプライトの制御	94
配列と変数の定義・配列操作	75	サウンド	101
比較・分岐・くりかえしなどの制御	77	数学	104
ユーザー定義命令と関数と呼び出し	80	文字列操作	106
データ操作・フレームカウント・その他	81	ソースコード操作	108
コンソール画面への文字表示・文字列の入力	83	GPIO 制御	109
各種入力デバイス	85	ネットワーク	111
ファイルへの読み書き・一覧所得	87	MML	112
画面の表示モード	90	資料	115

● 命令リファレンスの見方 — 命令の機能 — 命令の書式。省略できる引数などは [ ] で囲われたグレーになっています

配列変数の内容を別の配列変数にコピーする

COPY コピー先配列変数[,コピー先オフセット],コピー元配列変数[[,コピー元オフセット],コピー要素数]

[コピー元配列変数]の内容を、[コピー先配列変数]に、[コピー要素数]の数だけコピーし、上書きします。[オフセット]指定を省略すると、一番最初の要素からコピー処理を行います。配列の次元数が異なっても、指定の要素数だけコピーできれば、エラーになることなく実行できます。

	指定する内容	省略時
コピー先配列変数	内容をコピーしたい配列変数名	省略不可
コピー先オフセット	内容のコピーを行う要素が何番目からかを指定する	最初の要素からに設定
コピー元配列変数	コピーしたい内容の元になる配列変数名	省略不可
コピー元オフセット	内容のコピーとして参照する要素が何番目からかを指定する	最初の要素からに設定
コピー要素数	内容のコピーを行う要素の数	省略時はコピー元配列の最後までに設定される

その命令の解説 — 命令で使用する引数や、戻り値などの解説

言語仕様

Pi STARTER

ここではSmileBASIC-Rの基本仕様を説明します。使用できるデータ型、演算子などを確認しておきましょう。文字コードは内部ではUTF-16形式で扱っていますが、外部I/OではUTF-8形式になっています。

●変数などで使用できる文字
リテラル

SmileBASIC-Rでは、変数や命令、関数の名前は[リテラル]という単位で識別されています。

[リテラル]は、英字、もしくは[_](アンダーバー)で始まる任意の英数字列で、先頭の文字以外では英字と[_](アンダーバー)、それに加えて数字が使用できます。またSmileBASIC-Rでは[リテラル]の中での英大文字、英小文字の区別はありません。例えば変数[x]と変数[X]は同じものとして扱われます。

●プログラム内の場所を示す
ラベルリテラル

先頭に[@]のついたリテラルは、[ラベル]として認識され、プログラム中の位置を示すものとして使用されます。[ラベル]では[@123]のような英字のない指定も可能です。

●自動的に定義値に置き換えられる
定数リテラル

先頭に[#]のついたリテラルは、[定数]として認識され、プログラムで命令の引数や式中に現れた場合は、定義値に置き換えられて実行されます。[定数]の一覧と、その定義値は➡P.115を参照してください。

●SmileBASIC-Rで使用できる演算子
演算子と優先順位

SmileBASIC-Rでは、以下のような演算子が使用できます。使用する演算子によって、同一の式中での優先順位が決まっています。

	表記	解説と表記例	優先順位
単独	( )	カッコ表記。最も優先順位が高い	1
	!	単独の論理反転記号。[TRUE]と[FALSE]の状態を反転する	2
	-	数値に付く単独のマイナス符号 (-A)	2
	NOT	数値のビットを反転する。単独演算となる(例:NOT A)	2
算術演算子	*	乗算 (A×B)	3
	/	除算 (A÷B)	3
	DIV	整数除算。除算の結果の整数値のみを取得	3
	MOD	整数剰余算。除算の結果の余りを整数値で取得する	3
	+	加算 (A+B)	4
	-	減算 (A-B)	4
	<<	左の数値を右の数値分左へビットシフトする。小数点以下は切り捨て	5
	>>	左の数値を右の数値分右へビットシフトする。小数点以下は切り捨て	5
比較演算子	>	左辺が右辺より大きい (A>B)	6
	<	左辺が右辺より小さい (A<B)	6
	>=	左辺が右辺より大きいか等しい (A>=B)	6
	<=	左辺が右辺より小さいか等しい (A<=B)	6
	==	両辺が等しい (A==B)	6
	!=	両辺が等しくない (A!=B)	6
	AND	2つの数値の同じ位置のビットがともに[1]ならそのビットを[1]に、それ以外なら[0]にする (A AND B)	7
	OR	2つの数値の同じ位置のビットがともに[0]ならそのビットを[0]に、それ以外なら[1]にする (A OR B)	7
	XOR	2つの数値の同じ位置のビットが同じならそのビットを[0]に、違っていたら[1]にする (A XOR B)	7
他	&&	論理積※ショートカット演算子	8
	||	論理和※ショートカット演算子	9

●SmileBASIC-Rで使用されるデータ型
変数とデータ型

SmileBASIC-Rで使用される数値には整数型(符号あり32bit)と実数型(倍精度64bit)2種類がありますが、異なるタイプで値を交換する場合は自動的に値が変換されます。文字列変数は末尾に[$]を付けて区別されます。数値と文字列間の値の自動変換は行われません。

配列変数は4次元配列までの使用が可能です。

データ型	解説
倍精度実数	64bitの浮動小数点数値で表記
整数	32bit符号あり整数。そのままの表記の場合は10進数表記となる。頭に[&H]を付けることで16進数での表記が、頭に[&B]を付けることで2進数での表記が可能
文字列	最大長は2^31 (2,147,483,648)　ただしメモリの空き容量に依存する

変数の表記と型		解説
A	デフォルト型	プログラムでの指定による。通常時は倍精度実数となる。[OPTION DEFINT]内での指定では、整数型となる
A#	倍精度実数	64bit浮動小数点数
A%	整数型	32bit符号あり整数
A$	文字列型	文字列型変数 最大長は2^31 (2,147,483,648)　ただしメモリの空き容量に依存する
A[ ]	配列型	配列型変数 (文字列型配列は A$[ ])、最大4次元まで。 最大要素数は2^31 (2,147,483,648)　ただしメモリの空き容量に依存する

●SmileBASIC-Rで使用予約されている変数
システム予約変数

SmileBASIC-Rでは➡P.115にある変数があらかじめ予約され、常にシステム内で使用されています。この変数は関数や命令などを特に使用せずに、その内容をいつでも参照することができます。

●エラーの内容を教えてくれる
エラーメッセージ

プログラムの実行中や、ダイレクトモードで命令を直接入力した際にエラーが発生すると、その理由がメッセージとして表示されます。プログラムの修正などの参考にしてください。

命令に必要な引数が足りない場合は[Illegal Function call]が、命令などの打ち込みミスなどの文法間違いでは[Syntax error]がエラーとして表示されます。この2つは特によく発生するエラーですので覚えておきましょう。

引数の型が命令の仕様に合わない場合の[Type mismatch]や、範囲が合わない場合の[Out of range]も発生しやすいエラーになります。

エラーが発生した場合は画面にその行が表示されるほか、システム変数[ERRNUM][ERRLINE]にも情報が残ります。

エラーメッセージと、その内容の一覧が➡P.116に掲載されています。

DIRECTモード専用の命令

DIRECTモード専用命令は、EDITモードで書くプログラム内には使用できない専用命令。プログラムを実行する[RUN]などの実行制御命令や、プログラムSLOTの内容をクリアする[NEW]などがあります。

◆SmileBASIC-R内部のメモリーを初期化する
CLEAR

SmileBASIC-R内で使用しているメモリーを初期化します。変数の内容、宣言した配列なども全てクリアします。

◆プログラムSLOTの内容を消去する
NEW [プログラムSLOT番号]

指定したプログラムSLOTの内容を消去します。[NEW]のみで、全SLOTの内容を消去します。

	指定する内容	範囲	省略時
プログラムSLOT番号	消去したいプログラムSLOTの番号	0～3	全SLOTの内容を消去する

◆プログラムリストを表示し、EDITモードに移行する
LIST [プログラムSLOT番号：] [行番号]

指定したプログラムSLOT内のプログラムリストを指定行から表示し、EDITモードに移行します。[プログラムSLOT番号：]を省略した場合は、プログラムSLOT[0]の内容が表示されます。

	指定する内容	範囲	省略時
プログラムSLOT番号	表示したいプログラムSLOTの番号。[：]を必ず付け、[1:][2:]のように指定する	0～3 (0:～3:)	0
行番号	カーソルを表示させる行番号。存在する行番号より大きい数値が指定された場合は、最終行に移動する。画面に表示しきれない場合は、指定した行番号が画面の最下段になるように表示される	―	プログラムの先頭から表示する

◆直前にエラーが発生した行からプログラムリストを表示し、EDITモードに移行する
LIST ERR

プログラム実行後、エラーが発生した場合DIRECTモードでこのコマンドを実行すると、エラーが発生した箇所からリストを表示し、EDITモードに移行します。再度プログラムの実行が行われると、エラー箇所の記録はクリアされます。

◆プログラムを実行する
RUN [プログラムSLOT番号]

指定したプログラムSLOT番号内のプログラムを先頭から実行します。[プログラムスロット番号]の指定を省略すると、SLOT[0]のプログラムを実行します。

	指定する内容	範囲	省略時
プログラムSLOT番号	実行したいプログラムSLOTの番号	0～3	0

◆プログラムを再開する
CONT

STOP命令で停止中のプログラムを再開します。

STARTボタン、STOP、エラー等でプログラムが中断された場合は、その場所からプログラムの実行を再開します。ただしその後、プログラムの編集を行ったり、他のプログラムの実行を行ったりすると再開不可能となります。入力待ちの途中で中断した時は再開できません。

また、エラーで停止した場合は、エラーの内容によっては再開できない場合があります。

◆作業のフォルダを指定する
CD フォルダ名

作業として操作するフォルダを指定します。[CD /PROJECT]のように使用します。[CD /PROJECT/PR1]のようにサブフォルダの指定も可能です。

	指定する内容
フォルダ名	作業のフォルダとして使用するフォルダ名

◆フォルダ内のファイル一覧を表示する
LS [フォルダ名]

指定したフォルダ内のファイル一覧をコンソール上に表示します。

	指定する内容	省略時
フォルダ名	ファイル一覧を表示したいフォルダ名	現在使用中の作業フォルダを一覧表示

また、表示されるファイル名の先頭1文字には、下の表のような特別な記号が割り当てられています。

ファイル名先頭の記号	示す内容
（スペース）	その名前がファイル名であることを表す
＋	その名前がフォルダ名であることを表す

◆シェルコマンドを実行する
！ コマンド

シェルコマンドを実行します。終了コードは[RESULT]システム変数に値が格納されます。実行ユーザー名は[pi]になります。

	指定する内容
コマンド	実行したいシェルコマンドを指定する

◆システムを終了する
SHUTDOWN

全てのシステムを終了します。保存していないデータは消去されてしまいますので、注意してください。

◆システムを再起動する
REBOOT

全てのシステムを一旦終了し、再起動します。保存していないデータは消去されてしまいますので、注意してください。

◆SmileBASIC-Rを終了する
QUIT

SmileBASIC-Rを終了し、ラズベリーパイのシステムOSに戻ります。

配列と変数の定義 配列操作に関する命令

SmileBASIC-Rでは、配列を使用する際にはまず、[DIM]か[VAR]命令で配列を宣言する必要があります。[DIM]と[VAR]命令はどちらも同じ命令となります。また、配列は4次元までの要素数が可能です。

左の変数に右の内容を代入する

=

[=]の左側の変数に、右側の内容を代入する。左右の要素は両方とも数値、もしくは両方とも文字列というふうに同じ型でないといけません。また、宣言されていない配列に代入しようとしてもエラーとなります。

配列を宣言する

DIM 配列変数名[[4次元要素数,][3次元要素数,][2次元要素数,]1次元要素数]

VAR 配列変数名[[4次元要素数,][3次元要素数,][2次元要素数,]1次元要素数]

配列名の配列を宣言し、使用する要素数を決めます。要素数は4次元まで可能で、配列名には数値型、文字列型を指定できます。宣言した配列名でも、指定した要素数を超えて使用しようとするとエラーとなります。配列宣言は要素数を [ ] で囲って指定します。

宣言によって作られる配列は、[0]～[要素数-1]が、配列の要素番号となることに注意しましょう。つまり[DIM A[5]]を実行して作られる配列変数は、[A[0]],[A[1]],[A[2]],[A[3]],[A[4]]の5つとなるのです。

	指定する内容	範囲	省略時
配列変数名	宣言する名前。数値型か文字列型を指定。配列名には英数字とアンダースコア(_)が使用可能。先頭の文字を数字にはできない	—	省略不可
各次元の要素数	配列の要素数。[1次元要素数]は省略できない。実際に命令によって作られる配列変数の要素番号は、[0]～[要素数-1]の範囲となる	—	[1次元要素数]は省略不可

変数を宣言する

DIM 変数名[=値] [,変数名] [,変数名]…

VAR 変数名[=値] [,変数名] [,変数名]…

プログラム中で使用する変数を宣言します。[OPTION]命令で、STRICTモードにした際は、この命令で、使用するすべての変数を宣言しておく必要があります。(➡P.81)配列も同時に宣言可能です。また、配列でない変数には、命令中に値を入れ、初期化することもできます。

	指定する内容	範囲	省略時
変数名	宣言する名前。数値型か文字列型を指定。配列名には英数字とアンダースコア(_)が使用可能。先頭の文字を数字にはできない	—	省略不可
値	宣言した変数に、あらかじめ特定の値を代入しておきたいときに指定する。	—	数値型は[0]、文字列型はnullが代入される。

2つの変数の内容を入れ替える

SWAP 変数1,変数2

指定した2つの変数の内容を入れ替えます。2つの変数は数値どうしか、文字列どうしの同じ型でなくてはなりません。

	指定する内容	省略時
変数1、変数2	入れ替えたい変数	省略不可

変数に式の値を加算する

INC 変数[,式]

指定した変数に[式]の値を足します。[式]が省略された場合は+1されます。文字列に文字列を加えることも可能です。

	指定する内容	省略時
変数	加算したい変数	省略不可
式	加算したい値	1 (指定変数が数値型の場合。文字列型では省略不可)

数値変数から式の値を減算する

DEC 数値型変数[,式]

指定した変数から[式]の値を引きます。[式]が省略された場合は-1されます。

	指定する内容	省略時
数値型変数	減算したい数値型変数	省略不可
式	減算したい値	1

> **● 配列や変数の宣言はプログラムの冒頭の行で行おう**
>
> [DIM][VAR]による配列や変数の宣言は、プログラム行として、その配列や変数が使用される行より先になければなりません。
>
> 例えば、下のように[GOTO]などの命令を使ってジャンプさせ、実際には配列を使用するより先に[DIM][VAR]命令が実行されるようになっていても、プログラムを実行させるとエラーとなってしまいます。プログラムを作る際は、冒頭に配列宣言の行を置くようにしておくといいでしょう。
>
> **●エラーとなるプログラムの例**
>
> ```
> GOTO @DIMSEN
>
> @KAKUNIN
> A[1]=1:PRINT A[1]
> STOP
>
> @DIMSEN
> DIM A[2]:GOTO @KAKUNIN
> ```
>
> 冒頭の[GOTO]で最終行の配列宣言にジャンプするので、正しいように思えますが、配列や変数の宣言は、使用する行より手前の表示行で行わないとエラーになってしまいます。

配列変数の内容を別の配列変数にコピーする

COPY コピー先配列変数[,コピー先オフセット],コピー元配列変数[[,コピー元オフセット],コピー要素数]

[コピー元配列変数]の内容を、[コピー先配列変数]に、[コピー要素数]の数だけコピーし、上書きします。[オフセット]指定を省略すると、一番最初の要素からコピー処理を行います。配列の次元数が異なっても、指定の要素数だけコピーできれば、エラーになることなく実行できます。

	指定する内容	省略時
コピー先配列変数	内容をコピーしたい配列変数名	省略不可
コピー先オフセット	内容のコピーを行う要素が何番目からかを指定する	最初の要素からに設定
コピー元配列変数	コピーしたい内容の元になる配列変数名	省略不可
コピー元オフセット	内容のコピーとして参照する要素が何番目からかを指定する	最初の要素からに設定
コピー要素数	内容のコピーを行う要素の数	省略時はコピー元配列の最後までに設定される

データ文の内容を配列変数にコピーする

COPY コピー先配列変数[,コピー先オフセット],"@ラベル文字列"[,コピーデータ数]

指定した配列の内容に、ラベルのある行の直後にある[DATA]文の内容をコピーし、上書きします。

	指定する内容	省略時
コピー先配列変数	内容をコピーしたい配列変数名	省略不可
コピー先オフセット	内容のコピーを開始する要素が何番目からかを指定する	最初の要素からに設定
@ラベル文字列	コピーする要素の[DATA]文がある行の直前のラベル	省略不可
コピーデータ数	読み込むデータの要素数	省略時はコピー先配列の要素分に設定される

◆配列の要素を並び替える

SORT [開始位置,要素数,]配列1[,配列2][,配列3]…[,配列8]

RSORT [開始位置,要素数,]配列1[,配列2][,配列3]…[,配列8]

[配列1]の[開始位置]から[要素数]分の内容を、[SORT]なら昇順で、[RSORT]なら降順で並べ替えます。[配列2]以降は、[配列1]のソート結果によって、要素が同じ順番に並べ替えられます。配列が文字配列の場合は、文字コード順に並べ替えが行われます。

	指定する内容	範囲	省略時
開始位置	[配列1]で、ソートを開始したい要素の位置	0(最初)～[配列1]の要素個数−1まで	0
要素数	開始位置からのソートしたい要素の個数	[配列1]の要素個数−[開始位置]。[−1]を設定すると[開始位置]から残り全てが並べ替え範囲となる	すべての要素。[開始位置]設定時は省略不可
配列1	ソート順の指定が入った配列名	省略不可	省略不可
配列2、配列3…	配列1のソート結果に沿って並べ替えたい配列名	配列は[配列8]まで指定可能	—

[SORT][RSORT]命令では、[配列1]の結果に沿って[配列2]以降の配列の要素が並べ替えられます。右のように[A][B]2つの配列があった場合、[SORT A,B]を実行すると、並べ替え後のような結果になります。

●並べ替え前
A[0] → 5　B[0] → 1
A[1] → 3　B[1] → 9
A[2] → 4　B[2] → 3

●並べ替え後
A[0] → 3　B[0] → 9
A[1] → 4　B[1] → 3
A[2] → 5　B[2] → 1

◆配列の最後に要素を1つ追加する

PUSH 配列名,式

指定した1次元配列の内容の最後に[式]の要素を追加します。この命令を行うと、配列の要素数が1個増加します。

	指定する内容	省略時
配列名	要素を追加したい配列名(1次元配列のみ)	省略不可
式	追加したい要素	省略不可

◆配列の最後の要素を抜き取る

変数=POP(配列名)

指定した配列の内容の最後の要素を戻り値とし、配列から削除。配列の要素数を1個減少させます。実行時、配列の要素数が0だとエラーになります。

	指定する内容	省略時
変数	取り出した要素を代入したい変数名	省略不可
配列名	要素を取り出したい配列名(1次元配列のみ)	省略不可

◆配列の先頭に要素を追加する

UNSHIFT 配列名,式

指定した配列の要素を1つ後ろにずらし、配列の先頭に[式]の要素を追加します、この命令を行うと、配列の要素数が1個増加します。

	指定する内容	省略時
配列名	要素を追加したい配列名(1次元配列のみ)	省略不可
式	追加したい要素	省略不可

◆配列の先頭の要素を抜き取る

変数=SHIFT(配列名)

指定した配列の内容の最初の要素を戻り値とし、配列から削除。配列の要素数を1個減少させます。実行時、配列の要素数が0だとエラーになります。

	指定する内容	省略時
変数	取り出した要素を代入したい変数名	省略不可
配列名	要素を取り出したい配列名(1次元配列のみ)	省略不可

◆配列の要素の内容を指定値に変更する

FILL 配列名,値[,オフセット[,要素数]]

配列の内容を、指定した値に上書きします。オフセットと要素数を指定することで、部分的な変更も行うことができます。

	指定する内容	省略時
配列名	要素の内容を上書きしたい配列名	省略不可
値	上書きする値	省略不可
オフセット	値を書き込む要素が何番目からかを指定する	省略時は配列の最初から
要素数	値を書き込む要素の数。指定する場合はオフセットを省略不可	省略時は配列の最後まで

比較・分岐・くりかえしなど の制御命令

指定したラベルの行にジャンプして実行を続けたり、ジャンプさせた箇所のプログラムを実行して元の行に戻ったりといったプログラムの進行を制御するのがこの命令群です。

その行に対するラベル（名前）を設定する
@ラベル名

プログラムやデータに、位置を示す[ラベル名]の名前を付けます。ラベルは[@]を頭につけることで、他の命令と区別されます。

ラベル名は、各プログラム行に1つだけでなく、複数を指定することも可能です。プログラム行の途中に指定すると、その行の先頭ではなくラベルの設定されたその位置を参照するので、行の途中から命令を実行させるといった使い方も可能です。

指定する引数	引数に使用できる内容
ラベル名	その行に付けたいラベル	英数字とアンダースコア（ _ ）記号が使用可能。変数と異なり、数字から始まる文字列も使用できる。英字は大文字小文字とも使用可能だが、区別はされない

指定したラベルの行にジャンプする
GOTO @ラベル名
GOTO "プログラムSLOT番号:@ラベル名"

指定したラベルの位置までジャンプします。[プログラムSLOT番号]を指定することで、別SLOTのプログラムにもジャンプできます。ラベルは文字列変数でも指定でき、指定する際、[プログラムSLOT番号]込みの文字列変数で呼び出したり、固定文字列と組み合わせて指定することもできます。

別SLOTのプログラムにジャンプする場合は、[USE]命令で対象のプログラムSLOTを使用可能にしておく必要があります。

指定する内容		範囲	省略時
プログラムSLOT番号	ジャンプしたいプログラムSLOTの番号	0〜3 (0:〜3:)	実行中のSLOT番号
@ラベル名	ジャンプしたい先のラベル	—	省略不可

指定したラベルのサブルーチンを呼び出す
GOSUB @ラベル名
GOSUB "プログラムSLOT番号:@ラベル名"

指定したラベルで呼び出されるサブルーチンを実行します。[GOTO]命令と同様に、[プログラムSLOT番号]を指定することで、別SLOTのサブルーチンを呼び出したり、文字列変数でラベルを指定することもできます。書式例は[GOTO]命令を参考にしてください。

ジャンプ後、[RETURN]命令が実行されると、最後に呼び出された[GOSUB]命令の位置まで戻ります。別SLOTのプログラムにジャンプする場合は、[USE]命令で対象のプログラムSLOTを使用可能にしておく必要があります。

指定する内容		範囲	省略時
プログラムSLOT番号	ジャンプしたいプログラムSLOTの番号	0〜3 (0:〜3:)	実行中のSLOT番号
@ラベル名	ジャンプしたい先のラベル	—	省略不可

GOSUBで呼びされた場所へ戻る
RETURN

最後に呼び出されたGOSUB文の場所まで戻ります。

[GOSUB @TEST:PRINT A]のように同じ行に別の命令が続いていた場合は、続いている命令から実行を行います。

ユーザー定義関数で戻す値を定義する
RETURN 値

ユーザー定義関数の中で使用します。この命令が実行されると、指定された値を結果として返し、呼び出された箇所まで戻ります。

指定する内容	
値	ユーザー定義関数の戻り値として返す値。数式等の指定も可能

複数の値を返すユーザー定義関数での出力先を設定する
OUT

複数の値を返すユーザー定義関数[DEF]の宣言で使用します。[DEF SUB A OUT D,M]のように定義し、呼び出す際は[SUB 34 OUT DL,ML]のように、必要数の出力先を指定して呼び出します。

同じように、複数の値を返す組み込み命令でも[OUT]を利用し、出力先を設定します。

制御変数によってジャンプする先を変えて分岐する
ON 制御変数 GOTO @ラベル名0[,@ラベル名1][,@ラベル名2][,@ラベル名3]…

[制御変数]の内容によって、ジャンプ先を変更できるGOTO命令です。[制御変数]が[0]の場合は[@ラベル名0]へ、[制御変数]が[1]の場合は[@ラベル名1]へというように、ジャンプ先を変更できます。

指定する内容		省略時
制御変数	制御に使用する変数名	省略不可。変数の値に小数点以下がある場合は切り捨て
@ラベル名	ジャンプする先のラベル	省略不可。記載順に[制御変数]の値が[0].[1].[2]…の際のジャンプ先になる ※ジャンプ先が設定されてない値や、マイナスの値の場合はそのまま次の行へ進む

制御変数によって呼び出すサブルーチンを変えて分岐する
ON 制御変数 GOSUB @ラベル名0[,@ラベル名1][,@ラベル名2][,@ラベル名3]…

[制御変数]の内容によって、呼び出し先を変更できるGOSUB命令です。[制御変数]が[0]の場合は[@ラベル名0]を、[制御変数]が[1]の場合は[@ラベル名1]をというように、呼び出すサブルーチンを変更できます。

指定する内容		省略時
制御変数	制御に使用する変数名	省略不可。変数の値に小数点以下がある場合は切り捨て
@ラベル名	呼び出す先のラベル	省略不可。記載順に[制御変数]の値が[0].[1].[2]…の際のジャンプ先になる ※ジャンプ先が設定されてない値や、マイナスの値の場合はそのまま次の行へ進む

◆条件に応じて判断しプログラムの処理を変える

IF 条件式 THEN 成立時処理 [ELSE 不成立時処理] [ENDIF]

IF 条件式 THEN 成立時処理 ELSEIF 条件式 THEN 成立時処理 [ELSE 不成立時処理]…ENDIF

IF 条件式 THEN @ラベル名 [ELSE @ラベル名]

　条件式を判断し、値がTRUE（0以外）だった場合は［成立時処理］の内容を実行し、次の命令に進み、FALSE（0）だった場合は、［ELSE］以降の［不成立時処理］がある場合は、その処理を実行し、次の命令に進みます。処理には複数の命令を書けますがその場合は最後に［ENDIF］を書く必要があります。また、［ELSEIF］

を使用して条件式を重ねることも可能です。命令が複数行になる場合は［THEN］で行変更を必ず行わなければいけないことに注意してください。
　処理が［GOTO］命令のみの場合は、［GOTO］を省略し、ラベルのみで飛び先を指定できます。ただし省略した場合はラベルに変数や式は使用できません。

条件式（比較演算子）の書き方の例	
A==B	AとBが等しい
A!=B	AとBが等しくない
A>B	BよりAのほうが大きい
A<B	BよりAのほうが小さい
A>=B	BよりAのほうが大きい、もしくはBとAが等しい（AがB以上）
A<=B	BよりAのほうが小さい、もしくはBとAが等しい（AがB以下）

条件式（論理演算子/排他的論理和・複数の条件の比較用）の書き方の例	
([条件式1]AND[条件式2])	[条件式1]と[条件式2]を同時に満たす
([条件式1]&&[条件式2])	※[条件式1][条件式2]の結果がともにTRUE(0以外)
([条件式1]OR[条件式2])	[条件式1]か[条件式2]のどちらかを満たす
([条件式1]¦¦[条件式2])	※[条件式1][条件式2]の結果のどちらかがTRUE(0以外)
([条件式1]XOR[条件式2])	[条件式1]と[条件式2]のどちらかだけを満たす
	※[条件式1][条件式2]の結果の一方だけがTRUE(0以外)

◆条件に応じて判断しジャンプ先へ分岐する

IF 条件式 GOTO @ラベル名 [ELSE 不成立時処理]

IF 条件式 GOTO @ラベル名 [ELSE @ラベル名]

　条件式を判断し、値がTRUE（0以外）だった場合は指定されたラベルにジャンプします。FALSE（0）だった場合は、［ELSE］以降の［不成立時処理］がある場合は、その処理を実行し、次の命令に進みます。 また、［ELSE］以降の処理が

［GOTO］命令のみの場合は、［GOTO］を省略し、ラベルのみで飛び先を指定できます。ただし省略した場合はラベルに変数や式は使用できません。条件式の書き方は上の［IF～THEN］の解説を参考にしてください。

◆IFによる条件が成立した時の制御の先頭を示す

THEN 処理

　［IF］でしていた条件が成立した場合、［THEN］以降の処理を実行します。

◆IFによる条件が不成立だった時の制御の先頭を示す

ELSE 処理

　［IF］でしていた条件が不成立だった場合、［ELSE］以降の処理を実行します。

◆IFによる制御が複数行になる場合の終了を示す

ENDIF

　［IF］による制御が複数行にまたがる場合、この［ENDIF］命令で制御の終了を宣言します。

◆命令を指定回数だけ繰り返す

FOR ループ変数＝初期値 TO 終了値 [STEP 増分]

　指定された変数に初期値を代入し、この命令から［NEXT］までの間にある命令を、変数が終了値を超えるまで繰り返して実行します。［NEXT］命令まで到達すると、変数に［増分］の値を加え、最初へ戻りループを繰り返します。 ［初期値］、［終了値］、［増分］の設定によっては、1度も実行せずにループを終了します。また、引数に小数点以下の値がある場合、意図した回数にならないことがあります。

	指定する内容	省略時
ループ変数	ループカウント用の変数名。数値変数（配列変数の1つでも可）のみ使用可能	省略不可
初期値	ループ変数に代入する初期の値。数値、もしくは答えが数値になる式が使用可能	省略不可
終了値	ループ変数がこの数値を超えたらループから抜ける。数値、もしくは答えが数値になる式が使用可能	省略不可
増分	1ループごとにループカウント用の変数に加算される値。数値、もしくは答えが数値になる式が使用可能	1

◆FOR におけるループ数の終了値を指定する

TO 終了値

　［FOR］～［NEXT］におけるループでの終了値を指定するために使用します。

◆FOR におけるループ数の増分を指定する

STEP 終了値

　［FOR］～［NEXT］におけるループでの［ループ変数］の増分を指定するために使用します。

◆FOR命令で実行するループの終了

NEXT

　［FOR］命令で設定されたループ部分の終わりを示します。［FOR］～［NEXT］ループの中に、別の［FOR］～［NEXT］ループを入れ込むこともできます。[NEXT J]のように変数名を付加して書くこともできますが、付加した部分は無視されて実行されます。このため［NEXT］によるループ先は必ず、一番最後に実行された［FOR］になります。ループを強制的に次に進めたい場合や、終了したい場合は、次ページにある［CONTINUE］や［BRAKE］命令を使用してください。
　また、複数の［FOR～NEXT］のループを行いたい場合は、［FOR］と対になる数の［NEXT］命令を実行する必要があります。

◆条件が成立している間ループを繰り返す

WHILE 条件式

　条件式の結果がTRUE（0以外）の間、［WEND］までの間にある命令を繰り返し実行します。条件式がはじめから成立していない場合はループを実行しません。条件式の書き方は［IF～THEN］の解説を参考にしてください。

◆WHILE命令で実行するループの終了

WEND

　［WHILE］命令で設定されたループ部分の終わりを示します。

◆UNTIL命令で設定している条件が成立するまでループを繰り返す

REPEAT

　［UNTIL］命令までのループの先頭を示します。

◆条件が成立するまでループを繰り返す

UNTIL 条件式

　条件式の結果がTRUE（0以外）になったらループを終了し、次の命令へと進みます。そうでない場合は［REPEAT］まで戻り、ループを繰り返します。［REPERT］～［UNTIL］では、条件の判断がループの最後になるので、どのような場合でも必ずループが1度は行われます。条件式の書き方は［IF～THEN］の解説を参考にしてください。

◆ループを強制的に次に進める
CONTINUE

　実行中のループを強制的に次に進めるために[NEXT]、[WEND]、[UNTIL]命令へジャンプします。
　[CONTINUE]命令は[FOR]〜[NEXT]、[WHILE]〜[WEND]、[REPEAT]〜[UNTIL]内で使用します。ループを強制的に進めたい場合は、この命令を使用するようにしてください。

◆ループを強制的に終了する
BREAK

　実行中のループを中止し、強制的にループそのものを抜けて終了。次の命令へと進みます。
　[BREAK]命令は[FOR]〜[NEXT]、[WHILE]〜[WEND]、[REPEAT]〜[UNTIL]内で使用します。ループから強制的に抜けたい場合は、[GOTO]命令でなく、この命令を使用するようにしてください。

◆プログラムを終了する
END

　実行中のプログラムを終了します。終了後はプログラムを実行したモードに戻ります。

◆ユーザー定義関数、ユーザー定義命令の終了
END

　ユーザー定義関数やユーザー定義命令を定義する[DEF]命令の終了を示します。上の[END]命令と違い、プログラムは終了しません。[DEF]による定義については、次ページを参照してください。

◆プログラムを中断する
STOP

　実行中のプログラムを中断します。終了後はプログラムを実行したモードに戻ります。DIRECTモードで実行された場合は、停止した箇所が[プログラムSLOT：行番号]の形で画面に表示されます。[STOP]命令でプログラムを停止した場合は、[CONT]命令でプログラムを再開することができますが、[TOP MENU]へ戻った場合など、状況によっては再開できないこともあります。

ユーザー定義の命令と関数・呼び出しの命令

SmileBASIC-Rでは、自分で新しく命令や関数を定義したりすることもできます。これをユーザー定義命令・関数といい、それを定義するのが、[DEF]や[COMMON DEF]命令になります。

◆引数と戻り値のないユーザー定義命令を定義する
DEF 定義名

引数を定義せず、指定した名前のユーザー定義命令の定義を設定します。[DEF]命令から[END]命令の間が、その命令で行われる処理になります。

指定する内容	備考
定義名	指定したいユーザー定義命令の名前	省略不可

◆引数があり戻り値がないユーザー定義命令を定義する
DEF 定義名 引数1[,引数2][,引数3]…

指定した名前のユーザー定義命令の定義を引数付きで設定します。[DEF]命令から[END]命令の間が、その命令で行われる処理になります。

指定する内容	備考
定義名	指定したいユーザー定義命令の名前	省略不可
引数	呼び出し時に渡す引数を入れる変数名	―

ユーザー定義命令や関数を呼び出す際に渡す引数は、[DEF]命令で設定した同じ位置の引数へ渡されます。このため設定された引数の数と、呼び出した際の引数の数が同じでないとエラーとなります。

◆戻り値が1つだけあるユーザー定義関数を定義する
DEF 関数名([引数1[,引数2][,引数3]…])

指定した名前のユーザー定義関数の定義を設定します。[DEF]命令から[END]命令の間が、その関数で行われる処理になります。ユーザー定義関数を使用した際に戻ってくる値は[RETURN]命令で定義します。

指定する内容	備考
関数名	指定したいユーザー定義関数の名前	省略不可
引数	呼び出し時に渡す引数を入れる変数名	省略時は( )のみ記述

◆戻り値が複数あるユーザー定義命令を定義する
DEF 定義名 [引数1[,引数2][,引数3]…] OUT 戻り値1[,戻り値2][,戻り値3]…

指定した名前のユーザー定義命令の定義を設定します。関数同様に[DEF]命令から[END]命令の間が、その関数で行われる処理になります。使用した際に戻ってくる値は[OUT]以降に設定します。複数の戻り値を設定することも可能です。

指定する内容	備考
定義名	指定したいユーザー定義命令の名前	省略不可
引数	呼び出し時に渡す引数を入れる変数名	―
戻り値	呼び出し先から戻す値を入れる変数名	―

呼び出す際に渡す引数が、[DEF]側の引数と同じ数でないといけないのはもちろん、戻り値についても同じ数を指定する必要があります。戻り値に設定された変数には、命令を呼び出すことでその結果が代入され、要素が上書きされます。設定された戻り値には処理の終了までに必ず値をセットする必要があります。

[RETURN]と違い、[OUT]では複数の戻り値が設定できるので、そのような処理が必要な場合は[OUT]を使用した定義を行ってください。

◆違うプログラムSLOTから呼び出せるユーザー定義関数・命令を定義する
COMMON

[DEF]命令に[COMMON]を付加すると、そのユーザー定義関数や命令が、別のプログラムSLOTにあるプログラムから呼び出せるようになります。呼び出す場合は呼び出し側のプログラム上で、呼び出すユーザー定義命令、関数が書かれたプログラムSLOTを、[USE]や[EXEC]命令を使って使用可能にしておく必要があります。

◆指定した名称のユーザー定義命令を呼び出す
CALL "定義名"[,引数1][,引数2][,引数3]… [OUT 戻り値1[,戻り値2][,戻り値3]…]

指定した名前のユーザー定義命令を呼び出します。呼び出す命令名には文字列変数を使用することもできます。文字列でそのまま指定する場合は["TEST"]のように[" "]で文字列を囲ってください。

指定する内容	省略時
定義名	呼び出したいユーザー定義命令の名前	省略不可
引数	呼び出し時に渡す引数	―
戻り値	戻り値を受け取る変数	省略時は[OUT]も不要

◆指定した名称のユーザー定義関数を呼び出す
CALL "定義名",引数1[,引数2][,引数3]… [OUT 戻り値1[,戻り値2][,戻り値3]…]

指定した名前のユーザー定義関数を呼び出します。呼び出す関数名には文字列変数を使用することもできます。文字列でそのまま指定する場合は["TEST"]のように[" "]で文字列を囲ってください。

指定する内容	省略時
関数名	呼び出したいユーザー定義関数の名前	省略不可
引数	呼び出し時に渡す引数を入れる変数名	―

◆SPRITEコールバックを呼び出す
CALL SPRITE

[SPFUNC]命令で設定された、スプライトごとの処理を一斉に呼び出します。

●[DEF]～[END]内で使用する変数を[ローカル変数]に

[DEF]～[END]内で行う定義にも、戻り値をはじめ変数が使用されますが、その変数を[DIM][VER]命令で宣言しておくと、外部で使用している変数とまったく別のものとして扱うことができます。そうすれば他で同じ名前の変数が使用されていないか気にすることなく定義することができます。また、ユーザー定義関数・変数を呼び出すたびにその変数は初期値にリセットされるので、次に呼び出した際に各変数の値が持ち越されていたなんてこともありません。

このように、プログラムの一部のブロックだけで使われる変数を[ローカル変数]と呼び、全体で共有し使われる変数を[グローバル変数]と呼びます。

[DEF]～[END]では、その定義より上の行までに使われていない変数を使用すると、自動的に[ローカル変数]として宣言されます。[グローバル変数]として使用されていた場合は、そのままその変数を使用します。定義内でローカル変数の宣言をしておかなかったりすると、[DEF]～[END]のある位置により、結果が変わってしまうことがありますので注意してください。

[ローカル変数]を利用すれば、プログラムの他の部分がどう変わっても[DEF]～[END]の実行には影響を受けません。ですので他のプログラム作成時にも、作ったユーザー定義関数・命令をそのまま使用することができるのです。

●[DEF]～[END]から[GOTO][GOSUB]で飛び出すことはできない

[DEF]～[END]内でも、ラベルや、それを利用した命令を使用することができます。ただしその[DEF]～[END]から飛び出す形での[GOTO][GOSUB]系の命令は使用できません。使用した場合は[Undefined label]エラーが発生します。また逆に、[DEF]～[END]内に飛び込む形でこれらの命令を使用しようとしても同じエラーが発生します。

これは[DEF]～[END]内にあるラベルは、そのブロックでのみ使用されるラベルとして判断されるためです。ですので逆に、[DEF]～[END]内であれば、ブロック外にあるラベルと同じ名前のラベルを使用してもエラーになりません。

●[DEF]～[END]内でもプログラムスロット指定なら抜け出せる

[DEF]～[END]内での[GOTO][GOSUB][ON GOSUB]命令でも、例外として[GOSUB "0:@TEST"]のように、プログラムSLOTを指定すれば範囲外へ飛び出すことができます。

データ操作・フレームカウント・その他の命令

表示するメッセージや数値などプログラム内で使用したい固定のデータをまとめて書いておく時に使用するのが[DATA]命令です。そのデータを読み込む際には[READ]命令を使用します。

定義されたデータを読み込む
READ 取得変数1[,取得変数2][,取得変数3]…

[DATA]命令で定義されたデータを、指定された変数に読み込みます。この時、読み込むデータの型と変数の型は同じでなくてはいけません。

[READ]命令は最後に読み込んだデータの場所を記憶しています。プログラムを再起動させたり、[RESTORE]命令でデータを探す位置を変えない場合は、[READ]命令が行われるたびに1つずつ順にデータを読み込んでいきます。データは離れた行にあっても、上の行から順に、連続したものとして扱われます。

指定する内容		省略時
取得変数	読み込んだデータを入れる変数	[取得変数1]のみ省略不可

データを定義する
DATA データ[,データ][,データ]…

[READ]命令で読み込むためのデータを定義する命令です。データは[,]で区切ることで連続して書くことが可能です。数値と文字列を混在して書くこともできますが、文字列をデータとして書く場合は["]で囲う必要があります。また、[#BLUE]などの定数も記述できます。定数を記述する場合は["]の必要はありません。[DATA "#BLUE"]と記述すると、[#BLUE]という文字列がデータとして読み込まれます。

データには、&&、‖、変数や関数の混ざった式や、文字列式は記述できません。

[READ]命令で読み込むデータの先頭を指定する
RESTORE @ラベル名
RESTORE プログラムSLOT番号:@ラベル名

[READ]命令で読み込む位置を指定したラベルの行に変更します。変更を行うと次の[READ]命令では、指定された行からデータを下に探し、最初に見つけたものから順に読み込みを行います。

[RESTORE 1:@DATATOP]のように、異なるプログラムSLOTの指定も可能ですが、その場合は[USE]命令で対象のSLOTを使用可能にしておく必要があります。

文字列変数でラベルを指定することも可能です。また、[プログラムSLOT番号]込みで文字列変数を作成し、指定することもできます。

指定する内容		範囲	省略時
プログラムSLOT番号	変更したいプログラムSLOTの番号	0～3 (0:～3:)	実行中のSLOT番号
ラベル名	変更したい行のラベル	―	省略不可

プログラムの動作モードを設定する
OPTION 機能名

プログラムの動作モードを指定したモードに変更します。[機能名]に使う名称と内容は、下の表を参照してください。

機能名	注意点
STRICT	変数の宣言が必須となる。宣言していない変数の参照はエラーとなる
DEFINT	変数のデフォルト型が整数型になる

プログラムを指定されたフレーム数停止する
WAIT [フレーム数]

プログラムを指定されたフレーム数経過するまで停止する
VSYNC [フレーム数]

[WAIT]命令は実行から指定フレーム数分プログラムの実行を停止します。

[VSYNC]命令は、前回[VSYNC]命令を行ってから、指定した[フレーム数]が経過するまで、プログラムの実行を停止します。すでに経過していた場合は、そのまま実行を続けます。

2つの命令は、右のような流れで考えると違いがわかります。[WAIT]命令は前後に関係なく、実行されるたびにプログラムを指定時間だけ停止します。

```
        VSYNC 30
           ↓
     30フレーム停止後
        実行再開
           ↓
  WAIT 30    VSYNC 30
     ↓         ↓
30フレーム   停止せず
停止後       そのまま
実行再開     実行再開
```

	指定する内容	範囲	省略時
フレーム数	待ち時間として指定したいフレーム数。[0]以下の数値を指定すると命令は無視される	―	1

プログラムの実行を指定時間だけ停止する
USLEEP マイクロ秒

プログラムの実行を指定された時間だけ停止します。指定する単位はマイクロ秒（1/1,000,000秒）です。

	指定する内容	範囲
マイクロ秒	プログラムを停止させたい時間	―

コメント行を書き込む
REM [コメント]
' [コメント]

指定された箇所以降の行の内容をコメントとみなし、プログラムとして実行しないようにします。[REM]の後にはスペースを空ける必要があります。コメントにはどんな文字も使用可能です。

時間文字列を数値に変換する
TMREAD ["時間文字列"] OUT H,M,S

時間文字列から読み取れる、時、分、秒をそれぞれの変数に受け渡します。時間文字列を省略すると、現在の時刻を時間文字列にして実行します。時間は24時間制です。

	指定する内容	省略時
時間文字列	読み取りたい時間文字列（HH:MM:SSの形式）	現在の時刻
H,M,S	順に、時、分、秒を代入したい変数を指定する	省略不可

日付文字列を数値に変換する
DTREAD ["日付文字列"] OUT Y,M,D[,W]

日付文字列から読み取れる、年、月、日をそれぞれの変数に受け渡します。日付文字列を省略すると、現在の日付を日付文字列にして実行します。年は4桁の西暦で返されます。

	指定する内容	省略時
時間文字列	読み取りたい時間文字列（YYYY/MM/DDの形式）	現在の日付
Y,M,D,W	順に、年、月、日、曜日を代入したい変数を指定する ※曜日は日曜=[0]、月曜=[1]、火曜=[2]、水曜=[3]、木曜=[4]、金曜=[5]、土曜=[6]となる	曜日用の変数のみ省略可能

そのラベル名が使われているか確認し、結果を戻り値として返す
変数=CHKLABEL("@ラベル名"[,フラグ])
変数=CHKLABEL ("プログラムSLOT番号:@ラベル名"[,フラグ])

指定したラベルがプログラム内にあるかどうかをチェックし、結果を戻り値として返します。[プログラムSLOT番号]を付加すると、他のSLOTのプログラム内容もチェックできます。ただし、他のSLOTを調べる際は、[USE]命令で、プログラム内でSLOTを使えるようにしておく必要があります。また、[フラグ]で、チェックする範囲を変更できます。

	指定する内容	範囲	省略時
プログラムSLOT番号	調べたいプログラムSLOTの番号	0～3	実行中のSLOT番号
@ラベル名	調べたいラベル	―	省略不可
フラグ	ラベルがあるか調べたい範囲 [0]…[DEF]内を除くプログラム全体 [1]…[DEF]内で実行された場合は、その[DEF]の範囲内。[DEF]内でない場合は[0]と同様の扱いになる。	0,1	1

戻り値	戻り値の示す意味
1 (TRUE)	そのラベル名がプログラム中に存在する
0 (FALSE)	そのラベル名がプログラム中に存在しない

文字列で指定したユーザー定義命令や関数があるかないか確認し、戻り値で返す

変数=CHKCALL("文字列")

指定した文字列の名前のユーザー定義関数や命令がないかチェックし、結果を戻り値として返します。探す名前をそのまま文字列で指定する場合は["TEST"]のように[" "]で文字列を囲ってください。

	指定する内容	省略時
文字列	調べたいユーザー定義命令・関数の名前	省略不可

戻り値	戻り値の示す意味
1 (TRUE)	そのラベル名がプログラム中に存在する
0 (FALSE)	そのラベル名がプログラム中に存在しない

文字列で指定した変数があるかないか確認し、戻り値で返す

変数=CHKVAR("文字列")

指定した変数が、そのプログラム内にあるかをチェックし結果を戻り値として返します。プログラム全体をチェックするので、その変数や配列の宣言が[CHKVAR]命令より後ろにあった場合でも、[1](TRUE)を値として返します。

	指定する内容	省略時
文字列	調べたい変数の名前	省略不可

戻り値	戻り値の示す意味
1 (TRUE)	そのラベル名がプログラム中に存在する
0 (FALSE)	そのラベル名がプログラム中に存在しない

ファンクションキーに文字列を割り当てる

KEY キー番号,文字列

指定した番号のファンクションキーの内容を、文字列の内容に置き換えます。

	指定する内容	範囲
キー番号	指定したいファンクションキーの番号	1～8
文字列	指定したい内容	128文字まで (超えた分は無視される)

ファンクションキーの内容を取得する

文字列変数=KEY (ファンクションキー番号)

指定した番号のファンクションキーの内容を取得し、指定した文字列変数に代入します。

	指定する内容	範囲
文字列変数	結果を代入したい文字列変数	―
ファンクションキー番号	内容を取得したいファンクションキーの番号	1～8

クリップボードの内容を設定する

CLIPBOARD "文字列"

クリップボード (COPYコマンドで文字列を保管しておく場所) に、指定した文字列を内容として設定します。設定すると、クリップボードの内容は上書きされます。[" "]を指定することでクリップボードを空にすることも可能です。

	指定する内容
文字列	クリップボードに設定したい内容

クリップボードの内容を取得し戻り値として返す

文字列変数=CLIPBOARD ( )

クリップボードの内容を取得し、戻り値として返します。

直前に実行していた場所を表示する

BACKTRACE

一番最後に実行したプログラムのSLOTと行番号を表示します。STOPキーなどでプログラムの実行を停止した後にこの命令を実行すると、直前に実行した箇所が分かります。プログラムの実行が正常に終了した場合は[0: 1]を表示します。

また、実行していた箇所が[GOSUB]命令などで呼び出しを受けていた場合は、その呼び出し履歴も表示します。

コンソール画面への文字表示・文字列の入力に関する命令

コンソールとはコンピュータを操作する場所のことで、SmileBASIC-Rではテキスト画面がコンソール用の画面になります。表示するフォント文字の色の変更や、表示する場所を設定したりする命令があります。

▶●コンソール画面を消去する
▌CLS

コンソール画面を消去します。

▶●コンソール画面の表示色を指定する
▌COLOR [描画色][,背景色]

コンソール画面に表示する文字の色と、背景の色を指定します。
通常はRGB関数で[COLOR RGB(64,128,128), RGB(0,0,0)]のように指定します。直接数値を指定するときは、RGB各8ビットの色コードを使用して指定します。描画色を省略して、背景色のみを変更することもできます。

▶●コンソール画面の表示位置を指定する
▌LOCATE [座標X][,座標Y]

コンソール画面に表示する文字の座標を指定します。[座標X][座標Y]はそれぞれ省略でき、[LOCATE ,20]のように書くことができます。ただしすべての引数を省略することはできません。画面の解像度などによって指定できる範囲が変わります。[CONSOLE]命令で、指定できる範囲の取得が可能です。

▶●コンソール画面の表示順位を変更する
▌TPRIO Z座標

コンソール画面の表示順序を設定します。[Z座標]は奥行き方向の座標となり、最も奥が[1024]、液晶面が[0]、最も手前が[-256]となります。

指定する内容		範囲
Z座標	コンソール画面の奥行き座標	-256～1024

▶●コンソール画面へ文字を表示する
▌PRINT [式[;または,式]…]

コンソール画面に指定した文字を表示します。[PRINT]の代わりに[?]でも代用できます。

	指定する内容
式	表示したい変数、文字列、文字列変数、数値など。計算式を指定すると、計算結果を表示する。なにも指定しないと、改行のみを行う
;（セミコロン）	表示後に改行せず、次の表示を密着させて行う
,（コロン）	表示後に改行せず、次の表示を[TABSTEP]で設定された分だけ空けて行う

▶●コンソール画面に表示する文字の回転・反転属性を設定する
▌ATTR 表示属性

[PRINT]命令で表示する文字を右のように [表示属性] の指定に従って回転、反転させることができます。回転と反転は、同時に指定することができます。

回転、反転を行ったままプログラムを終了すると、DIRECTモードで表示される文字がその属性状態のままになるので注意してください。

●表示属性の指定一覧

回転 (bit 0～1)

属性の指定数値	表示
0	通常表示
1	90度回転
2	180度回転
3	270度回転

横反転 (bit 2)

属性の指定数値	表示
4	横反転
5	+90度回転
6	+180度回転
7	+270度回転

縦反転 (bit 3)

属性の指定数値	表示
8	縦反転
9	+90度回転
10	+180度回転
11	+270度回転

横+縦反転 (bit 2+3)

属性の指定数値	表示
12	横+縦反転
13	+90度回転
14	+180度回転
15	+270度回転

▶●コンソール画面全体の表示位置を調整する
▌SCROLL 文字数X,文字数Y

指定した数値だけ画面を移動させます。指定座標が移動後の表示の(0,0)になります。移動により画面外に出てしまった部分の表示は消去されます。

	指定する内容
文字数X	横方向の視点移動量。マイナスで左、プラスで右へ移動
文字数Y	縦方向の視点移動量。マイナスで上、プラスで下へ移動

▶●コンソール画面上の文字コードを調べ戻り値として返す
▌変数=CHKCHR(座標X,座標Y)

コンソール画面の指定した座標にある文字を調べ、その文字コードを戻り値として返します。文字がない場合は[0]を返します。
[CHKCHR]命令で変数に返される文字コードは、UTF-16でのコードになります。通常のテキスト、絵文字、特殊な文字などすべての文字にコードが割り当てられています。

	指定する内容
変数	取得した文字コードを代入する変数
座標X	コンソール画面上のX座標（文字単位）
座標Y	コンソール画面上のY座標（文字単位）

▶●キーボードから数値、または文字列を入力させる
▌INPUT ["ガイド文字列";または,変数[,変数]…

コンソール画面に[ガイド文字列]を表示し、キーボードからの入力を待ちます。[ENTER]が押されると入力が終了し、入力された内容を[変数]に代入します。[変数]が複数ある場合は、入力時に[3,5]のように[,]で区切って1度に入力します。
入力した内容と受け取る変数の型が違ったり、入力した要素の数が足りなかった場合は[?Redo from start]と表示され、再入力となります。

	指定する内容
ガイド文字列	入力を促す際に表示するメッセージ。文字列をそのまま指定する場合は[" "]で囲う必要がある。文字列を省略すると[?]と画面に表示される
; または ,	[;]を使用すると、[ガイド文字列]の後ろに[?]を付けて表示し、入力を待つ。[,]の場合はなにも付けずに入力を待つ
変数	入力して欲しい要素の数だけ指定。入力した数が多い場合は多い部分を無視する

▶●キーボードから数値、または文字列を入力させる
▌LINPUT ["ガイド文字列";]文字列変数

[INPUT]命令と同様に、コンソール画面に[ガイド文字列]を表示し、キーボードからの入力を待ちます。この際、[ガイド文字列]の後に[?]は付加されません。[LINPUT]命令では、[INPUT]命令で入力できなかった[,]も、内容として受け取ることができます。このため複数の要素は入力できません。

	指定する内容
ガイド文字列	入力を促す際に表示するメッセージ。文字列をそのまま指定する場合は[" "]で囲う必要がある。
文字列変数	入力された内容を入れる文字列変数

▶●キーボードから入力されている文字を受け取り戻り値として返す
▌文字列変数=INKEY$( )

命令を実行した際にキーボードで入力されている文字1文字を受け取り、その文字を戻り値として返します。何も押されていない場合は[" "](Null)が返されます。この命令では入力待ちは行いません。

	指定する内容
文字列変数	入力された内容を入れる文字列変数

SMILE BASIC technology

▸指定した文字コードのフォントを定義する
FONTDEF 文字コード,"フォント定義文字列"
FONTDEF 文字コード,数値配列

指定した文字コードのフォントを、文字列や数値配列を使って定義します。フォントは8×8ドットのフルカラーで定義することができます。
ARGB=8888形式のデータとして指定するため、1ドットを16進数で8桁のデータで定義します。1つのフォントを定義するには、8×64ドット分=256文字のデータが必要になります。
数値配列を使用して定義する場合は、配列の1要素=1ドットの定義として扱われるので、64個の要素を持った配列を用意して定義を行ってください。
また、[GCOPY][GSAVE]命令で、ページ番号[-1]を指定することで、フォントデータ用の画像を操作可能です。

指定する内容	
文字コード	データを定義するフォントの文字コード。UTF-16で指定する
フォント定義文字列	フォントを定義するためのデータ。ARGB=8888形式の16進数8桁を1ドットとし、256文字のデータで定義する。
数値配列	フォントを定義するための配列データ。ARGB=8888形式の16進数8桁=1ドットを1要素とし、64の要素から成る配列で定義する。

▸フォントを初期状態に戻す
FONTDEF

新しく定義したフォントデータをすべて破棄し、SmileBASIC-R標準のフォントに戻します。

▸コンソール文字サイズを変更する
WIDTH フォントサイズ

コンソール画面に表示する文字のサイズを変更します。[8]×8ドット(標準状態)、[16]×16ドットの2種類から選択できます。

| WIDTH 8 | WIDTH 16 |

▸コンソール文字サイズを取得する
WIDTH OUT SIZE

コンソール画面に表示する文字のサイズを取得します。

指定する内容	
SIZE	取得した文字サイズを代入する数値変数

▸コンソール画面設定を初期状態に戻す
CONSOLE

コンソール画面の設定を、初期状態に戻します。

▸コンソール画面の表示位置と大きさを設定する
CONSOLE X,Y,W,H

コンソール画面の[0,0]の位置を[X,Y]で指定した位置に、コンソール画面のサイズを[W,H]で指定した大きさに変更します。[X]または[Y]が表示範囲を超えたり、[X+W]または[Y+H]が表示範囲を超えるとエラーとなります。
また、[W]および[H]は8未満に設定はできません。

	指定する内容	範囲
X	コンソール画面の表示原点のX座標	画面解像度に依存
Y	コンソール画面の表示原点のY座標	
W	コンソール画面の横サイズ(表示文字数)	画面解像度に依存。ただし8未満には設定不可
H	コンソール画面の縦サイズ(表示行数)	

▸コンソール画面の表示位置と大きさを取得する
CONSOLE OUT X,Y,W,H

コンソール画面の[0,0]が指定されている座標と、画面の大きさを取得し、指定された変数に代入します。

変数	戻り値
X	コンソール画面の表示原点のX座標
Y	コンソール画面の表示原点のY座標
W	コンソール画面の横サイズ(表示文字数)
H	コンソール画面の縦サイズ(表示行数)

各種入力デバイスに関する命令

SmileBASIC-Rでは、キーボードのほか、ゲームパッド、タブレット、タッチパネルなどの各種入力を使用し、その状態を参照することができます。ここではそれらの命令を解説します。

キーボードの種類を設定する

KBDTYPE モード

接続されるキーボードのタイプを設定します。一度設定を行うと、再度モードを変更するまで設定は保存されます。

モード	設定される内容
0	JISキーボード（初期設定）
1	USキーボード

キーボードの種類を取得する

変数=KBDTYPE()

設定されているキーボードのタイプを取得し、結果を変数に代入します。

戻り値	設定されている内容
0	JISキーボード
1	USキーボード

キーリピートを設定する

KBDREPEAT DELAY,PERIOD

キーボードのキーリピートの設定を行います。[DELAY]でキーリピートを開始するまでの時間を設定し、[PERIOD]でキーリピートの間隔を設定します。単位は共に、ミリ秒です。一度設定を行うと、再度設定を変更するまで設定は保存されます。

指定する内容		範囲
DELAY	キーリピートを開始するまでの時間（ミリ秒）	100～1000
PERIOD	キーリピートの間隔（ミリ秒）	1～1000

キーリピートの設定を取得する

KBDREPEAT OUT DELAY,PERIOD

キーボードのキーリピートの設定に関する値を取得します。

変数	戻り値
DELAY	キーリピートを開始するまでの時間（ミリ秒）
PERIOD	キーリピートの間隔（ミリ秒）

マウスの移動量を取得する

MOUSEMOV OUT X移動量,Y移動量[,ホイール縦移動量][,ホイール横移動量]

接続されているマウスの移動量を取得し、指定の変数に代入します。

変数	戻り値
X移動量	マウスのX（横軸）方向の移動量
Y移動量	マウスのY（縦軸）方向の移動量
ホイール縦移動量	マウスホイールの縦軸方向の移動量
ホイール横移動量	マウスホイールの横軸方向の移動量

マウスのボタンの状態を取得する

変数=MOUSEBTN()

接続されているマウスのボタンの状態を取得し、指定の変数に代入します。戻り値は、左ボタンON=[1]、右ボタンON=[2]、中ボタンON=[4]として、押されているボタンの論理和が戻ります。

戻り値	マウスのボタンの状態		
	左ボタン	右ボタン	中ボタン
1	ON	OFF	OFF
2	OFF	ON	OFF
3	ON	ON	OFF
4	OFF	OFF	ON
5	ON	OFF	ON
6	OFF	ON	ON
7	ON	ON	ON

タッチパネルの現在のタッチ数を取得する

変数=TOUCHCOUNT()

接続されているタッチパネルのタッチ数を取得します。

指定する内容	
変数	タッチパネルのタッチ数を代入する数値変数

タッチパネルのタッチ情報を取得する

TOUCH [ID[,座標系]] OUT TM,X,Y

接続されているタッチパネルでタッチされた箇所の情報を取得し、指定された変数に代入します。

指定する内容	
ID	タッチの情報を取得するデバイスのID番号（省略時=[0]）
座標系	タッチ座標の基準となる座標を指定する。省略時は[0] [0]=SmileBASIC-R上での絶対座標、[1]=デバイス上での絶対座標

変数	戻り値
TM	タッチが開始されてからのフレームカウント数
X	タッチされた箇所のX座標
Y	タッチされた箇所のY座標

接続されているコントローラのボタンの状態を取得する

変数=BUTTON([機能ID[,ボタンID[,コントローラーID]]])

接続されているコントローラのボタンの状態を取得します。[機能ID]で調べたい状態を設定し、[ボタンID]で調べたいボタンを、[コントローラID]で調べたいコントローラを設定します。

機能IDの内容	
0	押され続けている状態（省略時=[0]）
1	押された瞬間（リピート機能あり）
2	押された瞬間（リピート機能なし）
3	離された瞬間

ボタンIDの内容	
-1	全てのボタンIDの状態を32ビットで返す。各ビットがボタンの状態に対応する（省略時=[-1]）
0～31	特定のボタンIDの状態を返す

コントローラIDの内容	
-1	キーボード
0	すべてのコントローラの合成値を戻す（省略時=[0]）
1～4	各IDに対応するコントローラ

[ボタンID]の設定には、定数を使用すると便利です。調べるのがコントローラの場合、指定できる定数は下の表の通りです。

定数名	数値	チェックされるコントローラのボタン
#BID_UP	0	上
#BID_DOWN	1	下
#BID_LEFT	2	左
#BID_RIGHT	3	右
#BID_A	4	A
#BID_B	5	B
#BID_X	6	X
#BID_Y	7	Y
#BID_LB	8	LB
#BID_RB	9	RB
#BID_START	10	START
#BID_LT	11	LT
#BID_RT	12	RT
#BID_BACK	13	BACK
#BID_LS	14	左スティック押し込み
#BID_RS	15	右スティック押し込み
#BID_HOME	16	HOME

[ボタンID]で0～31で特定のボタンを指定した場合、変数に代入される戻り値は、[0]＝押されていない、もしくは[1]＝押されているになります。
コントローラがキーボード含め何も接続されていない場合は、どのような場合でも必ず[0]が戻り値となります。
[ボタンID]で[-1]を指定したり、[コントローラID]で[-1]を指定した場合は、戻り値の各ビットに次ページの内容を[0][1]で取得し、値を戻します。

戻り値のbit	チェックされるコントローラのボタン	チェックされるキーボードのキー
b00	上	↑
b01	下	↓
b02	左	←
b03	右	→
b04	A	SHIFT,SPACE,ENTER
b05	B	CTRL,Z
b06	X	WIN,X
b07	Y	ALT,C
b08	LT	F1
b09	LB	F2
b10	RT	F3
b11	RB	F4
b12	START	N
b13	BACK	B
b14	左スティック押し込み	K
b15	右スティック押し込み	L
b31	―	SHIFT

┌→ハードウェアボタンのリピートを設定する
BREPEAT ボタンID[,開始時間,インターバル]

指定したボタンにリピートを設定します。リピートを開始するまでの時間、1回ごとのリピートの間隔を設定できます。[開始時間]と[インターバル]を省略すると、リピートをオフにします。

指定する内容		範囲
ボタンID	リピートを指定するボタンID。数値または定数で指定可能	0～31
開始時間	ボタンが押されてからリピートを開始するまでの時間（フレーム単位）	0～
インターバル	1回ごとのリピートの間隔（フレーム単位）	0～ ※[0]を指定でリピートをオフ

┌→コントローラのアナログ量の情報を取得する
STICK [スティックID[,コントローラーID]] OUT X,Y[,Z]

指定したIDのコントローラのアナログ量情報を読み込み、変数に代入します。返される値は[-1]～[＋1]の間になり、[X]（左右）方向は左が、[Y]（上下）方向は上がマイナスになります。

指定する内容		範囲	省略時
スティックID	スティックのIDまたは定数で情報を取得したいデバイスを指定する	0～15	0
コントローラID	情報を取得するコントローラを指定する	-1～4	0

コントローラIDの内容	
-1	キーボード
0	すべてのコントローラの合成値を戻す（省略時=[0]）
1～4	各IDに対応するコントローラ

変数	戻り値
X	X軸（左右）方向のアナログ量情報
Y	Y軸（上下）方向のアナログ量情報
Z	[XINPUT]の場合は[LT][RT]ボタンのアナログ量情報

[スティックID]には以下の定数が指定として使用可能です。

定数名	数値	チェックされるコントローラのボタン
#SID_L	0	左スティック
#SID_R	1	右スティック

コントローラでキーボードを参照した場合、以下のキーを参照して値を戻します。

入力[X,Y]	左スティックとしてのキー入力	右スティックとしてのキー入力
上 [0,-1]	W	↑
下 [0,1]	S	↓
左 [-1,0]	A	←
右 [0,1]	D	→

┌→XInput/DirectInputのモードを切換える
PADMODE MODE[,POV]

コントローラの入力情報を収集するAPIの切り替えを行う命令です。[XInput]モードと、[DirectInput]モードのどちらかに設定することができます。[POV]でハットスイッチの割り当てを指定できます。

MODEで指定する内容		
数値	指定されるモード	スティックパターン
0	XInput	xyz,xyz,xy
1	DirectInput	xy,xy,xy
2	DirectInput	xy,yx,xy

POV（ハットスイッチ）で指定する内容	
指定されるモード	範囲（省略時は[2]）
XInput	0～10
DirectInput	0～15

┌→XInput/DirectInputのモードを取得する
PADMODE OUT MODE,POV

コントローラのAPIモードと、ハットスイッチの割り当てを調べ、指定された変数に代入します。

変数	戻り値
MODE	上記の[PADMODE]の割り当てに準じた数値が戻り値となる
POV	ハットスイッチの割り当てが戻り値となる（コントローラのモードにより、戻り値の範囲が異なる。上記参照）

┌→BUTTON命令へのコントローラのボタン割り当てを行う
PADASSIGN 論理ID,物理ID

APIが[DirectInput]の時、コントローラの各ボタンへ論理IDの割り当てを行うための命令です。コントローラの[物理ID]ボタンに、[論理ID]を割り当てます。[論理ID]は、数値もしくは定数で指定します。

例えば [PADASSIGN #BID_A,2]であれば、コントローラの[物理ID]が[2]のボタンを、[BUTTON]命令で状態を取得する際の[ボタンID]を、[4]として扱うように設定します。

一度設定を行うと、[PADASSIGN]命令で変更するまで設定は保存されます。

指定する内容		範囲
論理ID	BUTTON命令で参照する[ボタンID]	0～31
物理ID	コントローラで設定されているボタン番号	0～32（0は無効）

┌→指定した論理IDに割り当てられているコントローラボタンの物理IDを取得する
PADASSIGN 論理ID OUT 物理ID

指定した論理IDに割り当てられているコントローラボタンの物理IDを取得し、戻り値として指定された変数に代入します。

指定する内容		範囲
論理ID	[物理ID]を調べたい[論理ID（ボタンID）]	0～31

変数	戻り値
物理ID	[論理ID（ボタンID）]が割り振られているボタン番号

┌→接続されたタブレットから状態を取得する
TABLETSTAT OUT X座標,Y座標,筆圧[,種別][,接触面距離][,ボタン]

ラズベリーパイに接続されたタブレットデバイスから、現在の状態を取得し、指定された変数に代入します。取得される数値は、デバイスの種類によって異なります。

変数	戻り値		
X座標	横方向のスタイラス位置を受け取る変数（タブレットが返す生値）		
Y座標	縦方向のスタイラス位置を受け取る変数（タブレットが返す生値）		
筆圧	スタイラスの筆圧を受け取る変数（タブレットが返す生値） ※筆圧非対応のスタイラスの場合は、接触時に取れる範囲の最大値を返す		
種別	スタイラスのどちら側でタブレットに触れているかを受け取る変数	1	ペン側
		2	消しゴム側
接触面距離	スタイラスの接触面からの高さを受け取る変数		
ボタン	スタイラスのどちら側でタブレットに触れているかを受け取る変数。[1]=ボタン1、[2]=ボタン2の論理和で値を戻す	0	押されていない
		1	ボタン1
		2	ボタン2
		3	ボタン1+2

86

ファイルへの読み書き・一覧所得などの命令

保存されたプログラムやデータのファイルを取り扱うのがこの命令です。ファイルの読み込み、保存に使用する[LOAD][SAVE]命令などがあります。基本的にはダイレクトモードでも使用可能です。

◆ファイル一覧をコンソール画面に表示する

FILES ["フォルダ名"]

現在の作業フォルダ内のファイルを調べ、ファイル一覧をコンソール画面に表示します。[フォルダ名]を指定すると、そのフォルダ内のファイル一覧を表示します。

実行結果としてシステム変数[RESULT]に値が格納されます。[RESULT]の値は、成功時は[1]、失敗時は[0]となります。

指定する内容	
フォルダ名	ファイル一覧を表示したいフォルダ名

◆ファイル一覧を文字列配列に取得する

FILES ["フォルダ名",]文字列配列

現在の作業フォルダ内のファイルを調べ、ファイル名を文字列配列に順に代入します。[フォルダ名]を指定すると、そのフォルダ内のファイル一覧を文字列配列に代入します。

実行結果としてシステム変数[RESULT]に値が格納されます。[RESULT]の値は、成功時は[1]、失敗時は[0]となります。

指定する内容	
フォルダ名	ファイル一覧を表示したいフォルダ名
文字列配列	取得したファイル名を格納する文字列配列。1次元配列のみ使用可能で、要素数が不足していても自動的に拡張される

◆ファイルを指定のリソースに読み込む

LOAD "[リソース名:]ファイル名"

[リソース名:]で指定したプログラムSLOTやグラフィックページに[ファイル名]のファイルを読み込みます。プログラム内で使用する場合は、実行中のプログラムSLOTに読み込むことはできません。読み込み先の内容は置き換えられてしまいますので、必要であれば事前に[SAVE]命令で保存を行ってください。また、他のプログラムSLOTにプログラムを読み込み、その中の変数、ラベル、命令を参照する場合は、一度[RUN][EXEC]命令で実行するか、[USE]命令で使用可能にしておく必要があります。

プログラムファイルはプログラムSLOTにしか読み込めません。

実行結果としてシステム変数[RESULT]に値が格納されます。[RESULT]の値は、成功時は[1]、失敗時は[0]、キャンセル時は[-1]となります。

リソース名	対象
省略時	カレントプログラムSLOT
"PRG0:"～"PRG3:"	プログラムSLOT（"PRG" で "PRG0:" と同じ指定となる）
"GRP0:"～"GRP3:"	グラフィックページ
"GRPF:"	フォント用の画像ページ

◆画像ファイルを読み込む

LOAD "GRPリソース名:ファイル名"[,OX,OY]

[GRRリソース名:]で指定したグラフィックページに[ファイル名]の画像ファイルを読み込みます。[OX][OY]を指定すると、その座標をオフセット座標として読み込みます。この際、グラフィックページからはみ出す部分は無視されます。

実行結果としてシステム変数[RESULT]に値が格納されます。[RESULT]の値は、成功時は[1]、失敗時は[0]、キャンセル時は[-1]となります。

指定する内容		範囲
GPRリソース名	画像ファイルを読み込むグラフィックページ	"GRP0:"～"GRP3:","GRPF:"
OX	読み込みを行うオフセット座標（X座標）	0～1279
OY	読み込みを行うオフセット座標（Y座標）	0～1023

◆テキストファイルを文字列変数に読み込む

LOAD "TXT:ファイル名" OUT TX$

指定したテキストファイルを文字列変数に読み込みます。プログラムファイルを読み込むと、行番号単位で改行された文字列として読み込まれます。

実行結果としてシステム変数[RESULT]に値が格納されます。[RESULT]の値は、成功時は[1]、失敗時は[0]、キャンセル時は[-1]となります。

指定する内容	
ファイル名	文字列変数に読み込むテキストファイル名
TX$	読み込んだファイルを格納する文字列変数、文字列

◆バイナリーファイルを数値配列変数に読み込む

LOAD "DAT:ファイル名", 数値配列

指定したバイナリーファイルの内容を数値配列に読み込みます。読み込む要素数が足りなかった場合でも、自動的に配列の要素数が拡張されます。

実行結果としてシステム変数[RESULT]に値が格納されます。[RESULT]の値は、成功時は[1]、失敗時は[0]、キャンセル時は[-1]となります。

指定する内容	
ファイル名	数値配列に読み込むバイナリーデータファイル名
数値配列	読み込んだデータを格納する数値配列

◆バイナリーファイルを数値配列変数に読み込む

LOAD "RAW:ファイル名", 数値配列

指定したバイナリーファイルの内容を1バイトを1要素として数値配列に読み込みます。読み込む要素数が足りなかった場合でも、自動的に配列の要素数が拡張されます。

実行結果としてシステム変数[RESULT]に値が格納されます。[RESULT]の値は、成功時は[1]、失敗時は[0]、キャンセル時は[-1]となります。

指定する内容	
ファイル名	数値配列に読み込むバイナリーデータファイル名
数値配列	読み込んだデータを格納する数値配列

◆指定のリソースファイルを保存する

SAVE "[リソース名:]ファイル名"

[リソース名:]で指定したプログラムSLOTやグラフィックページのデータを[ファイル名]のノファイルとして保存します。

保存するフォルダ内に、同じ名前の[フォルダ]がある場合は、保存することはできません。また、同じ名前の[ファイル]がある場合は、元のファイルは[@BACKUP.リソース名]として保存され、新しいファイルが上書きされます。

実行結果としてシステム変数[RESULT]に値が格納されます。[RESULT]の値は、成功時は[1]、失敗時は[0]、キャンセル時は[-1]となります。

リソース名	対象
省略時	カレントプログラムSLOT
"PRG0:"～"PRG3:"	プログラムSLOT（"PRG" で "PRG0:" と同じ指定となる）
"GRP0:"～"GRP3:"	グラフィックページ
"GRPF:"	フォント用の画像ページ

◆文字列変数をテキストファイルとして保存する

SAVE "TXT:ファイル名",文字列変数

指定した文字列変数もしくは文字列を[ファイル名]のテキストファイルとして保存します。

保存するフォルダ内に、同じ名前の[フォルダ]がある場合は、保存することはできません。また、同じ名前の[ファイル]がある場合は、元のファイルは[@BACKUP.TXT]として保存され、新しいファイルが上書きされます。

実行結果としてシステム変数[RESULT]に値が格納されます。[RESULT]の値は、成功時は[1]、失敗時は[0]、キャンセル時は[-1]となります。

指定する内容	
ファイル名	保存する際ファイルに付ける名前
文字列変数	ファイルに保存する要素の入った文字列変数、文字列

◆数値配列をバイナリーファイルとして保存する

SAVE "DAT:ファイル名",数値配列

指定した数値配列を[ファイル名]のバイナリーファイルとして保存します。

保存するフォルダ内に、同じ名前の[フォルダ]がある場合は、保存することはできません。また、同じ名前の[ファイル]がある場合は、元のファイルは[@BACKUP.DAT]として保存され、新しいファイルが上書きされます。

実行結果としてシステム変数[RESULT]に値が格納されます。[RESULT]の値は、成功時は[1]、失敗時は[0]、キャンセル時は[-1]となります。

指定する内容	
ファイル名	保存する際ファイルに付ける名前
数値配列	ファイルに保存する要素の入った数値配列

SmileBASIC-R 命令リファレンス　ファイルへの読み書き・一覧所得

◆数値配列の1要素を1バイトとしたバイナリーファイルを保存する
SAVE "RAW:ファイル名",数値配列

指定した数値配列を1つの要素につき1バイトのデータと見立て、[ファイル名]のバイナリーファイルとして保存します。

保存するフォルダ内に、同じ名前の[フォルダ]がある場合は、保存することはできません。また、同じ名前の[ファイル]がある場合は、元のファイルは[@BACKUP.RAW]として保存され、新しいファイルが上書きされます。

実行結果としてシステム変数[RESULT]に値が格納されます。[RESULT]の値は、成功時は[1]、失敗時は[0]、キャンセル時は[-1]となります。

指定する内容	
ファイル名	保存する際ファイルに付ける名前
数値配列	ファイルに保存する要素の入った数値配列

◆ファイル名を変更する
RENAME "ファイル名","新ファイル名"

現在の作業フォルダ内にある指定された名前のファイルを、別のファイル名に変更します。

実行結果としてシステム変数[RESULT]に値が格納されます。[RESULT]の値は、成功時は[1]、失敗時は[0]となります。

指定する内容	
ファイル名	変更したいファイルの名前
新ファイル名	新しく付けるファイルの名前

◆ファイルを消去する
DELETE "ファイル名"

現在の作業フォルダ内にある指定された名前のファイルをを消去します。

実行結果としてシステム変数[RESULT]に値が格納されます。[RESULT]の値は、成功時は[1]、失敗時は[0]となります。

指定する内容	
ファイル名	削除したいファイルの名前

◆プログラムファイルを読み込み実行する
EXEC "[PRGリソース名:]ファイル名" [,"復帰ファイル名"]

指定したプログラムSLOTにファイルを読み込み、実行します。この命令はダイレクトモードでは実行できません。

[復帰ファイル名]を指定した場合は、実行後、その名前のファイルをさらに読み込んで実行します。この復帰階層は16階層までで、それを超えるとエラーとなります。

復帰時のカレントパスは、直下のパスとなります。

実行結果としてシステム変数[RESULT]に値が格納されます。[RESULT]の値は、成功時は[1]、失敗時は[0]となります。

指定する内容		範囲	省略時
RGリソース:	ファイルを読み込むプログラムSLOTを指定する	PRG0:〜PRG3:	PRG0:
ファイル名	読み込むファイル名	—	省略不可
復帰ファイル名	実行後に復帰するプログラムとして読み込むファイル名	—	—

◆プログラムSLOTのファイルを実行する
EXEC プログラムSLOT番号

指定したプログラムSLOTのプログラムを実行します。実行後は[END]で元のプログラムに復帰します。この命令はダイレクトモードでは実行できません。

指定する内容		範囲
プログラムSLOT番号	実行するプログラムSLOTを指定する	0〜3

◆プログラムSLOTの内容を実行可能な状態にする
USE プログラムSLOT番号

指定したプログラムSLOTの内容を実行可能にします。これにより別プログラムからラベルを参照して呼び出したりすることが可能になります。[EXEC]命令と異なり、プログラムの実行は行いません。この命令はダイレクトモードでは実行できません。

指定する内容		範囲
プログラムSLOT番号	実行可能にするプログラムSLOTを指定する	0〜3

◆指定したプログラムSLOTにプログラムをロードし実行する
USE "[PRGリソース名:]ファイル名"

[PRGリソース名:]で指定したプログラムSLOTに、ファイルを読み込みます。さらに読み込まれたプログラムSLOTを実行可能にして、プログラムを実行します。この命令はダイレクトモードでは実行できません。

指定する内容		範囲	省略時
PRGリソース名:	ファイルを読み込むプログラムSLOTを指定する	PRG0:〜PRG3:	PRG0:
ファイル名	読み込むファイル名	—	省略不可

◆指定したファイルが存在するかどうかをチェックする
変数=CHKFILE("ファイル名")

指定した[ファイル名]のファイルが、現在の作業フォルダに存在しているかどうかをチェックし、その結果を戻り値として変数に代入します。

指定する内容	
ファイル名	チェックしたいファイルの名前

戻り値	戻り値の意味
0	指定された名前の[ファイル]も[フォルダ]も存在しない
1	指定された名前の[ファイル]が存在する
2	指定された名前の[フォルダ]が存在する

◆指定したファイルを別の名前で複製する
FCOPY "元ファイル名","新しい名前"

[元ファイル名]のファイルを[新しい名前]のファイルとして複製し、フォルダ内に保存します。

実行結果としてシステム変数[RESULT]に値が格納されます。[RESULT]の値は、成功時は[1]、失敗時は[0]となります。

指定する内容	
元ファイル名	複製するファイルの名前
新しい名前	複製して保存する際のファイル名

◆現在の作業フォルダに新しいフォルダを作る
MKDIR "フォルダ名"

指定された名前のフォルダを作成します。

実行結果としてシステム変数[RESULT]に値が格納されます。[RESULT]の値は、成功時は[1]、失敗時は[0]となります。

指定する内容	
フォルダ名	作成したいフォルダの名前（フォルダ名／サブフォルダ名）

◆現在の作業フォルダ内のフォルダを消去する
RMDIR "フォルダ名"

指定された名前のフォルダを消去します。消去するフォルダ内にファイルがある場合は消去できません。

実行結果としてシステム変数[RESULT]に値が格納されます。[RESULT]の値は、成功時は[1]、失敗時は[0]となります。

指定する内容	
フォルダ名	消去したいフォルダの名前（フォルダ名／サブフォルダ名）

◆作業フォルダを変更する
CHDIR "フォルダ名"

作業フォルダを指定したフォルダに変更します。

実行結果としてシステム変数[RESULT]に値が格納されます。[RESULT]の値は、成功時は[1]、失敗時は[0]となります。

指定する内容	
フォルダ名	新しい作業フォルダの名前（フォルダ名／サブフォルダ名）

◆現在の作業フォルダ名を取得する
文字列変数=CHDIR()

現在使用している作業フォルダの名前を[フォルダ名／サブフォルダ名]の文字列で取得し、戻り値として文字列変数に代入します。

指定する内容	
文字列変数	作業フォルダの名前を代入する文字列変数

◆シェルコマンドを実行する

文字列変数=SYSTEM$("コマンド"[,["標準入力の文字列"][,"実行ユーザー名"]])

指定したシェルコマンドを実行します。終了コードはシステム変数[RESULT]に値が格納されます。[変数]には標準出力の文字列が代入されます。

	指定する内容	省略時
文字列変数	標準出力の文字列を代入する文字列変数	―
コマンド	実行するシェルコマンド	省略不可
標準入力の文字列	標準入力として使用する文字列	なし
実行ユーザー名	実行ユーザー名として使用する文字列	pi

◆SMILEツールのファイルパスの設定

SMILESET 番号[,ファイル名]

指定した[番号]のSMILEツールを実行する際のファイルパスを、指定の[ファイル名]に変更します。設定した内容は、再度変更するまで保存されます。

[ファイル名]を省略すると、解除され、デフォルトの設定に戻ります。フォルダを相対パスで指定した場合は、絶対パスに変換して設定します。また、SMILEツール実行時のカレントパスは、実行時の直下になります。

指定したファイルが存在しない場合はエラーとなり、変更はされません。

	指定する内容	範囲	省略時
番号	ファイルを設定するSMILEツールの番号	1,2	
ファイル名	実行するファイル名。パス指定も可	―	デフォルトに戻す

◆SMILEツールのファイルパスを取得する

SMILESET 番号 OUT ファイル名

指定した[番号]のSMILEツールを実行する際のファイルパスを取得し、戻り値として戻します。

	指定する内容	範囲
番号	実行するファイルパスを取得するSMILEツールの番号	1,2
ファイル名	実行するファイルパスを代入する文字列変数	―

◆SmileBASIC-R 起動時の自動実行ファイルを設定する

AUTOEXEC [番号]

SmileBASIC-Rを起動した際に実行する、SMILEツールの番号を設定します。設定は再度変更しない限り保存されます。

	指定する内容	範囲	省略時
番号	実行SMILEツールの番号	1,2	[Pi STARTER]が設定される

◆SmileBASIC-R 起動時の自動実行ファイルのツール番号を取得する

変数=AUTOEXEC()

SmileBASIC-Rを起動した際に実行する、SMILEツールの番号を取得し、戻り値として変数に代入します。

戻り値	戻り値の意味
-1	Pi STARTERが設定されている
0	無効(起動時実行ファイルが設定されていない)
1	SMILEツール[1]が起動時実行に設定されている
2	SMILEツール[2]が起動時実行に設定されている

SMILE BASIC technology 89

SmileBASIC-R 命令リファレンス ファイルへの読み書き・一覧所得

画面の表示モードなどに関する命令

コンソール画面以外のグラフィック画面やスプライト表示の制御をするのがこのスクリーン制御命令です。画面モードの切り替えや、表示命令で操作する対象の画面の指定などを行います。

◆画面表示を指定された解像度とアスペクト比に切り替える

XSCREEN 水平解像度, 垂直解像度[,アスペクト比]

画面表示を[水平解像度][垂直解像度]で指定された解像度に、画面のアスペクト比を[アスペクト比]で指定されたものに切り替えます。実際の画面に対して、指定した画面表示では余白が生じる場合、余白には[BACKCOLOR]が表示されます。

指定する内容		範囲
水平解像度	画面表示の横ドット数	128～1280 (8の倍数で指定)
垂直解像度	画面表示の縦ドット数	128～720 (8の倍数で指定)
アスペクト比	画面表示の[垂直解像度／水平解像度]の値	―

◆現在の画面表示の解像度とアスペクト比を取得する

XSCREEN OUT 水平解像度, 垂直解像度, アスペクト比

現在の画面表示として設定されている[水平解像度][垂直解像度][アスペクト比]を取得し、指定された数値変数に代入します。

変数	戻り値
水平解像度	画面表示の横ドット数
垂直解像度	画面表示の縦ドット数
アスペクト比	画面表示の[垂直解像度／水平解像度]の値

◆画面に表示する要素のON／OFFを切り替える

VISIBLE コンソール,グラフィック,スプライト

各表示要素を画面に表示するかどうかを指定します。指定要素の省略はできません。[コンソール]は非表示にしていても、[DIRECTモード]では自動的に表示状態になります。

指定する内容	
各要素	[0]=表示しない、[1]=表示する

◆画面の背景色を設定する

BACKCOLOR 背景色

画面の背景色をRGB各8ビット(16進数で2桁)の数値で指定します。通常は[RGB]関数を使って、[RGB(64,128,128)]のように指定するとわかりやすいですが、直接[&HFF408080]のように指定することもできます。

指定する内容	
背景色	背景色にしたい色を指定する。RGB関数で指定→RGB (A,R,G,B) 16進数で指定→&HAARRGGBB　※Aは省略可能、AAは省略不可 ※R,G,Bは各色の成分、Aは&HFF (255)なら不透明でそれ以外は透明になる

◆現在の背景色の色コードを取得する

変数=BACKCOLOR()

現在の背景色の色コードを取得し、戻り値として返します。取得した値を[HEX$]で変換すれば、[AARRGGBB]の文字列で値を得ることができます。

戻り値
背景色の色コード。[&HAARRGGBB]で色成分を返す

◆描画設定をSmileBASIC-R起動時の状態に戻す

ACLS [GR,SP,FN]

画面表示をリセットし、起動時の状態に戻します。スプライト設定用のデータ、フォントデータもデフォルトのものにリセットされます。また、3つの要素について保存フラグが立てられ、フラグを[TRUE]にした場合は、その要素はリセットされません。保存フラグを設定する場合は、要素の省略はできません。

各保存フラグの内容	
GR	GCLSを行ない、SPRITE定義用画像を初期化　※[TRUE]=しない
SP	SPDEFの定義を初期化　※[TRUE]=しない
FN	フォントの定義を初期化　※[TRUE]=しない

◆画面全体を指定色で覆う

FADE フェード色[,フェード時間]

画面全体を[フェード色]で覆い隠します。[フェード色]は[BACKCOLOR]と同様に、[RGB]関数か[&H]で指定しますが、[BACKCOLOR]と異なり、不透明値[A]が表示に影響し、省略できません。[フェード時間]を指定すると、指定した時間をかけて、画面を覆う色を現在のフェード色から指定した[フェード色]に変化させます。時間の単位はフレーム数です。

[FADE RGB(0,0,0,0)]を実行すると、フェーダ(覆い隠し)は無効となります。[FADE]命令で画面を色で覆ってもコンソール画面やグラフィック画面に影響はありません。

指定する内容	
フェード色	フェード色にしたい色を指定する。RGB関数で指定→RGB (A,R,G,B) 16進数で指定→&HAARRGGBB ※R,G,Bは各色の成分、Aは&HFF (255)なら不透明でそれ以外は透明になる
フェード時間	指定した[フェード色]で覆うまでの時間。単位はフレーム数

◆画面を覆っている色のコードを取得する

変数=FADE()

現在の背景色の色コードを取得し、戻り値として返します。取得した値を[HEX$]で変換すれば、[AARRGGBB]の文字列で値を得ることができます。

戻り値
画面を覆っているフェード色の色コード。[&HAARRGGBB]で色成分を返す

◆フェードアニメーションの状態を取得する

変数=FADECHK()

フェードアニメーションが行われている最中かどうかをチェックし、結果を戻り値として返します。行われていない=[0](FALSE)、行われている[1](TRUE)が値として返ります。

戻り値
フェードアニメーションの状態。行われていない=[0](FALSE)、行われている[1](TRUE)

グラフィックページへの描画命令

グラフィック画面には、ここから紹介する命令で、線や矩形を描画したりすることができます。また[GSAVE]命令を使って、グラフィック画面の内容を配列に移したりすることもできます。

表示するグラフィックページと操作するグラフィックページを指定する

GPAGE 表示ページ,操作ページ

画面上に表示するグラフィックページと、命令で操作するページを指定します。違うページも指定できるので、画面にグラフィックページを映しながら、別のグラフィックページを見えない状態で書き換えることも可能です。

[GRP3:]は、初期状態ではスプライト画像用データが割り当てられています。

指定する内容		範囲
表示ページ	画面に表示するページ	0～3 ※[GRP0:]～[GRP3:]に対応
操作ページ	命令で操作するページ	-1 ※[GRPF:]に対応

表示するグラフィックページと操作するグラフィックページ番号を取得する

GPAGE OUT VP,WP

画面上に表示するグラフィックページと、命令で操作するページが、いまどのグラフィックページ番号に設定されているかを取得し、変数に代入します。戻り値は[0～3]=[GRP0:]～[GRP3:]、[-1]=[GRPF:]になります。

戻り値	
VP	画面に表示するグラフィックページ番号
WP	命令で操作するグラフィックページ番号

グラフィックで描画する色を指定する

GCOLOR 描画色

グラフィック命令で描画する色を指定します。通常は[RGB]関数を使って、[RGB(64,128,128)]のように指定するとわかりやすいですが、直接[&HFF408080]のように指定することもできます。

	指定する内容
描画色	描画色にしたい色を指定する。RGB関数で指定→RGB (A,R,G,B) 16進数で指定→&HAARRGGBB ※Aは省略可能、AAは省略不可 ※R,G,Bは各色の成分、Aは&HFF (255) なら不透明でそれ以外は透明になる

グラフィック描画色の色コードを取得する

GCOLOR OUT GS

現在のグラフィック命令での描画色を取得し、戻り値として返します。戻り値は透明度も含めた[&HAARRGGBB]の形式となります。

戻り値
現在のグラフィック描画色の色コード。[&HAARRGGBB]の形式で色成分を返す

RGBの色コードを変換する

変数=RGB([透明度,]赤要素,緑要素,青要素)

[A][R][G][B]各8ビット(16進数で2桁)の値を指定し、色コードに変換します。[A]を省略した場合は不透明になります。[A]は通常は[255]=[不透明]でそれ以外は透明になりますが、スプライトとフェード色に設定する場合のみ[0]～[254]で透明度を段階的に調整できます。

	指定する内容	範囲	省略時
A	透明度 ([255]=不透明)	0～255	255
R,G,B	各色の成分	&H00～&HFF	省略不可

RGBの色コードを各成分に分解する

RGBREAD 色コード OUT [A,]R,G,B

参照する色コードから、[A][R][G][B]の各成分を8ビット(16進数で2桁)の数値で取得し、それぞれ対応する変数に代入します。代入する変数が3つしかない場合は、透明度を省いて処理を行います。

	指定する内容	省略時
色コード	成分を調べたい色コード	省略不可
A,R,G,B	各成分を入れる数値変数	Aのみ省略可

グラフィックページのクリッピング領域を指定する

GCLIP クリップモード[,始点X,始点Y,終点X,終点Y]

グラフィックページのクリッピング領域を指定します。画面上のどの範囲にグラフィックページを表示するかと、グラフィックページのどの部分にだけ描画を行うかという2種類の指定ができます。

クリッピング領域の指定を省略した場合は、[表示]の場合は画面全体、[書き込み]の場合は、グラフィックページ全体が指定されます。

	指定する内容
クリップモード	クリッピング指定をするモード。[0]=表示クリッピング、[1]=書き込みクリッピング
始点X	クリッピング領域の始点[X]座標
始点Y	クリッピング領域の始点[Y]座標
終点X	クリッピング領域の終点[X]座標
終点Y	クリッピング領域の終点[Y]座標

グラフィック表示画面の表示順位を変更する

GPRIO Z座標

グラフィック表示画面の表示順位を指定します。

	指定する内容	範囲
Z座標	画面の表示順位。数が大きいほど奥になる。[0]で液晶面	−256～1024

グラフィックページを指定色で塗りつぶす

GCLS [色コード]

操作中のグラフィックページの描画範囲全体を指定した[色コード]で塗りつぶします。[色コード]を省略すると全体を消去します。(グラフィック画面が透明な状態)

	指定する内容
色コード	塗りつぶしたい色を指定する。RGB関数で指定→RGB (A,R,G,B) 16進数で指定→&HAARRGGBB ※Aは省略可能、AAは省略不可 ※R,G,Bは各色の成分、Aは&HFF (255) なら不透明でそれ以外は透明になる

操作中のグラフィックページの指定位置の色を調べる

変数=GSPOIT(座標X,座標Y)

操作中のグラフィックページの、指定した座標位置の色を調べ、戻り値として戻します。戻り値は透明度も含めた[&HAARRGGBB]の形式となります。

	指定する内容	範囲
座標X	色を調べたいグラフィックページのX座標	0～1279
座標Y	色を調べたいグラフィックページのY座標	0～1023

戻り値
その座標のグラフィック描画色の色コード。[&HAARRGGBB]の形式で色成分を返す

グラフィックページの指定位置にドットを描画する

GPSET 座標X,座標Y[,色コード]

操作中のグラフィックページの指定した座標に、指定色のドットを打ちます。[色コード]は[GCOLOR]と同様の指定となります。[色コード]を省略した場合は、現在の描画色でドットを打ちます。

	指定する内容	範囲	省略時
座標X	ドットを描きたいグラフィックページ上のX座標	0～1279	省略不可
座標Y	ドットを描きたいグラフィックページ上のY座標	0～1023	
色コード	打ちたいドットの色 (ARGB各8ビットで指定された色コード)	—	現在の描画色

グラフィックページに直線を引く
GLINE 始点X,始点Y,終点X,終点Y[,色コード]

操作中のグラフィックページの指定した始点から終点に、指定色の直線を引きます。[色コード]は[GCOLOR]と同様の指定となります。[色コード]を省略した場合は、現在の描画色で線を引きます。

	指定する内容	範囲	省略時
始点X	描きたい線のグラフィックページ上の始点X座標	0～1279	省略不可
始点Y	描きたい線のグラフィックページ上の始点Y座標	0～1023	
終点X	描きたい線のグラフィックページ上の終点X座標	0～1279	
終点Y	描きたい線のグラフィックページ上の終点Y座標	0～1023	
色コード	描きたい線の色 (ARGB各8ビットで指定された色コード)	―	現在の描画色

グラフィックページに円を描く
GCIRCLE 中心点X,中心点Y,半径[,色コード]

操作中のグラフィックページに、指定した座標を中心とした円を描きます。[色コード]は[GCOLOR]と同様の指定となります。[色コード]を省略した場合は、現在の描画色で描きます。

	指定する内容	範囲	省略時
中心点X	描きたいグラフィックページ上の円の中心になるX座標	0～1279	省略不可
中心点Y	描きたいグラフィックページ上の円の中心になるY座標	0～1023	
半径	描きたい円の半径の長さ (ドット単位)	―	
色コード	描きたい円の色 (ARGB各8ビットで指定された色コード)	―	現在の描画色

グラフィックページに円弧を描く
GCIRCLE 中心点X,中心点Y,半径,開始角,終了角[,フラグ[,色コード]]

操作中のグラフィックページに、指定した座標を中心とし、指定の角度の円弧を描きます。[開始角][終了角]は、中心点の右水平方向を[0]として、右回りに増加します。[色コード]は[GCOLOR]と同様の指定となります。[色コード]を省略した場合は、現在の描画色で描きます。

[フラグ]を[1]に指定すると、円弧の両端と中心点を結んだ直線を描き、扇型にすることができます。

	指定する内容	範囲	省略時
中心点X	描きたいグラフィックページ上の円の中心になるX座標	0～1279	省略不可
中心点Y	描きたいグラフィックページ上の円の中心になるY座標	0～1023	
半径	描きたい円の半径の長さ (ドット単位)	―	
開始角	円弧を描き始める角度位置	0～360	
終了角	円弧を描き終える角度位置	0～360	
フラグ	描画を扇型にするかどうか。[1]=扇型描画	0,1	0 (円弧描画)
色コード	描きたい円弧の色 (ARGB各8ビットで指定された色コード)	―	現在の描画色

グラフィックページに長方形を描く
GBOX 始点X,始点Y,終点X,終点Y[,色コード]

操作中のグラフィックページに、指定した始点から終点を対角線とした指定色の長方形を描きます。[色コード]は[GCOLOR]と同様の指定となります。[色コード]を省略した場合は、現在の描画色で描きます。

	指定する内容	範囲	省略時
始点X	描きたい長方形のグラフィックページ上の始点X座標	0～1279	省略不可
始点Y	描きたい長方形のグラフィックページ上の始点Y座標	0～1023	
終点X	描きたい長方形のグラフィックページ上の終点X座標	0～1279	
終点Y	描きたい長方形のグラフィックページ上の終点X座標	0～1023	
色コード	描きたい長方形の色 (ARGB各8ビットで指定された色コード)	―	現在の描画色

グラフィックページの四角形の範囲を塗りつぶす
GFILL 始点X,始点Y,終点X,終点Y[,色コード]

操作中のグラフィックページに、指定した始点から終点を対角線とした長方形部分を塗りつぶします。[色コード]は[GCOLOR]と同様の指定となります。[色コード]を省略した場合は、現在の描画色で描きます。

	指定する内容	範囲	省略時
始点X	塗りつぶしたい長方形のグラフィックページ上の始点X座標	0～1279	省略不可
始点Y	塗りつぶしたい長方形のグラフィックページ上の始点Y座標	0～1023	
終点X	塗りつぶしたい長方形のグラフィックページ上の終点X座標	0～1279	
終点Y	塗りつぶしたい長方形のグラフィックページ上の終点Y座標	0～1023	
色コード	塗りつぶしたい色 (ARGB各8ビットで指定された色コード)	―	現在の描画色

グラフィックページを塗りつぶす
GPAINT 開始点X,開始点Y[,塗りつぶし色[,境界色]]

操作中のグラフィックページの指定した開始点から塗りつぶしを行います。[塗りつぶし色][境界色]は[GCOLOR]と同様の指定となります。[塗りつぶし色]を省略した場合は、現在の描画色で塗りつぶしを行います。

[境界色]を省略した場合は、開始点の座標にある色と同じ色の範囲を塗りつぶします。指定した場合は開始点から[境界色]に達するまでの範囲を塗りつぶします。

	指定する内容	範囲	省略時
開始点X	塗りつぶしを開始したいグラフィックページ上のX座標	0～1279	省略不可
開始点Y	塗りつぶしを開始したいグラフィックページ上のY座標	0～1023	
塗りつぶし色	塗りつぶしたい色 (ARGB各8ビットで指定された色コード)	―	現在の描画色
境界色	塗りつぶしの境界色 (ARGB各8ビットで指定された色コード)	―	開始点の色の範囲を塗る

グラフィックページをコピーし別の場所へペーストする
GCOPY [転送元ページ,]始点X,始点Y,終点X,終点Y,転送先X,転送先Y,コピーモード

操作中のグラフィックページの指定位置に、別の場所にある画像をコピーペーストします。画像の転送元となるグラフィックページは、描画に使用中のグラフィックページと異なるページでもかまいません。

	指定する内容	範囲	省略時
転送元ページ	コピーしたいグラフィックのあるグラフィックページ番号 ※[0]～[3]=[GRP1:]～[GRP3:]、[-1]=[GRPF:]	-1～3	操作中のページ
始点X	コピーしたい長方形範囲の始点X座標	0～1279	省略不可
始点Y	コピーしたい長方形範囲の始点Y座標	0～1023	
終点X	コピーしたい長方形範囲の終点X座標	0～1279	
終点Y	コピーしたい長方形範囲の終点Y座標	0～1023	
転送先X	ペーストしたい場所の左上X座標を指定	0～1279	
転送先Y	ペーストしたい場所の左上Y座標を指定	0～1023	
コピーモード	コピーする際に透明色のドットもコピーするかどうかを指定。 ※[0]…色のAコードが[0]以外の場所をコピー、[1]…すべてをコピー	0,1	

グラフィックページの画像データを配列にコピーする
GSAVE [転送元ページ,][X,Y,幅,高さ,]転送先配列

指定したグラフィックページの、指定範囲の画像データを配列に取り込みます。配列要素1つにつき、1ドットのデータが格納されるので、データを取り込む配列の総要素数は、取り込む範囲のドット数より大きくなくてはいけません。ただし指定した配列が1次元配列だった場合は、取り込むデータ量によって配列が自動的に拡張されます。

グラフィックデータを取り込む際、データの順番は左上から右上へと横方向に取り込まれ、幅の終点まで行くと次のドット行へと取り込む場所を移動します。

	指定する内容	範囲	省略時
転送元ページ	コピーしたいグラフィックのあるグラフィックページ番号 ※[0]～[3]=[GRP1:]～[GRP3:]、[-1]=[GRPF:]	-1～3	操作中のページ
X	コピーしたい長方形範囲の始点X座標	0～1279	省略不可
Y	コピーしたい長方形範囲の始点Y座標	0～1023	
幅	コピーしたい長方形範囲の左右幅	0～1279	
高さ	コピーしたい長方形範囲の上下の高さ	0～1023	
転送先配列	データをコピーする数値配列名	―	

画像データを配列からグラフィックページにコピーする
GLOAD [X,Y,幅,高さ,]画像配列,コピーモード

操作中のグラフィックページの指定範囲に、配列データを画像データとしてコピーします。[コピーモード]が[1]の場合は、透明色もコピーを行います。

[X][Y][幅][高さ]を省略すると現在の描画領域 (クリッピング領域) 全体を描き変えます。

	指定する内容	範囲	省略時
X	コピーを行う長方形範囲の始点X座標	0～1279	現在の描画領域
Y	コピーを行う長方形範囲の始点Y座標	0～1023	
幅	コピーを行う長方形範囲の左右幅	0～1279	
高さ	コピーを行う長方形範囲の上下の高さ	0～1023	
画像配列	コピー元の画像データとなる数値配列名	―	
コピーモード	コピーする際に透明色のドットもコピーするかどうかを指定。 ※[0]…色のAコードが[0]以外の場所をコピー、[1]…すべてをコピー	0,1	省略不可

画像データをインデックス画像配列から色変換しながらグラフィックページにコピーする
GLOAD [X,Y,幅,高さ,] インデックス画像配列,パレット配列,コピーモード

操作中のグラフィックページの指定範囲に、インデックス画像形式で保存されたデータが格納された数値配列データを、パレットデータを元に画像データとしてコピーします。[コピーモード]が[1]の場合は、透明色もコピーを行います。

インデックス画像用の配列は1ドットが配列の1要素となるので、通常の画像形式でもインデックス画像形式でも、同じドット数であれば要素の数は同じになります。また、パレットデータが格納された配列データは、1パレットにつき1要素が必要になります。

[X][Y][幅][高さ]を省略すると現在の描画領域(クリッピング領域)全体を描き変えます。

指定する内容		範囲	省略時
X	コピーを行う長方形範囲の始点X座標	0〜1279	
Y	コピーを行う長方形範囲の始点Y座標	0〜1023	現在の描画領域
幅	コピーを行う長方形範囲の左右幅	0〜1279	
高さ	コピーを行う長方形範囲の上下の高さ	0〜1023	
インデックス画像配列	コピー元の画像データとなる数値配列名	ー	
パレット配列	パレットデータが格納された数値配列名	ー	省略不可
コピーモード	コピーする際に透明色のドットもコピーするかどうかを指定。 ※[0]…色のAコードが[0]以外の場所をコピー、[1]…すべてをコピー	0,1	

グラフィックページに三角形を描いて塗りつぶす
GTRI X1,Y1,X2,Y2,X3,Y3[,色コード]

操作中のグラフィックページに、指定した3点を頂点とする三角形を描き、塗りつぶします。[色コード]は[GCOLOR]と同様の指定で行います。[色コード]を省略した場合は、現在の描画色で描きます。

指定する内容		範囲	省略時
X1,Y1 X2,Y2 X3,Y3	描きたいグラフィック画面上の三角形の各頂点座標	X座標=0〜1279 Y座標=0〜1023	省略不可
色コード	描きたい三角形の色 (ARGB各8ビットで指定された色コード)	ー	現在の描画色

グラフィックページにフォントデータを元に文字を書く
GPUTCHR 座標X,座標Y,"文字列"[,スケールX,スケールY][,色コード]

操作中のグラフィックページの指定位置に、文字を描きます。文字はスケール指定をすることで縦横比を変更できます。

指定する内容		範囲	省略時
座標X	描きたいグラフィックページ上の始点X座標	0〜1279	
座標Y	描きたいグラフィックページ上の始点Y座標	0〜1023	省略不可
文字列	表示する文字列 (文字列変数での指定も可能)	ー	
スケールX	表示する文字の横拡大率。[1]で等倍	ー	[1]=等倍
スケールY	表示する文字の縦拡大率。[1]で等倍	ー	
色コード	描きたい文字色 (ARGB各8ビットで指定された色コード)	ー	現在の描画色

グラフィックページにフォントデータを元に文字コードで指定した文字を書く
GPUTCHR 座標X,座標Y,文字コード[,スケールX,スケールY][,色コード]

操作中のグラフィックページの指定位置に、指定された[文字コード]の文字を描きます。文字はスケール指定をすることで縦横比を変更できます。

指定する内容		範囲	省略時
座標X	描きたいグラフィックページ上の始点X座標	0〜1279	
座標Y	描きたいグラフィックページ上の始点Y座標	0〜1023	省略不可
文字列	表示する文字コード (数値変数での指定も可能)	ー	
スケールX	表示する文字の横拡大率。[1]で等倍	ー	[1]=等倍
スケールY	表示する文字の縦拡大率。[1]で等倍	ー	
色コード	描きたい文字色 (ARGB各8ビットで指定された色コード)	ー	現在の描画色

グラフィックページのオフセット座標を設定する
GOFS X,Y

操作中のグラフィックページのオフセット座標を設定します。

指定する内容	
X	新しく設定するオフセットX座標
Y	新しく設定するオフセットY座標

グラフィックページのオフセット座標を取得する
GOFS OUT X,Y

操作中のグラフィックページのオフセット座標を取得し、指定の数値変数に代入します。

戻り値	
X	操作中のグラフィックページのオフセットX座標
Y	操作中のグラフィックページのオフセットY座標

スプライトの制御命令

SmileBASIC-Rでは、最大512枚のスプライトが使用できます。スプライトは回転、拡大、縮小、優先順位の指定ができ、加算合成による色合成も可能です。

●スプライト定義に使用するグラフィックページを設定する
SPPAGE グラフィックページ

スプライト定義用に使用するグラフィックページを設定します。スプライトは、ここで設定されたグラフィックページの内容を元に表示を行うので、変更するとすべてのスプライトの絵が置き換わります。

指定する内容		範囲
グラフィックページ	スプライト定義に使用したいグラフィックページ番号。初期状態では[3]が指定されている。	0〜3

●スプライト定義に使用しているグラフィックページ番号を取得する
変数=SPPAGE( )

スプライト定義に使用しているグラフィックページ番号が何ページに設定されているかを取得し、戻り値として返します。

戻り値
スプライト定義に使用しているグラフィックページ番号

●スプライト表示のクリッピング領域を指定する
SPCLIP [,始点X,始点Y,終点X,終点Y]

スプライトを表示する、画面のクリッピング領域を指定します。クリッピング領域の指定を省略した場合は、画面全体が指定されます。

	指定する内容
始点X	クリッピング領域の始点[X]座標
始点Y	クリッピング領域の始点[Y]座標
終点X	クリッピング領域の終点[X]座標
終点Y	クリッピング領域の終点[Y]座標

●スプライトで表示するキャラクタ定義用のテンプレートを初期状態に戻す
SPDEF

スプライト定義用のテンプレートをSmileBASIC-R起動時のものに戻します。

●スプライトで表示するキャラクタ定義用のテンプレートを作成する
SPDEF 定義番号, U,V [,W,H [,原点X,原点Y]] [,アトリビュート]

スプライトの基本となる、[定義番号]で呼び出される画像(テンプレート)を定義する命令です。[幅]以降の数値はすべて省略可能で、省略した場合は16ドット×16ドットの大きさ、原点は左上(0,0)、となります。[幅]と[高さ]、[原点X]と[原点Y]は、必ずセットで定義しなくてはなりません。

	指定する内容	範囲	省略時
定義番号	テンプレート定義の番号	0〜4095	省略不可
U	スプライト定義に使用したいグラフィックページ上の画像の左上X座標	0〜1279	
V	スプライト定義に使用したいグラフィックページ上の画像の左上Y座標	0〜1023	
W,H	使用したい画像の幅と高さ ※[U]+[W]は1280、[V]+[H]は1024以下でなくてはならない	—	W,Hともに[16]
原点X,Y	スプライトの座標基準点(ホーム)となる位置。画像の左上からの相対座標を指定	—	X,Yともに[0]
アトリビュート	定義する画像を回転、反転させるなどの加工を指定する	—	1

アトリビュートのbit/内容			システム定数
b00	表示フラグ	[0]=非表示、[1]=表示	#SPSHOW
b01〜b02	0度回転	スプライトの表示画像を時計回りに回転させて設定する ※[00]=0度、[01]=90度、[10]=180度、[11]=270度	#SPROT0
	90度回転		#SPROT90
	180度回転		#SPROT180
	270度回転		#SPROT270
b03	横反転	[1]=表示画像を横に反転	#SPREVH
b04	縦反転	[1]=表示画像を縦に反転	#SPREVV

●スプライトのキャラクタ定義用テンプレートを配列から一括作成する
SPDEF 数値配列 [,定義番号オフセット [,Uオフセット ,Vオフセット]]

数値配列を用いて、スプライトのキャラクタ定義用テンプレートの作成を一括で行う命令です。1個分の要素は[U],[V],[W],[H],[原点X],[原点Y],[アトリビュート]の7つの要素で設定します。このため要素数は必ず7の倍数となります。

[定義番号オフセット]を定義することで、定義番号[0]からでなく、[定義番号オフセット]から定義を開始することができます。

[Uオフセット][Vオフセット]は、数値配列で定義されている[U][V]に加算する、調整用の値です。

	指定する内容	範囲	省略時
数値配列	テンプレート定義用のデータのある配列名	—	省略不可
定義番号オフセット	テンプレート定義の番号に加える数値。この値から定義がスタートする	0〜4095	0
Uオフセット	スプライト定義に使用したいグラフィックページ上の画像の左上座標として、数値配列の[U][V]データから得た数値に加える数値	0〜1279	0
Vオフセット		0〜1023	

●スプライトのキャラクタ定義用テンプレートをDATA列から一括作成する
SPDEF "@ラベル文字列" [,定義番号オフセット [,Uオフセット ,Vオフセット]]

DATA列を用いてスプライトのキャラクタ定義用テンプレートの作成を一括で行う命令です。DATA列を指定する[ラベル文字列]は、[" "]で囲うか、文字列変数を使用して設定してください。

DATA列の先頭には、定義するテンプレート数を置きます。続いて定義する内容を、[U],[V],[W],[H],[原点X],[原点Y],[アトリビュート]の7つの要素で列挙します。このためデータ数は必ず7の倍数+1となります。

[定義番号オフセット]を定義することで、定義番号[0]からでなく、[定義番号オフセット]から定義を開始することができます。

[Uオフセット][Vオフセット]は、数値配列で定義されている[U][V]に加算する、調整用の値です。

	指定する内容	範囲	省略時
@ラベル文字列	テンプレート定義用のデータを列挙したDATA列の先頭の場所を示すラベル名。文字列を[" "]で囲うか、文字列変数で指定する	—	省略不可
定義番号オフセット	テンプレート定義の番号に加える数値。この値から定義がスタートする	0〜4095	0
Uオフセット Vオフセット	スプライト定義に使用したいグラフィックページ上の画像の左上座標として、数値配列の[U][V]データから得た数値に加える数値	0〜511	0

●スプライトのキャラクタ定義用テンプレートの情報を得る
SPDEF 定義番号 OUT U,V[,W,H[,HX,HY]][,A]

指定した定義番号のスプライト定義テンプレートの情報を、指定された数値変数に代入します。[W](幅)と[H](高さ)、[HX](原点座標X)と[HY](原点座標Y)は、必ずセットで指定しなくてはなりません。

	指定する内容	範囲
定義番号	情報を得たいスプライト用テンプレートの定義番号	0〜4095
U,V	テンプレートで使用している画像のスプライト用画像での定義座標位置([定義座標X][定義座標Y])を入れる変数	—
W,H	スプライト用テンプレートの画像の大きさ([幅][高さ])を入れる変数。セットで設定すること	—
HX,HY	スプライト用テンプレートの画像の原点座標([原点X][原点Y])を入れる変数。セットで設定すること	—
A	スプライト用テンプレートのアトリビュート値を入れる変数	—

◆スプライトのキャラクタ定義用テンプレートを別の定義からコピーして作成する
SPDEF 定義番号,元になる定義番号,[U],[V],[W],[H],[原点X],[原点Y],[アトリビュート]

[元になる定義番号]のキャラクタ定義用テンプレートから設定をコピーし、[定義番号]の定義用テンプレートを作成します。

[U],[V],[W],[H],[原点X],[原点Y],[アトリビュート]が設定されている場合、コピーした設定をこの数値で調整します。各引数は個々に省略可能(省略時は設定をコピーしない)ですが、途中の[,]の省略はできません。

指定する内容		範囲	省略時
定義番号	作成するテンプレート定義の番号	0～4095	省略不可
元になる定義番号	設定をコピーするテンプレート定義の番号		省略不可
U	スプライト定義に使用したいグラフィックページ上の画像の左上X座標	0～1279	0
V	スプライト定義に使用したいグラフィックページ上の画像の左上Y座標	0～1023	0
W,H	使用したい画像の幅と高さ([U]+[W]は1280、[V]+[H]は1024以下でなくてはならない)	―	W,Hともに[16]
原点X,Y	スプライトの原点(ホーム)となる座標。画像の左上からの相対座標を指定	―	X,Yともに[0]
アトリビュート	定義する画像を回転、反転させるなどの加工を指定する(左ページ左下参照)	―	1

◆スプライトにテンプレートを割り当て使用可能にする
SPSET 管理番号,定義番号

指定した管理番号のスプライトを、キャラクタ定義用テンプレートで直に定義して使用可能にします。この命令を実行すると[管理番号]のスプライトに設定されていた回転、拡大縮小などの効果はすべて初期化されます。また、内部変数[SPVAR]の数値もすべて[0]になります。

指定する内容		範囲
管理番号	定義したいスプライトの管理番号	0～511
定義番号	定義の元となる定義用テンプレート番号	0～4095

◆スプライトに直接定義データを設定し使用可能にする
SPSET 管理番号,U,V[,W,H],アトリビュート

指定した管理番号のスプライトに、キャラクタを直に定義して使用可能にします。また、原点座標は[0,0]となり指定できませんが、[SPHOME]命令で変更が可能です。指定する引数の範囲などは[SPDEF]命令での定義と同じです。[SPDEF]命令と違い、[アトリビュート]値の省略はできません。[W](幅)[H](高さ)を指定する際は両方を指定する必要があります。

指定する内容		範囲	省略時
管理番号	定義したいスプライトの管理番号	0～511	
U	スプライト定義に使用したいグラフィックページ上の画像の左上X座標	0～1279	省略不可
V	スプライト定義に使用したいグラフィックページ上の画像の左上Y座標	0～1023	
W,H	使用したい画像の幅と高さ※[U]+[W]は1280、[V]+[H]は1024以下でなくてはならない	―	W,Hともに[16]
アトリビュート	定義する画像を回転、反転させるなどの加工を指定する	―	省略不可

◆空いているスプライトにテンプレートを割り当て使用可能にする
SPSET 定義番号 OUT IX

使用されていないスプライトを管理番号[0]から順に探し、指定した定義番号のテンプレートを割り当てて使用可能にします。同時に使用されたスプライトの管理番号を変数に代入して返します。

指定する内容		範囲
定義番号	スプライトとして使用したいキャラクタ定義テンプレートの定義番号	0～4095
IX	テンプレートを定義したスプライト管理番号を代入する数値変数	空きがなかった場合は[-1]が戻る

◆指定範囲の空いているスプライトにテンプレートを割り当て使用可能にする
SPSET 開始番号,終了番号,定義番号 OUT IX

指定範囲から使用されていないスプライトを探し、指定した定義番号のテンプレートを割り当てて使用可能にします。同時に使用されたスプライトの管理番号を変数に代入して返します。

指定する内容		範囲
範囲下限 範囲上限	使用されていないスプライトを探す管理番号の範囲	0～511
定義番号	スプライトとして使用したいキャラクタ定義テンプレートの定義番号	0～4095
IX	テンプレートを定義したスプライト管理番号を代入する数値変数	空きがなかった場合は[-1]が戻る

◆指定範囲の空いているスプライトに直接定義データを設定し使用可能にする
SPSET 開始番号,終了番号,U,V,W,H,アトリビュート OUT IX

指定範囲から使用されていないスプライトを探し、指定した要素でキャラクタを定義し使用可能にします。同時に使用されたスプライトの管理番号を変数に代入して返します。指定する引数の範囲などは[SPDEF]命令での定義と同じです。

指定する内容		範囲
範囲下限 範囲上限	使用されていないスプライトを探す管理番号の範囲	0～511
U	スプライト定義に使用したいグラフィックページ上の画像の左上X座標	0～1279
V	スプライト定義に使用したいグラフィックページ上の画像の左上Y座標	0～1023
W,H	使用したい画像の幅と高さ※[U]+[W]は1280、[V]+[H]は1024以下でなくてはならない)	―
アトリビュート	定義する画像を回転、反転させるなどの加工を指定する	
IX	テンプレートを定義したスプライト管理番号を代入する数値変数	空きがなかった場合は[-1]が戻る

◆指定した管理番号のスプライトを解放する
SPCLR 管理番号

指定した管理番号のスプライトの定義をクリアし、使用していない状態に戻し、解放します。

指定する内容		範囲
管理番号	解放したいスプライトの管理番号	0～511

◆指定した管理番号のスプライトを表示する
SPSHOW 管理番号

◆指定した管理番号のスプライトを表示しないようにする
SPHIDE 管理番号

指定した管理番号のスプライトを画面上に表示したり、見えなくしたりします。[SPSET]命令で定義されていない管理番号をスプライトを操作しようとするとエラーになりますので注意してください。

指定する内容		範囲
管理番号	表示操作したいスプライトの管理番号 ※[SPSET]で定義済みの管理番号に限る	0～511

◆指定した管理番号のスプライトの座標基準点を設定する
SPHOME 管理番号,位置X,位置Y

指定した管理番号のスプライトの座標基準点を定義します。この座標基準点が位置移動や、回転、拡大縮小、衝突判定の基準点となります。[SPSET]命令で定義されていない管理番号を指定するとエラーになります。座標基準点はスプライト画像の左上を[0,0]として相対座標で指定します。

座標基準点が画像外の位置になっても問題ありません。ですので[SPHOME 0,-16,-16]という指定もできます。

指定する内容		範囲
管理番号	表示操作したいスプライトの管理番号 ※[SPSET]で定義済みの管理番号に限る	0～511
位置X,Y	指定したい座標基準点の位置	―

◆指定した管理番号のスプライトの座標基準点を取得する

SPHOME 管理番号 OUT HX,HY

指定した管理番号のスプライトの座標基準点を取得し、指定された変数に代入します。[SPSET]命令で定義されていない管理番号を指定するとエラーになります。

指定する内容		範囲
管理番号	座標基準点を取得したいスプライトの管理番号 ※[SPSET]で定義済みの管理番号に限る	0～511
HX,HY	スプライトの[原点X][原点Y]を入れる変数	—

◆スプライトを指定座標に表示する(座標X,Y,Zの移動アニメーションは停止する)

SPOFS 管理番号,[座標X],[座標Y],[座標Z]

指定した管理番号のスプライトを画面上の指定位置に表示(移動)します。[座標Z]のみ指定する場合も[,]は省略できません。[SPSET]命令で定義されていない管理番号を指定するとエラーになります。引数を省略すると、その座標位置は変更されません。

指定する内容		範囲
管理番号	表示操作したいスプライトの管理番号 ※[SPSET]で定義済みの管理番号に限る	0～511
座標X	スプライトを表示する画面のX座標	—
座標Y	スプライトを表示する画面のY座標	—
座標Z	奥行き方向の座標。数が大きいほど奥になる。[0]で液晶面	1024～－256

◆スプライトの座標情報を得る

SPOFS 管理番号 OUT X,Y[,Z]

指定した管理番号のスプライトの座標を調べ、指定した変数に代入します。[SPSET]命令で定義されていない管理番号を指定するとエラーになります。代入する変数が2つの場合は[X座標],[Y座標]を返します。

指定する内容		範囲
管理番号	座標を得たいスプライトの管理番号 ※[SPSET]で定義済みの管理番号に限る	0～511
X	X座標位置を入れる変数	—
Y	Y座標位置を入れる変数	—
Z	Z座標位置(奥行き方向の座標)を入れる変数	—

◆スプライトの表示角度を変更する(角度回転アニメーションは停止する)

SPROT 管理番号,回転角度

指定した管理番号のスプライトの表示を指定角度だけ回転させた状態で表示します。回転は[SPHOME]などで設定した座標基準点に対して行われます。また回転する角度は絶対指定で、例えば90度の回転を2回行うと180度回転になるというような相対指定ではありません。[SPSET]命令で定義されていない管理番号を指定するとエラーになります。

指定する内容		範囲
管理番号	表示操作したいスプライトの管理番号 ※[SPSET]で定義済みの管理番号に限る	0～511
回転角度	スプライトを回転させたい角度。角度は時計回りでの指定となる	0～360

◆スプライトの回転角度を得る

変数=SPROT(管理番号)

指定した管理番号のスプライトの回転角度を調べ、戻り値として返します。[SPSET]命令で定義されていない管理番号を指定するとエラーになります。

指定する内容		範囲
管理番号	情報を得たいスプライトの管理番号 ※[SPSET]で定義済みの管理番号に限る	0～511

◆スプライトの表示倍率を変更する(拡大縮小アニメーションは停止する)

SPSCALE 管理番号,倍率X,倍率Y

指定した管理番号のスプライトの表示を指定倍率に拡大縮小して表示します。拡大縮小は[SPHOME]などで設定した座標基準点に対して行われます。また倍率は絶対指定で、例えば2倍の拡大を2回行うと4倍の表示になるというような相対指定ではありません。[SPSET]命令で定義されていない管理番号を指定するとエラーになります。拡大率には[0]以上の数値であれば小数点以下のある指定もできます。ただし、あまり大きな拡大率を指定すると、表示に時間がかかるので注意してください。

表示倍率を考慮した衝突判定を行う場合は、先に[SPCOL]命令を実行します。

指定する内容		範囲
管理番号	表示操作したいスプライトの管理番号 ※[SPSET]で定義済みの管理番号に限る	0～511
倍率X,Y	スプライトを拡大縮小させたい倍率。倍率で指定する ([0.75]=75%)	0～

◆スプライトの表示倍率を得る

SPSCALE 管理番号 OUT SX,SY

指定した管理番号のスプライトの表示倍率を調べ、指定した変数に代入します。[SPSET]命令で定義されていない管理番号を指定するとエラーになります。

指定する内容		範囲
管理番号	情報を得たいスプライトの管理番号 ※[SPSET]で定義済みの管理番号に限る	0～511
SX,SY	調べた回転角度を代入したい数値変数	—

◆スプライトの表示色を変更する(表示色変化アニメーションは停止する)

SPCOLOR 管理番号,色コード

指定した管理番号のスプライトの色を変更します。実際の表示色は指定の色コードに元のドット色を乗算したものになります。[SPSET]命令で定義されていない管理番号を指定するとエラーになります。

また[色コード]で不透明値を指定すると、スプライトは半透明になります。[RGB]関数では不透明値を省略して指定できますが(省略時は[255](不透明)になります)、16進数で指定する場合は、[AA]の不透明値を必ず指定するようにしてください。

通常、何も変更なく表示されている初期状態のスプライトの色コードはRGB(255,255,255,255)、[&HFFFFFFFF]になります。

指定する内容		範囲
管理番号	表示操作したいスプライトの管理番号 ※[SPSET]で定義済みの管理番号に限る	0～511
色コード	[&HAARRGGBB]の32ビット色コード。実際の表示は各色成分が乗算された値となる ※乗算された各成分の求め方 →[元の色成分]×[指定色の色成分]÷255	0～&HFFFFFFFF ※[RGB]関数での指定も可能。[RGB]関数では、不透明値は省略可能で省略すると[255](不透明)になる

◆スプライトの表示色を得る

SPCOLOR 管理番号 OUT C32

指定した管理番号のスプライトの回転角度を調べ、戻り値として返します。[SPSET]命令で定義されていない管理番号を指定するとエラーになります。

指定する内容		範囲
管理番号	情報を得たいスプライトの管理番号 ※[SPSET]で定義済みの管理番号に限る	0～511
C32	取得した色コードを代入する変数	—

◆スプライトのキャラクタ定義を変更する(キャラクタアニメーションは停止する)

SPCHR 管理番号,定義番号

指定した管理番号のスプライトのキャラクタ定義を、指定した定義番号のテンプレートに変更します。[SPSET]命令で定義されていない管理番号を指定するとエラーになります。

この命令を使うと[SPSET]命令での設定と異なり、表示している座標や回転、拡大縮小など、その時点でのスプライトの表示設定がリセットされず、そのままの状態で表示されます。

指定する内容		範囲
管理番号	表示操作したいスプライトの管理番号 ※[SP3CT]で定義済みの管理番号に限る	0～511
定義番号	スプライトとして使用したいキャラクタ定義用テンプレートの定義番号	0～4095

◆スプライトのキャラクタ定義を直接指定して変更する（キャラクタアニメーションは停止する）

SPCHR 管理番号,[U],[V],[W],[H],[アトリビュート]

指定した管理番号のスプライトに、キャラクタを直に定義して使用可能にします。指定する引数の範囲などは[SPDEF]命令での定義と同じですが、[SPSET]命令で定義されていない管理番号を指定するとエラーになります。

[管理番号]以外の定義用の引数はそれぞれ省略できますが、途中の引数を省略して指定する場合は、[SPCHR 0,16,16, , ,1]のように[,]は省略せずに指定する必要があります。省略した定義要素は、それまでの定義が引き継がれます。

	指定する内容	範囲	省略時
管理番号	定義したいスプライトの管理番号 ※[SPSET]で定義済みの管理番号に限る	0〜511	省略不可
U	スプライト定義に使用したいグラフィックページ上の画像の左上X座標	0〜1279	初期値[0] 変更なし
V	スプライト定義に使用したいグラフィックページ上の画像の左上Y座標	0〜1023	初期値[0]
W	使用したい画像の幅（[U]+[V]は1280以下でなくてはならない）	初期値[16]	※ただし[,]も省略した場合はそのパラメータの初期値になる
H	使用したい画像の高さ（[V]+[H]は1024以下でなくてはならない）	初期値[16]	
アトリビュート	定義する画像を回転、反転させるなどの加工を指定する	—	初期値[1]

◆スプライトのキャラクタ定義情報を得る

SPCHR 管理番号 OUT U,V[,W,H,ATR]]

指定した管理番号のキャラクタ定義情報を、指定された数値変数に代入します。[W]（幅）と[H]（高さ）は、必ずセットで指定しなくてはなりません。[SPSET]命令で定義されていない管理番号を指定するとエラーになります。

	指定する内容	範囲
管理番号	情報を得たいスプライトの管理番号 ※[SPSET]で定義済みの管理番号に限る	0〜511
U,V	キャラクタ定義で使用している画像のスプライト用画像での定義座標位置（[定義座標X][定義座標Y]）を入れる変数	—
W,H	スプライトキャラクタの画像の大きさ（[幅][高さ]）を入れる変数。セットで設定すること	—
ATR	スプライト用テンプレートのアトリビュート値を入れる変数	—

◆スプライトのキャラクタ定義テンプレート番号を得る

SPCHR 管理番号 OUT DEFNO

指定した管理番号が使用しているキャラクタ定義用テンプレートの定義番号を取得し、戻り値として指定された数値変数に代入します。

	指定する内容	範囲
管理番号	情報を得たいスプライトの管理番号 ※[SPSET]で定義済みの管理番号に限る	0〜511
DEFNO	取得したキャラクタ定義用テンプレートを代入する数値変数	0〜4095

◆スプライトを別のスプライトとリンクさせる

SPLINK 管理番号, リンク先管理番号

指定した管理番号のスプライトの座標を、リンク先管理番号のスプライト（親スプライト）の座標とリンクさせて表示するようにします。リンクされたスプライトは親スプライトの座標基準点を[0,0]として表示されるようになります。リンクするスプライトの[管理番号]は[リンク先管理番号]より大きくなくてはなりません。また、リンクは何重にでも行うことができます。[SPSET]命令で定義されていない管理番号を指定するとエラーになります。

	指定する内容	範囲
管理番号	リンクさせるスプライトの管理番号 ※[SPSET]で定義済みの管理番号に限る	0〜511
リンク先管理番号	元座標となる親スプライトの管理番号 ※[リンク先管理番号]<[管理番号] ※[SPSET]で定義済みの管理番号に限る	

◆指定したスプライトがリンクしているスプライトを調べる

変数=SPLINK(管理番号)

指定した管理番号のスプライトがリンクされている親スプライトがあるかどうかを確認し、リンクされている場合はその管理番号を取得し、変数に代入します。リンクされていない場合は[-1]を返します。[SPSET]命令で定義されていない管理番号を指定するとエラーになります。

	指定する内容	範囲
管理番号	リンク先を取得したいスプライトの管理番号 ※[SPSET]で定義済みの管理番号に限る	0〜511

戻り値
リンクされている親スプライトの管理番号

◆スプライトのリンクを解除する

SPUNLINK 管理番号

指定した管理番号のスプライトの座標リンクを解除する。解除しても位置などはそのままで移動しません。[SPSET]命令で定義されていない管理番号を指定するとエラーになります。

	指定する内容	範囲
管理番号	リンクを解除したいスプライトの管理番号 ※[SPSET]で定義済みの管理番号に限る	0〜511

◆スプライトのアニメーションを設定する

SPANIM 管理番号,アニメ対象,時間1,項目1[,項目2],時間2,項目1[,項目2]]… [,ループ]

指定した管理番号のスプライトに、アニメーション用のデータを渡してアニメを行います。アニメーションは命令が実行された次のフレームから開始されます。ここで指定したアニメを[ループ回数]分繰り返しますが、[ループ回数]を[0]にすると無限に繰り返します。

指定は、[管理番号]のスプライトを、どのように動作させるか（[アニメ対象]）を指定し、その動作が完了するまでの時間と動く量を[動作データ]として、下の表にある文字列か数値で指定します。

[動作データ]は、[時間]（フレーム数）],[項目1]（必要であれば[項目2]）というふうに指定します。[時間]をマイナスで指定すると動きを線形補間してくれます。[動作データ]は連続して指定することができるので、2つ以上の動作を1つの命令で書くことが可能です（最大32項目）。

[SPSET]命令で定義されていない管理番号を指定するとエラーになります。

	指定する内容	範囲
管理番号	アニメーションを設定するスプライトの管理番号 ※[SPSET]で定義済みの管理番号に限る	0〜511
アニメ対象	アニメーション動作の種類を指定。文字列もしくは数値で指定する（文字列は下の表を参照）	0〜15
時間	設定項目へ変化させる時間。フレーム数で指定。マイナスを指定すると動きを線形補間する	—
ループ回数	指定したアニメーションを繰り返す回数（省略時[1]）	[0]を指定すると指定した動作を無限に繰り返す

動作を指定する際、文字列なら["XY+"]のように["+"]を付加する、数値なら+8すると、項目で指定した内容が、実行時からの相対指定になります。

[SPANIM]命令は同じスプライトに重ねがけが可能です。ですので[移動]を設定した後に、[定義テンプレート]の変更を設定し、キャラクタが形を変えながら移動するといった設定も可能です。

●線形補間でアニメーションさせる

[SPANIM]の動作データ設定で、[時間]指定をマイナスにすると、指定した動きが自動的に線形補完されます。
例えば[SPANIM 1,"XY",30,100,100]だと、スプライトがすぐに[100,100]に移動しますが、終了したことになるのは30フレーム後です。しかし[SPANIM 1,"XY",-30,100,100]とすると、30フレームをかけて指定した場所へ向けて移動していくアニメーションを自動的に行い、30フレーム後に終了します。

●[SPANIM]命令の動作（アニメ対象）指定一覧

指定する[動作]		動作内容	指定する[項目1]	指定する[項目2]	範囲
"XY"	0	上下左右方向の移動	移動先のX座標	移動先のY座標	—
"Z"	1	奥行き(3D)方向の移動	移動先のZ座標	指定なし（省略する）	—
"UV"	2	定義画像の場所を変更	新しい定義先のX座標（グラフィック面）	新しい定義先のY座標（グラフィック面）	—
"I"	3	定義テンプレート番号を変更	新しい定義テンプレート番号	指定なし（省略する）	0〜4095
"R"	4	スプライトを回転させる	回転させる角度（正の数で時計回り）	指定なし（省略する）	—
"S"	5	スプライトを拡大縮小する	X軸方向への拡大率 マイナス指定で左右方向へ拡大（裏返る）	Y軸方向への拡大率 マイナス指定で上方向へ拡大（裏返る）	—
"C"	6	表示色の変更	変更後の色コード	指定なし（省略する）	&HAARRGGBBか[RGB]関数で設定
"V"	7	スプライト変数を変更する	スプライト変数[7]に代入する値	指定なし（省略する）	—

◆スプライトのアニメーションを数値配列を用いて設定する

SPANIM 管理番号,アニメ対象,データ配列[,ループ]

指定した管理番号のスプライトのアニメーションを[動作データ]が要素として入った配列を利用して定義します。

[管理番号]、[アニメ対象]については前ページで掲載した方法で定義し、配列には[動作データ]として必要な[時間]と[項目]を、定義したい個数だけ準備して、要素として代入しておきます。データとして指定する配列の要素数は、定義としての動作データとして必要な要素数の整数倍でなくてはいけません。また、[SPSET]命令で定義されていない管理番号を指定するとエラーになります。

	指定する内容	範囲
管理番号	アニメーションを設定するスプライトの管理番号 ※[SPSET]で定義済みの管理番号に限る	0～511
アニメ対象	アニメーション動作の種類を指定。文字列もしくは数値で指定する	0～15（詳細は前ページの表を参照）
データ配列	動作データを要素として代入した数値配列名	配列の要素数は1度の動作に必要なデータの整数倍
ループ回数	指定したアニメーションを繰り返す回数 （省略時[1]）	[0]を指定すると指定した動作を無限に繰り返す

◆スプライトのアニメーションをDATAを用いて設定する

SPANIM 管理番号,アニメ対象,"@ラベル文字列"[,ループ]

指定した管理番号のスプライトのアニメーションを[動作データ]をまとめた[DATA]文を利用して定義します。

[管理番号]、[アニメ対象]については前ページで掲載した方法で定義し、データには[動作データ]としてまず動作をいくつ指定するかを[キーフレーム数]として書き（最大32）、そのあと必要な[時間]と[項目]を、定義したい動作数だけデータとして書き込んでおきます。[DATA]から読み取れるデータ数が足りないとエラーとなってしまいます。また、[SPSET]命令で定義されていない管理番号を指定してもエラーになります。

	指定する内容	範囲
管理番号	アニメーションを設定するスプライトの管理番号 ※[SPSET]で定義済みの管理番号に限る	0～511
アニメ対象	アニメーション動作の種類を指定。文字列もしくは数値で指定する	0～15（詳細は前ページの表を参照）
@ラベル文字列	定義用のデータを書いた[DATA]命令がある直前のラベルを指定。[" "]でくくった文字列、もしくは文字列変数で指定する	－
ループ回数	指定したアニメーションを繰り返す回数 （省略時[1]）	[0]を指定すると指定した動作を無限に繰り返す

◆スプライトのアニメーションを停止する

SPSTOP 管理番号

指定した管理番号のスプライトのアニメーションを停止します。[SPSET]命令で定義されていない管理番号を指定するとエラーになります。

	指定する内容	範囲
管理番号	アニメーションを停止するスプライトの管理番号 ※[SPSET]で定義済みの管理番号に限る	0～511 省略時はすべて停止

◆スプライトのアニメーションを開始する

SPSTART 管理番号

指定した管理番号のスプライトのアニメーションを開始します。[SPSET]命令で定義されていない管理番号を指定するとエラーになります。

	指定する内容	範囲
管理番号	アニメーションを開始するスプライトの管理番号 ※[SPSET]で定義済みの管理番号に限る	0～511 省略時はすべて開始

◆指定した管理番号のスプライトのアニメーションの状態を取得する

変数=SPCHK（管理番号）

指定した管理番号のスプライトのアニメーション状態をチェックして、戻り値として返します。返された数値のbit状態によって動作それぞれの状態を確認でき、対応するbitが[0]の時は、その動作が終了していることを示します。[SPSET]命令で定義されていない管理番号を指定するとエラーになります。

	指定する内容	範囲
管理番号	状態を調べたいスプライトの管理番号 ※[SPSET]で定義済みの管理番号に限る	0～511

●戻り値と各bitの関係

動き/システム変数		対象bit	AND数値
上下左右移動	"XY" #CHKXY	bit0	1
奥行き移動	"Z" #CHKZ	bit1	2
定義座標変更	"UV" #CHKUV	bit2	4
定義番号変更	"I" #CHKI	bit3	8
回転角度変更	"R" #CHKR	bit4	16
拡大縮小率変更	"S" #CHKS	bit5	32
表示色変更	"C" #CHKC	bit6	64
スプライト変数変更	"V" #CHKV	bit7	128

◆スプライトの内部変数に数値を書き込む

SPVAR 管理番号,内部変数番号,数値

指定した定義番号のスプライトが持つ内部変数に数値を書き込みます。各スプライトに[0]～[7]までの内部変数があります。[SPSET]命令で定義されていない管理番号を指定するとエラーになります。

	指定する内容	範囲
管理番号	内部変数を設定するスプライトの管理番号 ※[SPSET]で定義済みの管理番号に限る	0～511
内部変数番号	数値データを書き込む変数番号	0～7
数値	書き込む数値	0～

◆スプライトの内部変数の数値を取得する

変数=SPVAR（管理番号,内部変数番号）

指定した管理番号のスプライトの内部変数を調べ、戻り値として返します。[SPSET]命令で定義されていない管理番号を指定するとエラーになります。

	指定する内容	範囲
管理番号	内部変数を設定するスプライトの管理番号 ※[SPSET]で定義済みの管理番号に限る	0～511
内部変数番号	数値データを調べたい変数番号	0～7

◆スプライトの衝突判定を設定する

SPCOL 管理番号[,スケール対応]

指定した管理番号のスプライトの衝突判定を設定します。スケール対応を指定することで、判定に使用する領域サイズを、そのスプライトの拡大縮小率に同期させるかどうかを決められます。[SPSET]命令で定義されていない管理番号を指定するとエラーになります。

[SPHIT]命令で衝突判定をする際は、事前にこの命令を設定する必要があります。

	指定する内容	範囲
管理番号	衝突判定を設定するスプライトの管理番号 ※[SPSET]で定義済みの管理番号に限る	0～511
スケール対応	判定に使用する領域をスプライトの拡大縮小率に同期するか指定	[TRUE]=同期する [FALSE]=同期しない

◆スプライトの衝突判定をマスク付きで設定する

SPCOL 管理番号,[スケール対応],マスク

指定した管理番号のスプライトの衝突判定を設定し、判定用のマスクに使う数値を指定します。衝突判定時に互いのビットのANDをとり0であれば衝突していないとみなします。（省略時&HFFFFFFFF）

[SPSET]命令で定義されていない管理番号を指定するとエラーになります。

	指定する内容	範囲
管理番号	衝突判定を設定するスプライトの管理番号 ※[SPSET]で定義済みの管理番号に限る	0～511
スケール対応	判定に使用する領域をスプライトの拡大縮小率に同期するか指定	[TRUE]=同期する [FALSE]=同期しない
マスク	判定に使用するマスク用数値を指定する	&H00000000～ &HFFFFFFFF

●スプライトの衝突判定を領域とマスク付きで設定する
SPCOL 管理番号,始点X,終点X,幅,高さ,[スケール対応],マスク

指定した管理番号のスプライトに衝突判定用の四角形域を設定し、判定用のマスクに使う数値を指定します。[SPSET]命令で定義されていない管理番号を指定するとエラーになります。

	指定する内容	範囲
管理番号	衝突判定を設定するスプライトの管理番号 ※[SPSET]で定義済みの管理番号に限る	0～511
始点X,Y	判定に使用する四角形域の左上座標 (スプライトの原点からの相対位置)	-32768～32767
幅,高さ	判定に使用する四角形域の幅と高さ	1～65535
スケール対応	判定に使用する領域をスプライトの拡大縮小率に同期するか指定	[TRUE]=同期する [FALSE]同期しない
マスク	判定に使用するマスク用数値を指定する	&H00000000～ &HFFFFFFFF

●[マスク]設定時の処理

[マスク]数値を設定すると、スプライトの衝突判定の際、お互いの[マスク数値]の[AND]を取り、結果が[0]であった場合は、"衝突していない"と見なすようになります。味方のキャラクタ同士、敵のキャラクタ同士など、設定によって分類をし、マスクを指定しておくことで管理がしやすくなります。

●マスクによる衝突判定例

左の例では、マスク[0][7]ではAND結果が[1]になり衝突判定が行われますが、マスク[7][8]では衝突判定が行われません。

●衝突判定が行われる領域

スプライトの衝突領域を指定していない場合、衝突判定はスプライト全体で行われます。ドット描画がない領域も含め、スプライトサイズそのものが衝突判定の対象になりますので注意してください。

衝突領域の指定は、指定するスプライトの原点を(0,0)とした座標指定で行われます。このため原点の位置によって、同じ引数指定を行っていても、異なる領域が設定されることがあります。

●領域未設定
スプライト全体が判定域

●スプライトの幅・高さとも2分の1を領域指定
原点が左上の場合 / 原点が中心の場合

スプライトの衝突判定は、ドットが描かれている箇所ではなくスプライトの大きさ全体、もしくは領域指定した箇所で行われます。

●領域を調整する

絵に対し領域が大きい → 領域を調整する

実際の作品作りでは、絵に対して領域が大きいと「当たり判定」に感覚的なズレが生じます。領域をうまく調整して、ズレを無くしていきましょう。

●スプライトの衝突判定設定の情報を取得する
SPCOL 管理番号 OUT スケール対応[,マスク]

指定した管理番号のスプライトの衝突判定設定の情報を取得し、変数に代入します。[SPSET]命令で定義されていない管理番号を指定するとエラーになります。

	指定する内容	範囲
管理番号	衝突判定設定を取得するスプライトの管理番号 ※[SPSET]で定義済みの管理番号に限る	0～511
スケール対応	判定に使用する領域をスプライトの拡大縮小率に同期するかの設定を取得する変数	[TRUE]=同期する [FALSE]同期しない
マスク	判定に設定されたマスク用数値を取得する変数	&H00000000～ &HFFFFFFFF

●スプライトの衝突判定設定の情報を範囲の情報を含めて取得する
SPCOL 管理番号 OUT 始点X,始点Y,幅,高さ[,スケール対応][,マスク]

指定した管理番号のスプライトの衝突判定設定の情報を範囲の情報を含めて取得し、変数に代入します。[SPSET]命令で定義されていない管理番号を指定するとエラーになります。

	指定する内容	範囲
管理番号	衝突判定設定を取得するスプライトの管理番号 ※[SPSET]で定義済みの管理番号に限る	0～511
始点X,Y	判定に使用する四角形域の左上座標を代入する変数(スプライトの原点からの相対位置)	-32768～32767
幅,高さ	判定に使用する四角形域の幅と高さを代入する変数	1～65535
スケール対応	判定に使用する領域をスプライトの拡大縮小率に同期するかの設定を取得する変数	[TRUE]=同期する [FALSE]同期しない
マスク	判定に設定されたマスク用数値を取得する変数	&H00000000～ &HFFFFFFFF

●スプライトの衝突判定領域の移動速度を指定する
SPCOLVEC 管理番号[,移動量X,移動量Y]

指定した管理番号のスプライトの衝突判定領域が、1フレーム内でどれだけ移動するかを設定します。設定された場合、指定スプライトの衝突判定域から、その判定域を[移動量X,Y]まで移動し結んだ範囲を、実際の衝突判定領域として設定し、他のスプライトとの衝突を判断します。省略時、スプライトが移動補間アニメーションを行っている場合は、その動きを元に設定されます。[SPSET]命令で定義されていない管理番号を指定するとエラーになります。

	指定する内容	範囲
管理番号	衝突判定設定を行うスプライトの管理番号 ※[SPSET]で定義済みの管理番号に限る	0～511
移動量X、Y	衝突判定領域の1フレームでの移動速度で、単位はドット。省略した場合、スプライトが移動補間アニメーション中はその動きを元に、そうでない場合は[0,0]となる	

●移動補間による衝突判定

[SPCOLVEC]命令や移動補間アニメーションで、スプライトの衝突判定領域に移動量が設定されると、現在のスプライトの衝突領域と、指定量だけ移動した衝突領域を結ぶ範囲が衝突判定領域として追加され、範囲内に衝突領域があるスプライトは、すべて衝突したものと判断されるようになります。

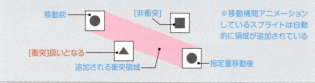

移動前 / [非衝突] / ※移動補間アニメーションしているスプライトは自動的に領域が追加されている
[衝突]扱いとなる / 追加される衝突領域 / 指定量移動後

●指定したスプライトと管理番号範囲内のスプライトとの衝突を調べる
変数=SPHITSP(管理番号[,先頭ID,末尾ID])

指定スプライトの衝突判定を行います。調べるスプライトの[管理番号]を指定して判定を行い、衝突したスプライトがある場合はその中で一番小さな[管理番号]を返します。未衝突のスプライトがない場合は[-1]が返されます。スプライトの[管理番号]は未定義のものを指定してもエラーになりません。

	指定する内容	範囲
管理番号	衝突判定を取得するスプライトの管理番号 ※[SPSET]で定義済みの管理番号に限る	0～511
先頭ID 末尾ID	[先頭ID]～[末尾ID]の範囲内で判定を行う ※未定義の管理番号でも問題ない	0～511 ※省略時=すべて
戻り値		
衝突したスプライトの管理番号 (衝突したスプライトがない場合は[-1])		

●指定した2つのスプライトの衝突を調べる
変数=SPHITSP(管理番号,相手管理番号)

指定スプライト2つの衝突判定を行い、結果を戻り値として返します。衝突したスプライトがない場合は[-1]が返されます。スプライトの[管理番号]は未定義のものを指定してもエラーになりません。

	指定する内容	範囲
管理番号	衝突判定を取得するスプライトの管理番号 ※[SPSET]で定義済みの管理番号に限る	0～511
相手管理番号	衝突判定を行いたいもう1つのスプライトの管理番号 ※未定義の管理番号でも問題ない	
戻り値		
衝突したスプライトの管理番号 (衝突したスプライトがない場合は[-1])		

◆直前に行ったものと同じ条件でスプライトの衝突を調べる

変数=SPHITSP()

直前に行ったものと同じ条件 (引数) で[SPHITSP]関数によるスプライト衝突判定を行い、戻り値として返します。

戻り値
衝突したスプライトの管理番号 (衝突したスプライトがない場合は[-1])

◆指定した四角形の範囲とスプライトとの衝突判定を行う

変数=SPHITRC(管理番号,始点X,始点Y,幅,高さ[,[マスク],移動量X,移動量Y])

指定した四角形の範囲と[管理番号]のスプライトとの衝突判定を行います

衝突判定に使う四角形にもマスク値や、移動量をスプライト同様に設定できます。この命令を使うと、例えばある地点をスプライトが通過したかどうかの判定を、スプライトを用意することなく行うことができます。

	指定する内容	範囲
管理番号	衝突判定を行うスプライトの管理番号 ※[SPSET]で定義済みの管理番号に限る	0～511
始点X,Y	衝突判定領域として指定する四角形の左上頂点座標	—
幅,高さ	衝突判定領域として指定する四角形のサイズ	—
マスク	判定に使用するマスク用数値を指定する	&H00000000～ &HFFFFFFFF
移動量X,Y	衝突判定領域の1フレームでの移動速度で、単位はドット	—

戻り値
衝突したスプライトの管理番号 (衝突したスプライトがない場合は[-1])

◆指定した四角形の範囲と範囲内の管理番号のスプライトとの衝突判定を行う

変数=SPHITRC(先頭ID,末尾ID,始点X,始点Y,幅,高さ[,[マスク],移動量X,移動量Y])

指定した四角形の範囲とスプライトとの衝突判定を行います。衝突したスプライトを管理番号順に探し、最初に見つかった (最も小さい) 管理番号を返します。衝突したスプライトがない場合は[-1]が返されます。

	指定する内容	範囲
管理番号	衝突判定を行うスプライトの管理番号 ※[SPSET]で定義済みの管理番号に限る	0～511
先頭ID 末尾ID	[先頭ID]～[末尾]IDの範囲内で判定を行う ※未定義の管理番号でも問題ない	0～511
始点X,Y	衝突判定領域として指定する四角形の左上頂点座標	—
幅,高さ	衝突判定領域として指定する四角形のサイズ	—
マスク	判定に使用するマスク用数値を指定する	&H00000000～ &HFFFFFFFF
移動量X,Y	衝突判定領域の1フレームでの移動速度で、単位はドット	—

戻り値
衝突したスプライトの管理番号 (衝突したスプライトがない場合は[-1])

◆直前に設定した指定した四角形の範囲とスプライトとの衝突判定を行う

変数=SPHITRC()

直前に行ったものと同じ条件 (引数) で[SPHITRC]関数によるスプライト衝突判定を行い、戻り値として返します。

戻り値
衝突したスプライトの管理番号 (衝突したスプライトがない場合は[-1])

◆衝突判定結果の衝突時間情報を取得する

SPHITINFO OUT TM

直前に衝突判定を行った際の衝突時間情報を受け取り、指定した変数に代入します。結果は最後に衝突判定となった際のデータが返されます。

[TM]の戻り値
スプライトの衝突時間が戻る。[0]～[1]の値が入る。(0～1フレーム) ※ (判定時のスプライトの位置+[速度]×[衝突時間]) が衝突座標と一致する

◆衝突判定結果の衝突時間と座標情報を取得する

SPHITINFO OUT TM,X1,Y1,X2,Y2

直前に衝突判定を行った際の衝突時間と座標の情報を受け取り、指定した変数に代入します。結果は最後に衝突判定となった際のデータが返されます。

戻り値	
衝突時間 TM	スプライトの衝突時間が戻る。[0]～[1]の値が入る。(0～1フレーム) ※ (判定時のスプライトの位置+[速度]×[衝突時間]) が衝突座標と一致する
衝突座標 X1,Y1,X2,Y2	衝突時のスプライトの座標 ※[X1],[Y1]=スプライト1、[X2],[Y2]=スプライト2の衝突座標

◆衝突判定結果の衝突時間と座標情報および速度情報を取得する

SPHITINFO OUT TM,X1,Y1,VX1,VY1,X2,Y2,VX2,VY2

直前に衝突判定を行った際の衝突時間と座標の情報、移動速度の情報を受け取り、指定した変数に代入します。結果は最後に衝突判定となった際のデータが返されます。

戻り値	
衝突時間 TM	スプライトの衝突時間が戻る。[0]～[1]の値が入る。(0～1フレーム) ※ (判定時のスプライトの位置+[速度]×[衝突時間]) が衝突座標と一致する
衝突座標 X1,Y1,X2,Y2	衝突時のスプライトの座標 ※[X1],[Y1]=スプライト1、[X2],[Y2]=スプライト2の衝突座標
移動量 VX,VY	衝突時のスプライトの速度 ※[VX1],[VY1]=スプライト1、[VX2],[VY2]=スプライト2　1フレーム移動量

◆スプライトにごとに処理を割り当てる

SPFUNC 管理番号,"@ラベル名"

指定した[管理番号]のスプライトに、コールバックルーチンを設定します。設定されたコールバックルーチンは[CALL SPRITE]命令で一斉に呼び出すことができます。

呼び出すコールバックルーチンは、[@ラベル]でラベル付けされたルーチンのほか、[DEF～END]命令で作成されたユーザー定義命令も実行できます。処理先では[CALLIDX]システム変数で管理番号を取得可能です。

	指定する内容	範囲
管理番号	衝突判定を行うスプライトの管理番号 ※[SPSET]で定義済みの管理番号に限る	0～511
@ラベル名	呼び出したいコールバックルーチン名。ラベルかユーザー定義命令で設定できる。["@LABEL"]、["FUNC"]のように指定する。	

◆指定した管理番号のスプライトが定義されているかどうか確認する

変数=SPUSED(管理番号)

指定した管理番号のスプライトが定義されているかどうかを確認し、定義されていれば[1](TRUE)、定義されていなければ[0](FALSE)を返します。

	指定する内容	範囲
管理番号	解放されているか確認したいスプライトの管理番号	0～511

戻り値
定義されていれば[1](TRUE)、定義されていなければ[0](FALSE)

サウンド関係の命令

SmileBASIC-Rでは、あらかじめ用意された曲を演奏させたり、MMLという言語を使って自分で作曲した曲を演奏したりできます。効果音をWAVEファイルから設定することも可能です。

音声の出力先を設定する
AUDIOOUT 出力先

発生させる音声の出力先を設定します。この命令で行った設定は、再度設定を行うまで保存されます。

[出力先]として指定される内容	
0	HDMIディスプレイ（初期値）
1	本体イヤホンジャック

現在の音声の出力先を取得する
変数=AUDIOOUT( )

現在設定されている音声の出力先を取得し、戻り値として変数に代入します。

戻り値	
0	HDMIディスプレイ
1	本体イヤホンジャック

出力音声のマスターボリュームを設定する
VOLUME 音量

発生させる音声のマスターボリュームを設定します。この命令で行った設定は、再度設定を行うまで保存されます。

指定する内容	範囲
音量	出力音声のマスターボリューム量	0～127

現在設定されているマスターボリューム量を取得する
変数=VOLUME()

現在設定されているマスターボリューム量を取得し、変数に代入します。

戻り値	範囲
音量	出力音声のマスターボリューム量	0～127

すべての音の発声を停止する
SNDSTOP

出力している音声を全て停止します。

警告音や効果音を発生させる
BEEP [効果音番号[,[音程][,[音量][,[パンポット]]]] [OUT 発音番号]

指定した効果音を鳴らします。周波数や音量、パンポット（左右の位相。どの位置から音を鳴らしているように再生するか）を指定することができます。途中の引数を省略して指定する場合、[,]は省略できません。同時に行える発音数は16までです。

戻り値[発音番号]を設定すると、発生させた効果音が、何番目の発音番号に設定されたかを取得できます。

指定する内容	範囲
効果音番号	鳴らす効果音の番号。省略時は[0] ※再生できる音の詳細は➡P.117,118	0～133（プリセット音） 224～255（ユーザー定義） 256～383（BGM音源）
周波数	周波数の変更値。[0]でそのまま。100で半音変更される。省略時は[0]	-32768～32767 （省略時は[0]）
音量	発生する音量。省略時は[64]	0～127
パンポット	音源の再生位置。省略時は[64]（中央） [0]…左 ← [64]…中央 → [127]…右　となる	0～127

戻り値	範囲
発音番号	発音した音の制御に使う番号	0～15

同時に行っている発音数が16を超えた場合、古い発音番号から順に発音が上書きされます。

効果音・警告音の発声を停止する
BEEPSTOP [発音番号]

指定した[発音番号]の効果音を停止します。[発音番号]を省略すると、すべての[BEEP]命令による発生音を停止します。

ユーザー定義の効果音を設定する
WAVSET 効果音番号,A,D,S,R,"波形文字列"[,基準音程]

指定したユーザー定義番号の効果音を作成します。音源の設定は4つの要素＋波形文字列で行います。

波形文字列は16進数の文字列2文字で1サンプルとなり、16、32、64、128、256、512個でのサンプル指定が可能です。実際の指定文字列はサンプル数の2倍になります。また、基準音程は省略時は[69]="O4A"（第4オクターブ[A(ラ)]の音）となります。

指定する内容	範囲
効果音番号	指定したいユーザー定義効果音番号	224～255
A,D,S,R	各エンベロープ要素の値。[A]=アタック、[D]=ディケイ、[S]=サスティン、[R]=リリース	0～127
波形文字列	音源の波形データを示したデータ文字列。16進数2文字が1サンプル ※サンプル数は16,32,64,128,256,512個のいずれか	文字列の長さはサンプル数の2倍となる
基準音程	指定した音源データの基準となる音階	省略時は[69]

ユーザー定義の効果音をWAVEファイルで設定する
WAVSET 効果音番号,"ファイル名"

指定したユーザー定義番号の効果音を、用意されたWAVEファイルから作成します。

指定する内容	範囲
効果音番号	指定したいユーザー定義効果音番号	224～255
ファイル名	効果音として設定するWAVEファイル名 ※形式はPCMフォーマットのみ。384,000サンプルまで指定可能	

●音源の4つの要素とは

[WAVSET][WAVSETA]命令で指定する4つの要素は、音の鳴りはじめから終わりまでの波形を示すエンベロープと呼ばれるものの要素です。

通常、楽器の音は鳴り始めるとまず最大音になり、だんだんと音が小さくなり、安定した大きさの状態になります。その後小さくなり音が消えるという流れで1音の波形が作られています。指定する4つの要素は音の変化のそれぞれの時間を指定する数値になっています。

●[アタック][ディケイ][リリース]…音の出始めから最大音量、最大音量から安定した状態、安定状態から音が消えるまでの時間
●[サスティン]…安定した状態の音量

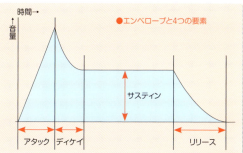
●エンベロープと4つの要素

登録済の音楽を演奏する
BGMPLAY [トラック番号,]曲番号[,音量]

指定した[曲番号]の音楽を、指定した[トラック番号]で再生します。あらかじめ登録済のプリセット曲や、自作した曲を再生できます。

	指定する内容	範囲
トラック番号	BGMの再生をするトラック番号。省略時は[0]	0〜7
曲番号	再生する曲の番号 ※再生できるBGMの詳細は➡P.117	0〜42（プリセット曲） 128〜255（ユーザー定義）
音量	再生する音量	0〜127

MML文字列で入力されたBGMを演奏する
BGMPLAY "MML文字列"

入力されたMML文字列をBGMとして再生します。再生はトラック[0]、ユーザー定義番号[255]を使用して行われるため、実行するとトラック[0]で再生中のBGMが停止、ユーザー定義曲番号[255]の曲が上書きされます。

	指定する内容
"MML文字列"	音楽演奏を制御する専用のコマンドで記載された文字列 ※MML文字列で使用できるコマンドの詳細は➡P.112

指定トラックの音楽演奏を停止する
BGMSTOP [トラック番号[,フェードアウト時間]]

指定した[トラック番号]の音楽演奏を停止します。フェードアウト時間を設定するとだんだん音が小さくなり停止します。

	指定する内容	範囲	省略時
トラック番号	演奏を停止するトラックの番号 ※[トラック番号]を省略し、[フェードアウト時間]のみを指定することはできない	0〜15	全てのトラック
フェードアウト時間	演奏がフェードアウトし、停止するまでの時間。単位は秒（小数点指定も可能）	—	0（即停止）

トラックの演奏状態を調べる
変数=BGMCHK([トラック番号])

指定したトラック番号で音楽が演奏中かどうかを調べ、結果を戻り値に返します。返された値が[0]（FALSE）で演奏停止中、[1]（TRUE）で演奏中です。

	指定する内容	範囲	省略時
トラック番号	演奏状態を調べたいトラック番号	0〜15	0
戻り値			
演奏中なら[1]（TRUE）、演奏停止中なら[0]（FALSE）			

指定トラックの音量を設定する
BGMVOL [トラック番号,]音量

指定したトラック番号の音量を設定します。

	指定する内容	範囲	省略時
トラック番号	設定を行うトラック番号	0〜15	0
音量	設定する音量	0〜127	—

指定したトラックで演奏中の音楽を一時停止する
BGMPAUSE [トラック番号[,フェード時間]]

指定した[トラック番号]で演奏中の音楽を一時停止します。[トラック番号]を省略すると、すべてのトラックで音楽の演奏を一時停止します。[フェードアウト時間]を設定することで、命令実行後、演奏の音量を徐々に下げ、音楽が停止する（音量が[0]になる）までの時間を設定できます。

	指定する内容	範囲	省略時
トラック番号	演奏を一時停止するトラックの番号 ※[トラック番号]を省略し、[フェード時間]のみを指定することはできない	0〜15	0
フェード時間	演奏がフェードアウトし、一時停止するまでの時間。単位は秒（小数点指定も可能）	—	0 即時停止

トラックの演奏の一時停止状態を調べる
変数=BGMPAUSE([トラック番号])

指定したトラック番号で音楽の演奏が一時停止中かどうかを調べ、変数に代入します。返された値が[1]（TRUE）で一時停止中、[0]（FALSE）で演奏中もしくは演奏を行なっていない（演奏停止中）です。また、[BGMPAUSE]命令によるフェードアウト中でも戻り値は[1]になります。

	指定する内容	範囲	省略時
トラック番号	一時停止状態を調べるトラック番号	0〜15	0
戻り値			
一時停止中（もしくは一時停止処理中）なら[1]（TRUE）、それ以外なら[0]（FALSE）			

指定したトラックの演奏を再開する
BGMCONT [トラック番号[,フェード時間]]

指定した[トラック番号]で音楽の演奏が一時停止されている場合、演奏を再開します。[トラック番号]を省略すると、すべてのトラックで音楽の演奏を再開します。[フェードイン時間]を設定することで、命令実行後、演奏の音量を徐々に上げ、一時停止時の音量まで戻る時間を設定できます。

	指定する内容	範囲	省略時
トラック番号	演奏を再開するトラックの番号 ※[トラック番号]を省略し、[フェード時間]のみを指定することはできない	0〜15	0
フェード時間	フェードインで指定の音量まで復帰するまでの時間。単位は秒（小数点指定も可能）	—	0 即時音量復帰

指定した番号のユーザー定義曲をMML文字列を使って直接設定する
BGMSET ユーザー定義曲番号,"MML文字列"

指定番号のユーザー定義曲を直接[MML文字列]を使って設定します。

	指定する内容	範囲
ユーザー定義曲番号	設定を行う定義曲番号	128〜255
MML文字列	設定する曲のMML文字列	0〜127

MML文字列の入ったDATAを使ってユーザー定義曲を設定する
BGMSETD ユーザー定義曲番号,"@ラベル文字列"

指定したラベルの直後にある[DATA]命令のデータをMML文字列として読み取り、指定番号のユーザー定義曲に設定します。データに数値データを書くと、そこで読み取り終了となります。

この命令は[RESTORE]命令と同じ扱いになるため、データを読み取る位置が変更されます。実行後[READ]命令を使用する際は[RESTORE]命令で読み取り位置を指定するようにしましょう。

	指定する内容	範囲
ユーザー定義曲番号	MML文字列をBGMとして定義したい定義曲番号	128〜255
@ラベル文字列	定義用のデータを書いた[DATA]命令がある直前のラベルを指定。["@ラベル文字列"]のように文字列で指定するか、文字列変数で指定する	※MMLコマンドの詳細は➡P.XXX

指定した番号のユーザー定義曲をOgg形式を使って設定する
BGMSETF ユーザー定義曲番号,"ファイル名"

指定番号のユーザー定義曲をOgg形式のファイルを読み込んで設定します。ファイルの拡張子は[.ogg]または[.oga]が使用できます。ループはメタデータで指定を行ってください。

	指定する内容	範囲
ユーザー定義曲番号	設定を行う定義曲番号	128〜255
ファイル名	ユーザー定義曲として設定するOgg形式ファイル名	—
メタデータで指定する内容		
LOOPSTART	ループ開始点	
LOOPLENGTH	ループ開始点からのループ長	

指定した番号のユーザー定義曲を消去する
BGMCLEAR [ユーザー定義曲番号]

指定した[ユーザー定義曲番号]の設定内容を消去します。引数を省略した場合は、すべてのユーザー定義曲を消去します。

	指定する内容	範囲	省略時
ユーザー定義曲番号	消去を行う定義曲番号	128〜255	すべてを消去

◆サウンドデバイスのレジスタへ値を登録する

SOUND レジスタ番号,データ

サウンドデバイスの指定したレジスタに、データを登録します。

指定する内容		範囲
レジスタ番号	設定を行うレジスタ番号	0〜255
データ	レジスタに設定するデータ	0〜255

◆サウンドデバイスのレジスタの値を取得する

変数=SOUND(レジスタ番号)

サウンドデバイスの指定したレジスタの値を取得し、戻り値として指定した変数に代入します。

指定する内容		戻り値
レジスタ番号	値を取得するレジスタ番号	0〜255

●サウンドデバイスについて

サウンドデバイスは、16チャンネル同時発声可能な波形メモリ音源となっています。波形は8個分が設定可能です。

各チャンネルと、波形のレジスタの割り当ては、以下の表のようになっています。

各チャンネルのレジスタ割り当て	
レジスタ番号	Ch.
0x00〜0x07	Ch.0
0x08〜0x0F	Ch.1
0x10〜0x17	Ch.2
0x18〜0x1F	Ch.3
0x20〜0x27	Ch.4
0x28〜0x2F	Ch.5
0x30〜0x37	Ch.6
0x38〜0x3F	Ch.7

各チャンネルのレジスタ割り当て	
レジスタ番号	Ch.
0x40〜0x47	Ch.8
0x48〜0x4F	Ch.9
0x50〜0x57	Ch.10
0x58〜0x5F	Ch.11
0x60〜0x67	Ch.12
0x68〜0x6F	Ch.13
0x70〜0x77	Ch.14
0x78〜0x7F	Ch.15

各チャンネル内のレジスタの機能		
オフセット	機能	設定内容
+0	Freq0/reqSct	周波数設定の7-0ビット目。このレジスタに書き込んだ時点でFreq3〜Freq0に設定した値が発音に反映されます
+1	Freq1	周波数設定の15-8ビット目。Freq0に書き込むまで発音に反映されません
+2	Freq2	周波数設定の23-16ビット目。Freq0に書き込むまで発音に反映されません
+3	Freq3	周波数設定の31-24ビット目。Freq0に書き込むまで発音に反映されません
+4	Volume	音量です。(0〜255)
+5	WaveSel	波形を選択します。(0-7)
+6	(Reserved)	—
+7	PhaseReset	書き込むと位相がリセットされます。(値はなんでもよい)

レジスタFreq3〜Freq0に書き込む32ビット値のRは、以下の式で求めます。

$R = 5592.4 * f(Hz)$

波形のレジスタ割り当て	
レジスタ番号	波形番号
0x80-0x8F	Wave0
0x90-0x9F	Wave1
0xA0-0xAF	Wave2
0xB0-0xBF	Wave3
0xC0-0xCF	Wave4
0xD0-0xDF	Wave5
0xE0-0xEF	Wave6
0xF0-0xFF	Wave7

起動直後はWave0〜7全てに矩形波が設定されています。

1つの波形は32サンプルで(16バイト)、1サンプルは4ビットリニアです。(2の補数表現)

※ 0b1000(-8)〜0b0000(0)〜0b0111(7)

1バイトの下位4ビット→上位4ビットの順で再生されます。

数学関係の命令

数学関係の命令にはサイン、コサインなどの三角関数のほか、小数点以下の数値を処理して整数化する命令、数値の絶対値や符号を取り出す命令などがあります。ゲーム制作にもよく使用される命令群です。

数値の小数点以下を切り捨てて整数部を取り出す

変数=FLOOR(数値)

数値の小数点以下を四捨五入して整数部を取り出す

変数=ROUND(数値)

数値の小数点以下を切り上げて整数部を取り出す

変数=CEIL(数値)

　与えられた数値を処理して、整数化して戻り値として返します。命令によって小数点以下の処理方法が異なります。

　[FLOOR]命令では、その数を超えない最大の整数を得ます。[CEIL]命令では逆に、その数を下回らない最小の整数を得ます。

数値の絶対値を取得する

変数=ABS(数値)

　与えられた数値の絶対値を得て、戻り値として返します。

数値の符号を取得する

変数=SGN(数値)

　与えられた数値の符号を調べます。数値が負の数なら変数に[-1]、正の数なら[1]を、数値が[0]の場合はそのまま[0]を戻り値として返します。

複数の数値の中の一番小さい値を調べる

変数=MIN(数値配列)

数値配列の要素の中の一番大きい値を調べる

変数=MAX(数値配列)

　指定した数値配列内の要素の中の[MIN]は最小、[MAX]は最大の数値を調べ、その結果を戻り値として返します。

指定する内容	
数値1,2,3…	最小値、最大値を調べたい内容が格納された数値配列 ※指定引数が[数値変数]1つのみだと数値配列の指定とみなされエラーになる

複数の数値の中の一番小さい値を調べる

変数=MIN(数値1,数値2[,数値3]…)

複数の数値の中の一番大きい値を調べる

変数=MAX(数値1,数値2[,数値3]…)

　指定した数値の中から、[MIN]は最小、[MAX]は最大の数値を調べ、その結果を戻り値として返します。数値には数値変数の指定も可能です。

指定する内容	
数値1,2,3…	最小値、最大値を調べたい数値、もしくは数値変数 ※指定引数が[数値変数]1つのみだと数値配列の指定とみなされエラーになる

整数の乱数を得る

変数=RND([シードID,]最大値)

　[0]から[最大値]-1までの整数の中から、ランダムに1つ生成し、戻り値として返します。[シードID]を指定すると、乱数の生成系列を変更できます。

指定する内容		範囲	省略時
シードID	乱数の生成系列	0〜7	0
最大値	取得する乱数の上限（最大値-1が上限）	—	省略不可

実数型の乱数を得る

変数=RNDF([シードID])

　[0]から[1.0]未満の範囲で実数型の乱数を生成し、戻り値として返します。[シードID]を指定すると、乱数の生成系列を変更することができます。

指定する内容		範囲	省略時
シードID	乱数の生成系列	0〜7	0

乱数の初期化を行う

RANDOMIZE シードID[,シード値]

　指定したシードIDの乱数系列を初期化します。[シード値]を指定するとその値を元に乱数系列を初期化します。[シード値]を省略したり、[0]を設定した場合、利用できるエントロピー情報を用いて初期化します。

指定する内容		範囲	省略時
シードID	乱数の生成系列	0〜7	省略不可
シード値	乱数の元となる値（[0]を指定でシード値をランダムに設定）	—	0

正の平方根を求める

変数=SQR(数値)

　指定された数値の平方根を求め、戻り値として返します。負の数値は指定できません。

---

e(自然対数の底)のべき乗を求める

変数=EXP(数値)

べき乗を求める

変数=POW(数値,乗数)

　指定された数値のべき乗を求めます。

　[EXP]では自然対数の底(e)のべき乗([数値]^e)を、[POW]は[数値]の[乗数]乗([数値]^{乗数})を求めて戻り値として返します。

対数を求める

変数=LOG(数値[,底])

　指定された数値の対数を求めます。[底]を省略すると自然対数を求めます。[数値][底]の両方にマイナスの数値を指定すると[Out of range]となります。

円周率を取得する

変数=PI( )

　円周率の値[3.14159265]を取得します。

角度からラジアンを求める

変数=RAD(角度)

ラジアン値から角度を求める

変数=DEG(ラジアン値)

　指定した角度からラジアンを求めたり、指定した数値からラジアンを求めたりします。

ラジアン値からサイン値を求める

変数=SIN(ラジアン値)

ラジアン値からコサイン値を求める

変数=COS(ラジアン値)

ラジアン値からタンジェント値を求める

変数=TAN(ラジアン値)

　指定したラジアン値からそれぞれの三角関数値を求めます。角度から値を求める場合は[X=SIN(RAD(45))][Y=COS(RAD(90))]のようにすると求めることができます。

アークサイン値を求める
変数=ASIN(数値)

アークコサイン値を求める
変数=ACOS(数値)

アークタンジェント値を求める
変数=ATAN(数値)

指定した数値から逆三角関数値を求め、戻り値として返します。求めた数値はラジアン値になります。[数値]には[-1]～[1]の間の数値を指定します。

アークタンジェント値を求める
変数=ATAN(座標Y,座標X)

指定した座標からアークタンジェント値を求めます。求めた数値はラジアン値になります。[座標Y][座標X]には原点からの座標が入りますが、引数の順序が[座標Y]が先になる点に注意してください。

指定する内容	
座標Y,X	アークタンジェント値を求める座標。原点からの座標指定で[座標Y]を先に記述する

ハイパボリックサイン値を求める
変数=SINH(数値)

ハイパボリックコサイン値を求める
変数=COSH(数値)

ハイパボリックタンジェント値を求める
変数=TANH(数値)

指定した数値からそれぞれの双曲線関数値を求めます。

数値が通常数値かどうかを調べる
変数=CLASSIFY(数値)

数値の状態を調べ、結果を戻り値として返します。与えられた数値が通常の数値なら[0]を返します。無限大の場合は[1]を、虚数など非数の場合は[2](NaN)を返します。

戻り値
通常の数値なら[0]、無限大の場合は[1]、虚数など非数の場合は[2](NaN)を返す

数値1を数値2で割った余りを求める
変数=数値1 MOD 数値2

[数値1]を[数値2]で割った際の余りを戻り値として返します。

指定する内容	
数値1	割られる数。数値もしくは式、数値変数で指定する
数値2	割る数。数値もしくは式、数値変数で指定する。[0]を指定するとエラーとなる

数値1を数値2で割った整数値を取得する
変数=数値1 DIV 数値2

[数値1]を[数値2]で割った際の商の整数部分を戻り値として返します。

指定する内容	
数値1	割られる数。数値もしくは式、数値変数で指定する
数値2	割る数。数値もしくは式、数値変数で指定する。[0]を指定するとエラーとなる

数値1と数値2の論理積を求める
変数=数値1 AND 数値2

[数値1]と[数値2]の論理積(ビットの掛け算)を行い、求められた値を戻り値として返します。2つの数値で同じ位置のビットがともに[1]だった場合、そのビットを[1]、そうでない場合は[0]として値を求めます。

数値1と数値2の論理和を求める
変数=数値1 OR 数値2

[数値1]と[数値2]の論理和(ビットの足し算)を行い、求められた値を戻り値として返します。2つの数値で同じ位置のビットのどちらかが[1]だった場合、そのビットを[1]、両方が[0]の場合は[0]として値を求めます。

数値1と数値2の排他的論理和を求める
変数=数値1 XOR 数値2

[数値1]と[数値2]の排他的論理和を行い、求められた値を戻り値として返します。2つの数値で同じ位置のビットが同じ値だった場合、そのビットを[1]、違う値だった場合は[0]として値を求めます。

数値の各ビットを反転する
変数=NOT 数値

[数値]の各ビットを反転します。[0]の場合は[1]、[1]の場合は[0]というふうに、[1]の補数を得ることで値を求め、戻り値として返します。

数値を指定回数だけ左にビットシフトする
変数=数値 << 回数

[数値]をビットとして分解し、指定された回数だけ左にビットシフトします。その結果の値を、戻り値として返します。

指定する内容	
数値	ビットシフトさせる数値
回数	左にビットシフトさせる回数

数値を指定回数だけ右にビットシフトする
変数=数値 >> 回数

[数値]をビットとして分解し、指定された回数だけ右にビットシフトします。その結果の値を、戻り値として返します。

指定する内容	
数値	ビットシフトさせる数値
回数	右にビットシフトさせる回数

文字列操作関係の命令

文字や文字列の情報を得たり、文字列自体の操作を行うのがこの命令群です。特殊な文字列操作として、文字列変数を配列のように扱って、内容を確認したり操作することが可能です。

文字列変数の要素の一部を調べ戻り値として戻す

文字列変数＝文字列変数名[指定位置]

文字列変数の要素の一部を置き換える

文字列変数名[指定位置]＝"文字列"

　文字列変数がある場合、下の例のように文字列変数の内容を参照したり、指定位置の文字を置き換えたりできます。これはSmileBASIC-R内部では、文字列変数自体を1文字の要素の並んだ文字列配列としてみなすためにできる操作です。この操作を行う場合、文字列の最初の文字は配列の添字と同様に[0]となり、以下[1]、[2]、[3]…となります。

●プログラム例①
```
A$="12345"
PRINT A$[3]
```
●実行結果①
```
4
```

●プログラム例②
```
A$="12345"
A$[3]="TEST"
PRINT A$
PRINT A$[3]
```
●実行結果②
```
123TEST5
T
```

●プログラム例②
```
A$="12345"
A$[3]=""
PRINT A$
PRINT A$[3]
```
●実行結果③
```
1235
5
```

指定した文字のASCIIコードを調べる

変数＝ASC("文字列")

指定したASCIIコードの文字を取得する

文字列変数＝CHR$(ASCIIコード)

　指定した文字のASCIIコードを調べたり、指定ASCIIコードの文字を取得したりします。ASCIIコードを調べる[文字列]が複数文字の場合は、先頭の文字のASCIIコードを戻り値として戻します。
　2つの命令ともに、文字コードは[UTF-16]として扱われます。

文字列から数値を得る

変数＝VAL("文字列")

　文字列を数値に変換します。[VAL]関数では、文字列に数値以外の要素が含まれていると戻り値が[0]となります。ただし2進数や16進数表記に準じた文字列はきちんと数値として変換されます。

数値を文字列にする

文字列変数＝STR$(数値[,桁数])

　数値を文字列に変換します。[桁数]を指定すると、数値が指定の桁数に右揃えされた状態の文字列を返します。この場合、たりない桁の部分には空白（スペース）が入ります。[桁数]の最大値は[63]です。

指定する内容	
数値	文字列に変換する数値
桁数	戻り値として返す文字列の長さ。文字列として変換された[数値]は右揃えされた状態になり、不足部分は空白（スペース）が入る

数値を16進数で表記した文字列に変換する

文字列変数＝HEX$(数値[,桁数])

　数値を16進数に変換し、結果を文字列として返します。[桁数]を指定した場合はその[桁数]の文字数となるよう空白の桁を[0]で埋めた文字列となります。[桁数]に[0]を指定すると、左詰めの文字列を生成します。

指定する内容	
数値	文字列に変換する数値（小数部は切り捨てとなる）
桁数	戻り値として返す文字列の長さ。文字列として変換された[数値]は右揃えされた状態になり、不足部分は空白（スペース）が入る

数値を2進数で表記した文字列に変換する

文字列変数＝BIN$(数値[,桁数])

　数値を2進数に変換し、結果を文字列として返します。指定した[桁数]に応じて[HEX$]と同じ操作を文字列に行います。

指定する内容	
数値	文字列に変換する数値（小数部は切り捨てとなる）
桁数	戻り値として返す文字列の長さ。文字列として変換された[数値]は右揃えされた状態になり、不足部分は空白（スペース）が入る

表示書式を使って値を整形し文字列化する

文字列変数＝FORMAT$("書式文字列",値,…)

　書式文字列を用いて、数値を整形し、結果を文字列として返します。書式文字列は出力表記を決めておき、%の後に補助として、寄せや桁数、符号の有無を指定します。指定できる出力表記、補助表記は下の通りです。
　[書式文字列]に複数の指定を重ねれば、複数の値をまとめて整形して、文字列変数に渡すことも可能です。この場合、[値]は指定した要素分必要になります。
　[%B][%D][%X]での[値]の指定は、10進数で[-2147483648]から[2147483647]（16進数で[&H00000000]から[&HFFFFFFFF]）の範囲でないとOverflowとなります。
　補助表記による[桁数]の指定で、整形した文字列の長さが桁数より長い場合は、[スペース埋め][符号追加]を除き、指定は無視されます。

書式文字列	
%S	文字列の内容を出力（値は文字列もしくは文字列変数）
%B	整数を2進数で出力（値は数値もしくは数値変数）
%D	整数を10進数で出力（値は数値もしくは数値変数）
%X	整数を16進数で出力（値は数値もしくは数値変数）
%F	実数で出力（値は数値もしくは数値変数）

書式例	出力結果
FORMAT$("%S","TTTTTT")	TTTTTT
FORMAT$("%B",255.55)	11111111
FORMAT$("%D",65535.55)	65535
FORMAT$("%X",65535.55)	FFFF
FORMAT$("%F",65535.55)	65535.550000

補助表記の内容（%と出力表記の間に指定する）	
桁数指定	[桁数]をそのまま数字で指定
小数桁数	[[整数部桁数].[小数部桁数]]という形で指定（%F以外は無効）
スペース埋め	手前に[ ]（スペース）を入れ[桁数]を指定。指定した桁数になるように不足している桁部分がスペースで埋められる。（※必ず1つはスペースが挿入される）
ゼロ埋め	手前に[0]を入れ[桁数]を指定。不足している桁部分が[0]になる
左寄せ	[%]の直後に[-]を入れる（桁数が不足する部分はスペースとなる）
符号追加	[%]の直後に[+]を入れる（桁数指定がなくても使用可能）

書式例	出力結果（□＝スペース）
FORMAT$("%8D",65535)	□□□65535
FORMAT$("%8.1F",65535)	□65535.0
FORMAT$("% 8D",65535)	□□□65535
FORMAT$("%08D",65535)	00065535
FORMAT$("%-8D",65535)	65535□□□
FORMAT$("%+8D",65535)	□□+65535

文字列の長さを調べる

変数＝LEN("文字列")

　文字列や文字列変数の文字数を調べ、戻り値として戻します。調べる場合はスペースや改行コードなど、特殊キャラクターもカウントされます。

配列の要素数を調べる

変数＝LEN(配列名)

　指定した配列の全要素数を調べて戻り値として戻します。配列は数値配列でも文字列配列でもどちらでもかまいません。

◆文字列の左端から指定文字数の文字列を取り出す

文字列変数=LEFT$("文字列",文字数)

◆文字列の指定位置から指定文字数の文字列を取り出す

文字列変数=MID$("文字列",指定位置,文字数)

◆文字列の右端から指定文字数の文字列を取り出す

文字列変数=RIGHT$("文字列",文字数)

[LEFT$][RIGHT$]はそれぞれ指定文字列の左右端から、[MID$]は文字列の指定位置から、[文字数]で指定した分の文字列を取り出し、文字列変数に代入します。[MID$]での[指定位置]は、文字列の最初の文字が[0]になることを注意してください。

指定する内容	
文字列	文字を取り出す文字列、もしくは文字列変数
文字数	取り出す文字の長さ。満たない場合は得られるだけの文字を返す

◆文字列から検索対象の文字列を探しその位置を戻り値として返す

変数=INSTR([開始位置,]"元文字列","検索する文字列")

[元文字列]に[検索する文字列]と同じものがあるかどうかを探し、見つかった場合はその先頭文字位置を返し、変数に代入します。文字列が見つからなかった場合は[-1]を返します。
[開始位置]を指定すると、検索をその場所から始めます。戻り値、開始位置ともに検索元先頭の文字が[0]になることを注意してください。

指定する内容	
開始位置	元文字列のどこから検索を始めるかの指定。最初の文字が[0]となる
元文字列	検索の元となる文字列、もしくは文字列変数
検索する文字列	[元文字列]から検索する文字列、もしくは文字列変数

戻り値
検索対象の文字列内の位置。(最初の文字が[0])、見つからなかった場合は[-1]となる

◆文字列の指定位置からを別の文字列に置換する

文字列変数=SUBST$("文字列",開始位置[,文字数],"置換文字列")

[文字列]の[開始位置]からを[置換文字列]で置き換え、結果を文字列変数に戻り値として返します。[文字数]が省略されている場合は、開始位置以降を削除し[置換文字列]に置き換えますが、指定されている場合は[置換文字数]分を抜き取り、その位置に[置換文字列]を差し込みます。このため削除される文字数や置換文字数と、[置換文字列]文字数が異なると、文字列の長さが変化します。
また、[開始位置]は先頭の文字が[0]になることを注意してください。

指定する内容	
文字列	置換を行う文字列、もしくは文字列変数
開始位置	[文字列]のどこから置換するかを指定する
文字数	[元文字列]の[開始位置]から何文字を[置換文字列]と置き換えるのかを指定する。省略すると[開始位置]以降を削除し、置き換える
置換文字列	[開始位置]から置き換える文字列、もしくは文字列変数

ソースコード操作関係の命令

SmileBASIC-Rには4つのプログラムSLOTがあります。これを利用した命令がソースコード操作命令で、実行中のプログラムから、他のプログラムSLOTの内容を操作することが可能になっています。

操作するプログラムSLOTと行番号を設定する
PRGEDIT プログラムSLOT[,行番号]

内容の操作を行うプログラムSLOTと、どの行番号から操作するか（カレント行）を指定します。実行中のプログラムSLOTは指定できません。[行番号]を省略すると先頭行を指定したことになります。

指定する内容		範囲
プログラムSLOT	内容の操作を行いたいプログラムSLOTの番号	0〜3
行番号	内容の操作を始める行番号 ※省略すると先頭行を指定	1〜999999 ※存在しない行番号や[-1]を指定すると最終行を指定したことになる

操作中の行番号に書かれた内容を文字列として取得する
文字列変数=PRGGET$()

操作を行なっているプログラムSLOTの、現在操作中の行（カレント行）の内容を取得し、文字列変数に代入します。操作中の行がプログラムの終端を超えていた場合は空の文字列を返します。

この操作を行うと、操作する行の位置が次の行に移動します。

戻り値
現在操作中（カレント行）の行の内容（プログラムの範囲外の場合は空文字列を返す）

操作中のプログラムSLOTの行の内容を置き換える
PRGSET "文字列"

操作中のプログラムSLOTで、現在操作中の行（カレント行）を[文字列]の内容に置き換えます。[PRGGET$]が空文字列を返す場合は、最終行に1行追加する形で[文字列]の内容を書き込みます。

指定する内容	
文字列	操作中の行の内容と置き換えたい内容を書いた文字列もしくは文字列変数

操作中のプログラムSLOTの行に1行挿入する
PRGINS "文字列"[,フラグ]

操作中のプログラムSLOTで、現在操作中の行（カレント行）の上、または下に行を追加し、その行に[文字列]の内容を書き込みます。[PRGGET$]が空文字列を返す場合は、最終行に1行追加する形で[文字列]の内容を書き込みます。

置き換える[文字列]内に、改行コードである[CHR$(10)]を入れ込むと、複数行を挿入することができます。

指定する内容	
文字列	操作中の行の位置に挿入したい内容を書いた文字列もしくは文字列変数
フラグ	[0]および省略時…現在操作中の行の前方に挿入する（現在の行を含む以降の行を下に下げ、現在の行に内容を挿入する） [1]…現在操作中の行の後方に挿入する（現在の行はそのまま。その次の行に内容が挿入され、現在の行より下の行は下に下がる）

操作中のプログラムSLOTの行を削除する
PRGDEL 削除行数

操作中のプログラムSLOTで、操作中の行（カレント行）の位置から指定した行数をその行を含め削除します。基本的に操作中の行より下の行を削除しますが、行数が不足した場合は上にある行も削除します。削除する行数を省略した場合は操作中の行を1行だけ、マイナスの数値を指定した場合はプログラムSLOTの内容すべてを消去します。

指定する内容		範囲	省略時
削除行数	操作中の行を含め、そこから削除する行数 ※マイナスの数値指定ですべて削除	最大999999	1

ソースコードの行数などを取得し戻り値として返す
変数=PRGSIZE([プログラムSLOT[,取得する値のタイプ]])

指定したプログラムSLOTの内容の行数などを取得し、戻り値として返します。どのような値を取得するかは[取得する値のタイプ]で指定できます。

指定する内容		範囲	省略時
プログラムSLOT番号	内容の取得を行いたいプログラムSLOTの番号	0〜3	0
取得する値のタイプ	右の範囲の中から欲しい内容を指定する ※この内容を指定する場合は、[プログラムSLOT番号]の省略はできない	0…行数 1…文字数 2…空き文字数	0

プログラムのファイル名を調べ文字列として返す
文字列変数=PRGNAME$(プログラムSLOT)

指定したプログラムSLOTにあるプログラムのファイル名を調べ、文字列として返します。ファイル名は[LOAD][SAVE]命令で扱ったものになります。指定したプログラムSLOTの内容がEDITモードで直接打ち込まれたもので、まだ[SAVE]されていない場合は空の文字列が返されます。

[プログラムSLOT]を省略すると、直前に実行したプログラムSLOTを指定したことになります。通常は[0]が設定されますが、他のプログラムSLOTのプログラムを実行し中断した後や、エラーで停止した後は、もう一度[RUN]を行うまでその状態が維持され、省略値として使用されます。

指定する内容		範囲	省略時
プログラムSLOT	ファイル名の取得を行いたいプログラムSLOTの番号	0〜3	解説参照

戻り値
現在操作中（カレント行）のプログラムのファイル名

108

GPIO制御関係の命令 (I2C/SPI含む)

SmileBASIC-Rを使うことで、ラズベリーパイのGPIOに信号を送ったり、逆に信号を受け取ったりといった制御を行うことができます。この命令を使うことで接続したハードをコントロールできるのです。

● 指定したピン番号のピンのI/Oモードを設定する

▶ GPIOMODE ピン番号,モード値

指定した[ピン番号]の入出力モードを設定します。[ピン番号]は物理ピン番号か定数で指定します。各ピンで設定できるモードは、下のようになります。

	<内側					外側>	
Mode	機能	定数	物理ピン番号		定数	機能	Mode
	3.3V		1	2		5V	
	SDA	#GPIO2	3	4		5V	
	SCL	#GPIO3	5	6		GND	
CLOCK	D7	#GPIO4	7	8	#GPIO14		
	GND		9	10	#GPIO15		
	D0	#GPIO17	11	12	#GPIO18	D1,PWM0	PWM
	D2	#GPIO27	13	14		GND	
	D3	#GPIO22	15	16	#GPIO23	D4	
	3.3V		17	18	#GPIO24	D5	
	MOSI	#GPIO10	19	20		GND	
	MISO	#GPIO9	21	22	#GPIO25	D6	
	SCLK	#GPIO11	23	24	#GPIO8	CE0	
	GND		25	26	#GPIO7		
		#GPIO0	27	28	#GPIO1		
		#GPIO5	29	30		GND	
		#GPIO6	31	32	#GPIO12	PWM0	PWM
PWM	PWM1	#GPIO13	33	34		GND	
PWM	PWM1	#GPIO19	35	36	#GPIO16		
		#GPIO26	37	38	#GPIO20		
	GND		39	40	#GPIO21		

ピンアサインと[Mode]の対応は以下の表を参照してください。定数があるピンの[Mode]では、デジタル入力・出力およびソフトウェアPWM・TONE出力の設定を行なえるので省略しています。ソフトウェアPWM・TONE出力を利用すると動作が遅くなります。

モード値定数	指定される内容
#GPIOMODE_IN	デジタル入力
#GPIOMODE_OUT	デジタル出力
#GPIOMODE_PWM	ハードウェアPWM出力
#GPIOMODE_CLOCK	CLOCK出力
#GPIOMODE_SOFT_PWM	ソフトウェアPWM出力
#GPIOMODE_SOFT_TONE	ソフトウェアTONE出力

● 指定したピン番号のピンのプルアップ／ダウンを設定する

▶ GPIOPUD ピン番号,モード値

[ピン番号]で設定したピンを、プルアップで扱うか、プルダウンで扱うかを設定します。[ピン番号]は物理ピン番号か定数で指定します。モード値で設定される内容は下の表の通りです。

モード値	指定される内容
0	無効
1	プルダウン
2	プルアップ

ピンアサインとModeの対応については、[GPIOMODE]の説明を参照してください。

● 指定したピン番号のデジタル入力の状態(0または1)を取得する

▶ 変数=GPIOIN(ピン番号)

[ピン番号]で設定したピンからのデジタル入力状態を取得します。[ピン番号]は物理ピン番号か定数で指定します。

戻り値
指定したピン番号のデジタル入力状態。[0]は入力なし、[1]は入力あり
※指定されたピンのI/Oモードがデジタルに設定されていない場合は[-1]を返す

● 8ビットI/O入力の状態(0～255)を取得する

▶ 変数=GPIOIN()

あらかじめデジタル入力に設定された全8ピンの8ビットI/Oの入力状態を戻り値として変数に代入します。[D0]～[D7]のビット順は反転して取得されます。

戻り値
指定した8ビットI/Oの入力状態。範囲は0～255となる
※8つのピンのうち1つでもI/Oモードがデジタルに設定されていない場合は[-1]を返す

● 指定したピン番号へデジタル値を出力する

▶ GPIOOUT ピン番号,出力値

[ピン番号]で設定したピンへデジタル値を出力します。[ピン番号]は物理ピン番号か定数で指定します。

設定する[出力値]は設定されたI/Oモードによって機能が異なります。詳しくは下の表を参照してください。

モード	設定する内容	範囲
デジタル出力モード	デジタル出力の状態を設定 ※[0]=出力しない [1]=出力する	0,1
PWM出力モード	PWMのデューティ比を設定	0～GPIOHWPWMで設定した分解能
CLOCK出力モード	クロック出力の周波数(Hz)を設定	4,688Hz～9,600,000Hz
ソフトウェアPWM出力モード	PWMのデューティ比を設定	0～100
ソフトウェアTONE出力モード	出力する音程(Hz)を設定	0Hz～5,000Hz

● 8ビットI/Oへの各デジタル値を出力する

▶ GPIOOUT 出力値

あらかじめデジタル出力に設定された全8ピンの8ビットI/Oに、値を出力します。

● PWM出力に関連するパラメータを設定する

▶ GPIOHWPWM [出力モード値],[クロック分周値],[分解能]

PWM(パルス幅変調)に関連するパラメータを設定します。引数を省略すると、その要素は変更されません。また、この命令による設定はソフトウェアPWM出力には影響しません。

[出力モード値]の設定／PWM出力波形の選択	
モード値	指定される内容
0	mark:space (サーボモータの制御に向く)
1	balanced (LEDの明度制御に向く)

[クロック分周値]の設定／PWMクロックの分周を設定 (元クロック=19.2MHz)			
モード値	指定される内容	モード値	指定される内容
2	9.6MHz	128	150kHz
4	4.8MHz	256	75kHz
8	2.4MHz	512	37.5kHz
16	1.2MHz	1024	18.75kHz
32	600kHz	2048	9.375kHz
64	300kHz	4096	4.6875kHz

[分解能]の設定／クロックの分解能
指定される内容
クロックの分解能(範囲:0～4,294,967,295)

● I2Cを有効化する

▶ I2CSTART [クロック周波数]

I2Cを有効化する命令です。実行すると使用するピンの[GPIOMODE]を切り替えます。有効化できないと[Internal Error]となります。

	指定する内容と範囲	省略時
クロック周波数	3,815 ～ 1,689,000Hz	現在の設定を維持

● I2Cを無効化する

▶ I2CSTOP

I2Cを無効化する命令です。実行すると使用したピンの[GPIOMODE]をデジタル入力へ切り替えます。無効化できないと[Internal Error]となります。

●指定したI2Cデバイスから8ビットのデータを受信する
変数=I2CRECV(デバイスアドレス)

[デバイスアドレス]で指定したI2Cデバイスから、8ビットのデータを受信し、変数に代入します。実行結果はシステム変数[RESULT]に格納され、値は成功時＝[1]、失敗時＝[0]です。I2Cが有効化できない場合[Internal Error]となります。

指定する内容		範囲
デバイスアドレス	受信値を得たいI2Cデバイスアドレス	0〜128

戻り値
I2Cデバイスからの8ビット受信値（0〜255）　※処理に失敗した場合[-1]を返す

●指定したI2Cデバイスから8ビットの配列データを受信する
I2CRECV デバイスアドレス,配列変数[,サイズ]

[デバイスアドレス]で指定したI2Cデバイスから、8ビットの配列データを受信し、[配列変数]に格納します。実行結果はシステム変数[RESULT]に格納され、値は成功時＝[1]、失敗時＝[0]です。I2Cが有効化できない場合[Internal Error]となります。

指定する内容		範囲
デバイスアドレス	受信値を得たいI2Cデバイスアドレス	0〜128
配列変数	受信値を格納する変数配列	―
サイズ	配列の要素数	最大8192

●指定したI2Cデバイスの指定レジスタから8ビットのデータを受信する
変数=I2CRECV8(デバイスアドレス,レジスタ番号)

[デバイスアドレス]で指定したI2Cデバイスの指定レジスタから、リピートスタートコンディションを使用し8ビットのデータを受信。戻り値として変数に代入します。実行結果はシステム変数[RESULT]に格納され、値は成功時＝[1]、失敗時＝[0]です。I2Cが有効化できない場合[Internal Error]となります。

指定する内容		範囲
デバイスアドレス	受信値を得たいI2Cデバイスアドレスとレジスタ番号	0〜128
レジスタ番号		0〜255

戻り値
I2Cデバイスからの8ビット受信値（0〜255）　※処理に失敗した場合[-1]を返す

●指定したI2Cデバイスの指定レジスタから16ビットのデータを受信する
変数=I2CRECV16(デバイスアドレス,レジスタ番号)

[デバイスアドレス]で指定したI2Cデバイスの指定レジスタから、リピートスタートコンディションを使用し16ビットのデータを受信。戻り値として変数に代入します。2バイト（16ビット）の受信データはLSB Firstとなります。

実行結果はシステム変数[RESULT]に格納されます。値は成功時＝[1]、失敗時＝[0]です。I2Cが有効化できない場合[Internal Error]となります。

指定する内容		範囲
デバイスアドレス	受信値を得たいI2Cデバイスアドレスとレジスタ番号	0〜128
レジスタ番号		0〜255

戻り値
I2Cデバイスからの16ビット受信値（0〜65,535）　※処理に失敗した場合[-1]を返す

●指定したI2Cデバイスへ8ビットのデータを送信する
I2CSEND デバイスアドレス,データ

[デバイスアドレス]で指定したI2Cデバイスへ、8ビットの[データ]を送信します。実行結果はシステム変数[RESULT]に格納されます。値は成功時＝[1]、失敗時＝[0]です。I2Cが有効化できない場合[Internal Error]となります。

指定する内容		範囲
デバイスアドレス	送信を行いたいI2Cデバイスアドレス	0〜128
データ	I2Cデバイスに送信する8ビットデータ	0〜256

●指定したI2Cデバイスへ8ビットの配列データを送信する
I2CSEND デバイスアドレス,配列変数[,サイズ]

[デバイスアドレス]で指定したI2Cデバイスへ、[配列変数]に格納された8ビットのデータ配列を送信します。実行結果はシステム変数[RESULT]に格納されます。値は成功時＝[1]、失敗時＝[0]です。I2Cが有効化できない場合[Internal Error]となります。

指定する内容		範囲
デバイスアドレス	送信を行いたいI2Cデバイスアドレス	0〜128
配列変数	送信するデータを格納した変数配列 ※データの数値が0以下＝[0]、255以上＝[255]に変換	―
サイズ	配列の要素数	最大8192

●指定したI2Cデバイスの指定レジスタへ8ビットのデータを送信する
I2CSEND8 デバイスアドレス,レジスタ番号,データ

[デバイスアドレス]で指定したI2Cデバイスの指定レジスタへ、8ビットのデータを送信します。実行結果はシステム変数[RESULT]に格納されます。値は成功時＝[1]、失敗時＝[0]です。I2Cが有効化できない場合[Internal Error]となります。

指定する内容		範囲
デバイスアドレス	送信したいI2Cデバイスアドレスとレジスタ番号	0〜128
レジスタ番号		0〜255
データ	送信する8ビットの数値データ	0〜255

●指定したI2Cデバイスの指定レジスタへ16ビットのデータを送信する
I2CSEND16 デバイスアドレス,レジスタ番号,データ

[デバイスアドレス]で指定したI2Cデバイスの指定レジスタへ16ビットのデータを送信します。実行結果はシステム変数[RESULT]に格納されます。値は成功時＝[1]、失敗時＝[0]です。I2Cが有効化できない場合[Internal Error]となります。

指定する内容		範囲
デバイスアドレス	送信したいI2Cデバイスアドレスとレジスタ番号	0〜128
レジスタ番号		0〜255
データ	送信する16ビットの数値データ	0〜65535

●指定されたクロック周波数とタイミング方式でSPIを有効化する
SPISTART クロック周波数,タイミング方式

指定されたクロック周波数と、タイミング方式でSPIを有効化する命令です。実行すると使用したピンの[GPIOMODE]を切り替えます。有効化できないと[Internal Error]となります。

指定する内容				範囲
クロック周波数	受信値を得たいI2Cデバイスアドレス			3,815〜125,000,000 Hz
タイミング方式	受信値を格納する変数配列			
	0	1	2	3
	CPOL=0、CPHA=0	CPOL=0、CPHA=1	CPOL=1、CPHA=0	CPOL=1、CPHA=1

●SPIを無効化する
SPISTOP

SPIを無効化する命令です。実行すると使用したピンの[GPIOMODE]をデジタル入力へ切り替えます。無効化できないと[Internal Error]となります。

●指定したSPIデバイスから8ビットの配列データを受信する
SPIRECV 配列変数[,サイズ]

SPIデバイスから8ビットの配列データを受信し、[配列変数]に格納します。実行結果はシステム変数[RESULT]に格納されます。値は成功時＝[1]、失敗時＝[0]です。SPIが有効化できない場合[Internal Error]となります。

指定する内容		範囲
配列変数	受信値を格納する変数配列	―
サイズ	配列の要素数	最大4096

●指定したSPIデバイスへ8ビットの配列データを送信する
SPISEND 配列変数[,サイズ]

SPIデバイスへ[配列変数]に格納された8ビットデータを送信します。SPIが有効化できない場合[Internal Error]となります。

指定する内容		範囲
配列変数	送信するデータを格納した変数配列 ※データの数値が0以下＝[0]、255以上＝[255]に変換	―
サイズ	配列の要素数	最大4096

●指定したSPIデバイスへ8ビットの配列データを送受信する
SPISENDRECV 配列変数[,サイズ]

SPIデバイスへ[配列変数]に8ビットデータを送受信します。SPIが有効化できない場合[Internal Error]となります。

指定する内容		範囲
配列変数	送受信するデータを格納した変数配列 ※送信時、データの数値が0以下＝[0]、255以上＝[255]に変換	―
サイズ	配列の要素数	最大4096

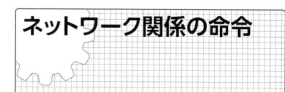

ネットワーク関係の命令

ラズベリーパイのネットワーク端子を通じてアクセスを行う命令です。これらの命令を利用することで、WANやLANにデータを送信したり、受信したりすることができます。

◆GETメソッドでHTTPリクエストを送信する
文字列変数＝HTTPGET$("URL")

HTTPリクエストをGETメソッドで送信します。送信する内容[URL]は、文字列もしくは文字列変数で指定します。[URL]として指定できる文字はASCII文字のみ。文字数は最大2083文字までです。戻り値にはレスポンスデータが入ります。また、HTTPステータスコードはシステム変数[RESULT]に値として格納されます。

指定する内容	
"URL"	送信するHTTPリクエストの宛先

戻り値
レスポンスデータ

◆POSTメソッドでHTTPリクエストを送信する
文字列変数＝HTTPPOST$("URL","データ文字列")

HTTPリクエストをPOSTメソッドで送信します。送信する内容[URL]は、文字列もしくは文字列変数で指定します。[URL]として指定できる文字はASCII文字のみ。文字数は最大2083文字までです。リクエストデータは[データ文字列]として、文字列もしくは文字列変数で指定します。

戻り値にはレスポンスデータが入ります。また、HTTPステータスコードはシステム変数[RESULT]に値として格納されます。

指定する内容	
"URL"	送信するHTTPリクエスト
"データ文字列"	送信するリクエストデータ

戻り値
レスポンスデータ

◆指定した、文字列をURLエンコードされた文字列に変換する
文字列変数＝URLENCODE$("文字列")

指定した文字列、もしくは文字列変数を、URLエンコードし、戻り値として返します。変換できる文字数は2083文字まで。
URLエンコードしても、"a"～"z"、"A"～"Z"、"0"～"9"、"-"、"."、"_"、"~"の文字は変換されません。

指定する内容	
"文字列"	URLエンコードする文字列、もしくは文字列変数

戻り値
URLエンコードされた文字列

MML

MMLとは[BGMPLAY]で使用する演奏文字列の中に書く専用の言語で[Music Macro Language]の略です。ここではSmileBASIC-RのMMLで使用できるコマンドを解説します。
※V1.6では一部対応していない機能がありますが、将来のアップデートで対応される予定です。

MMLを演奏するチャンネルを指定する
：チャンネル番号

MMLを演奏するチャンネルを指定します。[：]に続けてチャンネル番号を、[0]から[15]の範囲で指定します。複数のチャンネルでMMLを演奏させることで、重音の演奏が可能になります。

MMLを演奏するテンポ(速度)を指定する
Tテンポ

MMLを演奏するテンポ(速度)を指定します。[T]に続けてテンポを、[1]から[512]の範囲で指定します。

デフォルトの音の長さを指定する
L音の長さ

MML内でのデフォルトの音の長さを[1]から[192]の範囲で指定します。音の長さは、楽譜の音符の呼び方と同じで、[1]なら全音符、[2]なら二分音符、[4]なら四分音符というふうになります。

演奏する音に音の長さを指定する
音程記号[音の長さ]

演奏する音とその長さを指定します。[音の長さ]を指定するとその長さで、省略すると上記の[L]で指定したデフォルトの長さで演奏します。

ほかにも前後の音をつなぐ指定や、音の長さのうち音を発生する割合を指定するコマンドがあります。

MML表記	指定内容	例
[音程記号][音の長さ]	デフォルトの音の長さ以外で演奏させたい場合は音程記号に並べて[音の長さ]を入力	C4
[音程記号][音の長さ].	[音の長さ]のあとに[.](ピリオド)を付けると、付点音符として処理される	C4.
&	前後の音をつないで演奏する	C4&E4
_	記号の手前の音から、後の音に、音階を滑らかに変えながら演奏する(ポルタメント)	C4_E4
Q[音を発生する割合]	音の長さのうち、どの程度実際に音を出すかを[0]から[8]の間で指定する。数字が小さいほど音が途切れて演奏される	Q4C4

音階を指定する
C／D／E／F／G／A／B

音階は[C]が[ド]となり、上にある順で[レ][ミ]…と高くなります。半音上げや下げ、オクターブの指定などもできます。これが[音程記号]になります

MML表記	指定内容	例
C	[ド]の音階指定	C
D	[レ]の音階指定	D
E	[ミ]の音階指定	E
F	[ファ]の音階指定	F
G	[ソ]の音階指定	G
A	[ラ]の音階指定	A
B	[シ]の音階指定	B
#	音階を半音上げる	C#
-	音階を半音下げる	C-
R	休符　※音階と同じように音長指定できる	R4
O[オクターブ]	オクターブを指定する。範囲は[0]から[8]	O8
<	次の音からのオクターブを1つ上げる	<
>	次の音からのオクターブを1つ下げる	>
!	これ以降にあるMML内の[<][>]コマンドの効果を逆にする。このコマンドはそのMML内でのみ有効で、別のMMLを演奏すると効果は元に戻る。また、同じMML内で2度使用しても、1度使用した場合と同じ「逆」になったままとなる	!
N[キーの高さ]	音階をキーで直接数値指定する。[キーの高さ]は半音ごとに[1]増減し、範囲は[0]から[127]※[O4C]=[N60]となる	N77

音量を指定する
V音量

MMLの演奏音の音量を指定します。音量の範囲は[0]から[127]です。

MML表記	指定内容	例
V[音量]	音量を指定。範囲は[0]から[127]※[0]で無音	V64
(	それ以降の演奏の音量を1つ上げる	(
)	それ以降の演奏の音量を1つ下げる	)

音が聞こえてくる位置を決める
P定位

MMLの演奏音が、左右のどの位置から聞こえてくるかを指定します。音の位置は[0]から[127]で指定し、[P64]で中央から、[P0]から[P63]で左側から、[P65]から[P127]で右側から音が聞こえるようになります。[64]から[定位]の数値が離れるほど、音が聞こえる位置も中央から離れます。

エンベロープを設定する
@Eアタック,ディレイ,サスティン,リリース

MMLの演奏音にエンベロープを設定します。エンベロープの設定要素についての解説は、[サウンド]の[WAVSETA]の項目を参照してください。

エンベロープを解除する
@ER

現在のエンベロープ指定をすべて解除します。

楽器音を変更する
@楽器番号

MMLでの演奏に使用する楽器音を変更します。[楽器番号]は[0]から[511]まで指定できますが、すべてに楽器音が設定されているわけではありません。また、[WAVSET]命令で、ユーザー定義の楽器音を使用することもできます。

MML表記	指定内容	備考
@0 ～ @127	General MIDIの音源相当	
@128	標準ドラムセット	音階指定で音源が変化
@129	エレクトリックドラムセット	音階指定で音源が変化
@144 ～ @150	PSG音源	
@151	ノイズ音源	
@224 ～ @255	ユーザー定義波形	[WAVSET]で登録された波形
@256 ～	BEEP用に用意された効果音	

演奏音に微妙な揺らしの効果を付ける／効果を消す
@MON ／ @MOF

[@MON]を実行すると、MMLでの演奏音に、設定した揺らし(モジュレーション)の効果を付けます。[@MOF]で効果を消すことができます。設定する要素は下の表を参照してください。[@MA][@MP][@ML]は同時に使用できません。

MML表記	指定内容
@MON	揺らし効果を有効にする
@MOF	揺らし効果を無効にする
@D[周波数の微調整値]	周波数の微調整を行う。範囲は[-128]から[127]※[-128]で1音低く、[127]で1音高くなる
@MA[D],[R],[S],[De]	トレモロ(周期的に音量を上げ下げ)を設定する
@MP[D],[R],[S],[De]	ビブラート(音程の聞こえかたを保ちながら高さを揺らす)を設定する
@ML[D],[R],[S],[De]	オートパンポット(音の位相を揺らす)を設定する

[D]…音量の上下幅(Depth)
[R]…音程の変化幅(Pitch)
[S]…変化の周期の速さ(Speed)
[De]…遅れ効果の設定(Delay)
※範囲は[0]から[127]

指定範囲のMMLを指定回数だけ繰り返し演奏する
[MML][回数]

[[ ]から[ ]]までの間のMMLを指定された[回数]だけ繰り返し演奏します。[回数]を省略すると、無限に繰り返します。繰り返し指定は入れ子にすることができるので、短いMMLで長い演奏をさせることも可能です。

◆ MMLの内部変数に数値を代入する

$内部変数番号＝数値

MMLを演奏するトラックの内部変数に数値を書き込みます。この数値を同じMML内で参照したり、演奏中であれば[BGMVAR]関数で代入、参照することができます。

内部変数はMMLコマンドすべてで利用できるわけではありません。利用できるものは下の表を参考にしてください。

利用できるコマンド	指定内容	例
[音程指定][音の長さ]	音の長さとして指定する	C$0
R[休符の長さ]	休符の長さとして指定する	R$0
N[キーの高さ]	キーの高さとして指定する	N$0
V[音量]	音量の大きさとして指定する	V$0
P[定位]	音の定位として指定する	P$0
@D[周波数の微調整値]	周波数の微調整値として指定する	@D$0

◆ マクロを定義する／マクロを使用する

｛ラベル名＝MML｝ ／ ｛ラベル名｝

［｛］から［｝］までのMMLを[ラベル名]を使って呼び出せるマクロとして定義し、利用します。同じメロディやフレーズをMML内で利用したい場合に便利です。マクロ定義のMML内ではチャンネルの指定［：］はできません。また、使用できるラベルは8文字以内で、同じラベル名での再定義はできません。

楽器音一覧 （@0 ～ @127）

番号	英語表記	日本語表記	番号	英語表記	日本語表記	番号	英語表記	日本語表記
	ピアノ			ストリングス			シンセパッド	
0	Acoustic Grand Piano	アコースティックピアノ	44	Tremoro Strings	トレモロ	88	Fantasia	ファンタジア
1	Bright Acoustic Piano	ブライトピアノ	45	Pizzicato Strings	ピッチカート	89	Warm pad	ウォーム
2	Electric Grand Piano	エレクトリックグランドピアノ	46	Orchestral Harp	ハープ	90	Polysynth	ポリシンセ
3	Honky-Tonk Piano	ホンキートンクピアノ	47	Timpani	ティンパニ	91	Space voice	クワイア
4	Electric Piano 1	エレクトリックピアノ1		アンサンブル		92	Bowed glass	ボウ
5	Electric Piano 2	エレクトリックピアノ2	48	String Ensemble 1	ストリングアンサンブル1	93	Metal pad	メタリック
6	Harpsicord	ハープシコード	49	String Ensemble 2	ストリングアンサンブル2	94	Halo pad	ハロー
7	Clavi	クラビネット	50	Synth Strings 1	シンセストリングス1	95	Sweep	スウィープ
	クロマティック・パーカッション		51	Synth Strings 2	シンセストリングス2		シンセエフェクト	
8	Celesta	チェレスタ	52	Choir Aahs	声「あー」	96	Ice rain	雨
9	Glockenspiel	グロッケンシュピール	53	Voice Oohs	声「うー」	97	Soundtrack	サウンドトラック
10	Music Box	オルゴール	54	Synth Voice	シンセヴォイス	98	Crystal	クリスタル
11	Vibraphone	ヴィブラフォン	55	Orchestra Hit	オーケストラヒット	99	Atmosphere	アトモスフィア
12	Marimba	マリンバ		ブラス		100	Brightness	ブライトネス
13	Xylophone	シロフォン	56	Trumpet	トランペット	101	Goblin	ゴブリン
14	Tubular Bells	チューブラーベル	57	Trombone	トロンボーン	102	Echo drops	エコー
15	Dulcimer	ダルシマー	58	Tuba	チューバ	103	Star thema	サイファイ
	オルガン		59	Muted Trumpet	ミュートトランペット		エスニック	
16	Drawbar Organ	ドローバーオルガン	60	French Horn	フレンチ・ホルン	104	Sitar	シタール
17	Percussive Organ	パーカッシブオルガン	61	Brass Section	ブラスセクション	105	Banjo	バンジョー
18	Rock Organ	ロックオルガン	62	Synth Brass 1	シンセブラス1	106	Shamisen	三味線
19	Church Organ	チャーチオルガン	63	Synth Brass 2	シンセブラス2	107	Koto	琴
20	Reed Organ	リードオルガン		リード		108	Kalimba	カリンバ
21	Accordion	アコーディオン	64	Soprano Sax	ソプラノサックス	109	Bagpipe	バグパイプ
22	Harmonica	ハーモニカ	65	Alto Sax	アルトサックス	110	Fiddle	フィドル
23	Tango Accordion	タンゴアコーディオン	66	Tenor Sax	テナーサックス	111	Shanai	シャハナーイ
	ギター		67	Baritone Sax	バリトンサックス		打楽器	
24	Nylon Guitar	アコースティックギター（ナイロン弦）	68	Oboe	オーボエ	112	Tinkle Bell	ティンクルベル
25	Steel Guitar	アコースティックギター（スチール弦）	69	English Horn	イングリッシュホルン	113	Agogo	アゴゴ
26	Jazz Guitar	ジャズギター	70	Bassoon	ファゴット	114	Steel Drums	スチールドラム
27	Clean Guitar	クリーンギター	71	Clarinet	クラリネット	115	Woodblock	ウッドブロック
28	Muted Guitar	ミュートギター		パイプ		116	Taiko Drum	太鼓
29	Overdrive Guitar	オーバードライブギター	72	Piccolo	ピッコロ	117	Melodic Tom	メロディックタム
30	Distortion Guitar	ディストーションギター	73	Flute	フルート	118	Synth Drum	シンセドラム
31	Guitar Harmonics	ギターハーモニクス	74	Recorder	リコーダー	119	Reverse Cymbal	逆シンバル
	バス		75	Pan Flute	パンフルート		効果音	
32	Acosic Bass	アコースティックベース	76	Bottle Blow	ガラス瓶に息を吹き込む音	120	Guitar Fret Noise	ギターフレットノイズ
33	Finger Bass	フィンガー・ベース	77	Shakuhachi	尺八	121	Breath Noise	ブレスノイズ
34	Pick Bass	ピック・ベース	78	Whistle	口笛	122	Seashore	海岸
35	Fretless Bass	フレットレスベース	79	Ocarina	オカリナ	123	Bird Tweet	鳥のさえずり
36	Slap Bass 1	スラップベース1		シンセリード		124	Telephone Ring	電話のベル
37	Slap Bass 2	スラップベース2	80	Square wave	矩形波	125	Helicopter	ヘリコプター
38	Synth Bass 1	シンセベース1	81	Saw wave	ノコギリ波	126	Applause	拍手
39	Synth Bass 2	シンセベース2	82	Synth caliope	カリオペ	127	Gun Shot	銃声
	ストリングス		83	Chiffer Lead	チフ			
40	Violin	ヴァイオリン	84	Charang	チャランゴ			
41	Viola	ヴィオラ	85	solo vox	声			
42	Cello	チェロ	86	5th saw wave	フィフスズ			
43	Contrabass	コントラバス	87	Bass&lead	バス＋リード			

SmileBASIC-R 命令リファレンス MML

ドラムセット一覧（@128、@129）

キー	音階	@128（標準ドラムセット）	@129（エレクトリックドラムセット）
35	B1	Acoustic Bass Drum 2	909BD
36	C2	Acoustic Bass Drum 1	808BDTom
37	C2#	Side Stick	808RimShot
38	D2	Acoustic Snare	808SD
39	D2#	Hand Clap	Hand Clap
40	E2	Electric Snare	909SD
41	F2	Low Floor Tom	808TomLF
42	F2#	Closed Hi-hat	808CHH
43	G2	High Floor Tom	808TomF
44	G2#	Pedal Hi-hat	808CHH
45	A2	Low Tom	808TomL
46	A2#	Open Hi-hat	808OHH
47	B2	Low-Mid Tom	808TomLM
48	C3	High Mid Tom	808TomHM
49	C3#	Crash Cymbal 1	808Cymbal
50	D3	High Tom	808TomH
51	D3#	Ride Cymbal 1	Ride Cymbal 1
52	E3	Chinese Cymbal	Chinese Cymbal
53	F3	Ride Bell	Ride Bell
54	F3#	Tambourine	Tambourine
55	G3	Splash Cymbal	Splash Cymbal
56	G3#	Cowbell	808Cowbell
57	A3	Crash Cymbal 2	Crash Cymbal 2
58	A3#	Vibra-slap	Vibra-slap
59	B3	Ride Cymbal 2	Ride Cymbal 2
60	C4	High Bongo	High Bongo
61	C4#	Low Bongo	Low Bongo
62	D4	Mute Hi Conga	808CongaMute
63	D4#	Open Hi Conga	808CongaHi
64	E4	Low Conga	808CongaLo
65	F4	High Timbale	High Timbale
66	F4#	Low Timbale	Low Timbale
67	G4	High Agogo	High Agogo
68	G4#	Low Agogo	Low Agogo
69	A4	Cabasa	Cabasa
70	A4#	Maracas	808Maracas
71	B4	Short Whistle	Short Whistle
72	C5	Long Whistle	Long Whistle
73	C5#	Short Guiro	Short Guiro
74	D5	Long Guiro	Long Guiro
75	D5#	Claves	808Claves
76	E5	Hi Wood Block	Hi Wood Block
77	F5	Low Wood Block	Low Wood Block
78	F5#	Mute Cuica	Mute Cuica
79	G5	Open Cuica	Open Cuica
80	G5#	Mute Triangle	Mute Triangle
81	A5	Open Triangle	Open Triangle

システム変数・定数

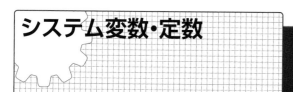

[システム変数]は、SmileBASIC-Rであらかじめ予約され、システムで利用している変数です。この変数と同一名の変数は定義できません。
[定数]は[#]ではじまるもので、引数などに数値がわりに指定できます。

システム変数

変数名	内容
CSRX	カーソル位置X
CSRY	カーソル位置Y
FREEMEM	残りユーザーメモリー(キロバイト)
VERSION	システムバージョン([&HXXYYZZZZ]=Ver XX.YY.ZZZZ)
TABSTEP	TAB移動量(書き込み可能)
SYSBEEP	システム効果音(書き込み可能、[TRUE]=あり、[FALSE]=なし)
ERRNUM	エラーが発生した時のエラー番号
ERRLINE	エラーが発生した時の行番号
ERRPRG	エラーが発生した時のプログラムSLOT
PRGSLOT	PRGEDIT命令等のカレントプログラムSLOT
RESULT	特定の命令を実行した際の処理結果
MAINCNT	SmileBASIC-R起動時からのフレーム数
MILLISEC	SmileBASIC-R起動時からのミリセカント単位の時間
TRUE	常に[1]
FALSE	常に[0]
TIME$	時刻文字列(HH:MM:SS)
DATE$	日付文字列(YYYY/MM/DD)
CALLIDX	SPFUNCで呼び出された番号
SOFTKBD	ソフトウェアキーボードの使用禁止／許可(書き込み可能。[TRUE]=許可、[FALSE]=禁止)

エラーが発生した場合、システム変数[ERRNUM][ERRPRG][ERRPRG]を調べたり、[BACKTRACE]命令を使うことで、プログラムのデバッグ作業に役立ちます。上記の通りシステム変数と同一の変数名は使用できません。

定数

系列	定数名	内容	
汎用	#ON	1	
	#OFF	0	
	#YES	1	
	#NO	0	
	#TRUE	1	
	#FALSE	0	
色コード(RGB値)	#AQUA	&HFF00F8F8	
	#BLACK	&HFF000000	
	#BLUE	&HFF0000FF	
	#CYAN	&HFF0000F8	
	#FUCHSIA	&HFFF800F8	
	#GRAY	&HFF808080	
	#GREEN	&HFF008000	
	#LIME	&HFF00F800	
	#MAGENTA	&HFF800F8	
	#MAROON	&HFF800000	
	#NAVY	&HFF000080	
	#OLIVE	&HFF808000	
	#PURPLE	&HFF800080	
	#RED	&HFFF80000	
	#SILVER	&HFFC0C0C0	
	#TEAL	&HFF008080	
	#WHITE	&HFFF8F8F8	
	#YELLOW	&HFFF8F800	
ATTR命令	#TROT0	&H00	回転なし
	#TROT90	&H01	回転90度
	#TROT180	&H02	回転180度
	#TROT270	&H03	回転270度
	#TREVH	&H04	左右反転
	#TREVV	&H08	上下反転
SPSET、SPCHR命令	#SPSHOW	&H01	表示
	#SPROT0	&H00	回転なし
	#SPROT90	&H02	回転90度
	#SPROT180	&H04	回転180度
	#SPROT270	&H06	回転270度
	#SPREVH	&H08	左右反転
	#SPREVV	&H10	上下反転
SPCHK	#CHKXY	&H01	XY座標
	#CHKZ	&H02	Z座標
	#CHKUV	&H04	画像位置
	#CHKI	&H08	DEF定義
	#CHKR	&H10	回転
	#CHKS	&H20	スケール
	#CHKC	&H40	色
	#CHKV	&H80	内部変数

定数（つづき）

系列	定数名	内容	
BUTTON関数の値	#BID_UP	0	上
	#BID_DOWN	1	下
	#BID_LEFT	2	左
	#BID_RIGHT	3	右
	#BID_A	4	A
	#BID_B	5	B
	#BID_X	6	X
	#BID_Y	7	Y
	#BID_LB	8	LB
	#BID_RB	9	RB
	#BID_START	10	START
	#BID_LT	11	LT
	#BID_RT	12	RT
	#BID_BACK	13	BACK
	#BID_LS	14	左スティック押し込み
	#BID_RS	15	右スティック押し込み
	#BID_HOME	16	HOME
スティックID	#SID_L	0	左スティック
	#SID_R	1	右スティック
GPIOモード	#GPIOMODE_IN	0	デジタル入力
	#GPIOMODE_OUT	1	デジタル出力
	#GPIOMODE_PWM	2	PWM出力
	#GPIOMODE_CLOCK	3	CLOCK出力
	#GPIOMODE_SOFT_PWM	4	ソフトウェアPWM出力
	#GPIOMODE_SOFT_TONE	5	ソフトウェアTONE出力
	#GPIOMODE_ALT0	16	
	#GPIOMODE_ALT1	17	
	#GPIOMODE_ALT2	18	
	#GPIOMODE_ALT3	18	
	#GPIOMODE_ALT4	20	
	#GPIOMODE_ALT5	21	
GPIOポート(定数／物理ピン番号／機能)	#GPIO0	27	
	#GPIO1	28	
	#GPIO2	3	SDA
	#GPIO3	5	SCL
	#GPIO4	7	D7,CLOCK
	#GPIO5	29	
	#GPIO6	31	
	#GPIO7	26	
	#GPIO8	24	CE0
	#GPIO9	21	MOSO
	#GPIO10	19	MOSI
	#GPIO11	23	SCLK
	#GPIO12	32	PWM0
	#GPIO13	33	PWM1
	#GPIO14	8	
	#GPIO15	10	
	#GPIO16	36	
	#GPIO17	11	D0
	#GPIO18	12	D1,PWM0
	#GPIO19	35	PWM1
	#GPIO20	38	
	#GPIO21	40	
	#GPIO22	15	D3
	#GPIO23	16	D4
	#GPIO24	18	D5
	#GPIO25	22	D6
	#GPIO26	37	
	#GPIO27	13	D2

エラーコード一覧

SmileBASIC-Rで表示されるエラーコードの一覧になります。エラーが発生すると[DIRECTモード]画面に、これらのエラー表示が行われます。[エラー番号]はその際、[ERRNUM]に代入される数値です。

エラー番号	エラー表示	エラーの内容
1	Internal Error	内部エラー：通常は発生しない
2	Illegal Instruction	内部エラー：通常は発生しない
3	Syntax error	文法が間違っている
4	Illegal function	call 命令や関数の引数の数が違う
5	Stack overflow	スタックがあふれた
6	Stack underflow	スタックが不足した
7	Divide by zero	0 による除算をした
8	Type mismatch	変数の型が一致しない
9	Overflow	演算結果が許容範囲を超えた
10	Out of range	範囲外の数値を指定した
11	Out of memory	メモリー不足
12	Out of code memory	コード領域のメモリー不足
13	Out of DATA	READ できる DATA が不足
14	Undefined label	指定されたラベルが存在しない
15	Undefined variable	指定された変数が存在しない
16	Undefined function	指定された命令・関数が存在しない
17	Duplicate label	ラベルが二重定義されている
18	Duplicate variable	変数が二重定義されている
19	Duplicate function	命令・関数が二重定義されている
20	FOR without NEXT	NEXT が無い FOR がある
21	NEXT without FOR	FOR が無い NEXT がある
22	REPEAT without UNTIL	UNTIL が無い REPEAT がある
23	UNTIL without REPEAT	REPEAT が無い UNTIL がある
24	WHILE without WEND	WEND が無い WHILE がある
25	WEND without WHILE	WHILE が無い WEND がある
26	THEN without ENDIF	ENDIF が無い THEN がある
27	ELSE without ENDIF	ENDIF が無い ELSE がある
28	ENDIF without IF	IF が無い ENDIF がある
29	DEF without END	END が無い DEF がある
30	RETURN without GOSUB	GOSUB がない RETURN がある
31	Subscript out of range	配列添字が範囲外
32	Nested DEF	DEF 内で DEF を定義した
33	Can't continue	CONT でプログラムを再開できない
34	Illegal symbol string	ラベル文字列の記述方法が間違っている
35	Illegal file format	SMILEBASIC では扱えないファイル形式
36	Use PRGEDIT before any PRG function	PRGEDIT せずに PRG 系の命令を使った
37	Animation is too long	アニメーション定義が長すぎる
38	Illegal animation data	不正なアニメーションデータ
39	String too long	文字列が長すぎる
40	Can't use from direct mode	ダイレクトモードでは使えない命令
41	Can't use in program	プログラム内では使えない命令
42	Can't use in tool program	ツールプログラム内からは使えない命令
43	Load failed	ファイル読み込みに失敗
44	Uninitialized variable used	未初期化変数を参照しようとした
45	END without CALL	ユーザー定義命令を呼び出していないのにユーザー定義末尾の END に遭遇した
46	Too many arguments	命令・関数の引数が多すぎる
47	Can't connect to the network	ネットワークに接続できない

キーボード入力一覧

SmileBASIC-Rでは、ラズベリーパイのUSBポートにキーボードを接続し、入力に使用することができます。ここではキーボードを使った場合の各機能へのショートカットを一覧で紹介します。

種類	機能	キー
全体機能	ソフトウェアキーボード	Menu, Ctrl+M
	スクリーンショット	PrintScreen
	画面表示サイズの切替	Ctrl+O
	滑らか表示の切替	Ctrl+I
モード切替	DIRECT/EDIT 切替	F8, Ctrl+0
	スロット 0	F9, Ctrl+1
	スロット 1	F10, Ctrl+2
	スロット 2	F11, Ctrl+3
	スロット 3	F12, Ctrl+4
入力機能	改行	ENTER
	空行挿入	Ctrl+ENTER
	移動	↑,→,↓,←,HOME,END,PAGEUP,PAGEDOWN
	選択	Shift+↑,→,↓,←,HOME,END,PAGEUP,PAGEDOWN
	左1文字削除	BS
	右1文字削除	DEL
	左側削除	Ctrl+BS
	右側削除	Ctrl+DEL
	UNDO	Ctrl+Z
	REDO	Ctrl+Shift+Z
	カット	Ctrl+X
	コピー	Ctrl+C
	ペースト	Ctrl+V
	ファンクションキー	Ctrl+F1 ～ F8
実行機能	実行	F5,Ctrl+R
	実行時 停止	F5,Ctrl+R,Ctrl+C
	PiSTARTER 実行	F2,Ctrl+9
	SMILE ツール 1 実行	Ctrl+F9,Ctrl+5
	SMILE ツール 2 実行	Ctrl+F10,Ctrl+6

種類	機能	キー
エディタ機能	ヘルプ	F1
	ヘルプ移動	Ctrl+↑,→,↓,←,PAGEUP,PAGEDOWN
	ヘルプサンプルコピー	Ctrl+E
	フォントサイズ変更	Ctrl+B
	エラー個所へ移動	F4
	ファイル読み込み	F6
	ファイル保存	F7,Ctrl+S
	検索モードへ移行	F3,Ctrl+F
	置換モードへ移行	Ctrl+H
	検索・置換モード 後を検索	↓,F3
	検索・置換モード 前を検索	↑,Shift+F3
	検索・置換モード 検索・置換モード切替	TAB
	検索・置換時モード モード脱出	ESC
	検索モード 後を検索	ENTER
	検索モード 前後を検索	Ctrl+ENTER
	置換モード 置換	ENTER
	置換モード すべて置換	Ctrl+ENTER
JISキーボード	入力モード切換え	漢字,CapsLock
	日本語入力モード ON	変換
	日本語入力モード ON+ ひらがな切替	カタひら
	日本語入力モード ON+ カタカナ切替	Shift+ カタひら
	日本語入力モード ON+ カタカナ・ひらがな切替	CTRL+K
	日本語入力モード ON+ カナ・ローマ字切替	Alt+ カタひら
	日本語入力モード OFF	無変換
USキーボード	入力モード切換え	Shift+CapsLock
	日本語入力モード ON + カタカナ・ひらがな切替	CTRL+K

BGM一覧

[BGMPLAY]命令で使用できる、SmileBASIC-Rにデフォルトで登録されているBGMの一覧です。ここでは曲名だけでなく、どんな曲なのかも紹介してみました。

番号	曲名	内容
0	Kung-Fu POP	カンフー映画のような曲
1	With stealthy steps	どこかへ忍び込むような曲
2	Flat out run	近未来的カーレースのような曲
3	Nostalgia TECHNO	少しノスタルジックな勇ましい曲
4	Feel easy	ステージをクリアしたような短い曲
5	Have a good time	場面転換に使える短い曲
6	Relief	ゲームオーバーに使える物悲しい曲
7	Exciting days	アクションゲームに使える楽しげな曲
8	Skipping march	リズムがはずむユニークな曲
9	Valiant departure	ベースが利いた勇ましい曲
10	Important thing	重要な場面などに使える荘厳な曲
11	Chasing at "Ooedo"	和風テイストのポップな曲
12	Funny land	かわいいキャラが登場しそうな曲
13	Step on the accelerator	スピードに乗り先へと進みそうな曲
14	Experiment	リズミカルなアクションをしそうな曲
15	New discovery	神々しい場所に流れそうな曲
16	Thinking time	クイズのシンキングタイムのような曲
17	Mischievous boy	何かが起こりそうな怪しい曲
18	Float	空中を上下するような旋律の曲
19	Sound of the surf	エンディングのような曲
20	Sound of the surf2	エンディングのような曲（アコースティックっぽい）
21	Spy movie	スパイ映画のような曲
22	Calculating	コンピュータのピコピコ音のような曲
23	Take Off!	宇宙へと出発するような曲
24	The evening moon.	静かな夕暮れに流れそうな曲
25	Sensibility	センシビリティなリズムの曲
26	Pure water	安定したリズムと流れの曲
27	Strategy	作戦を練りながら敵地に忍び込むような曲
28	cure	癒しの妖精が登場しそうな曲
29	Intense battle	ボス戦で使えそうな曲
30	Keen competition	シューティングゲームで使えそうな曲
31	Heat uuuup!!	高難易度の場所に進んだような曲
32	Rise with force	RPGやSLGに使えそうな中世っぽい曲
33	Bright blue	海岸を走る車に流れていそうな曲
34	Storyteller	不思議な物語を感じる曲
35	Return trip	演歌っぽい硬派な曲
36	High spirits	意気揚々と行進するような曲
37	Welcome to the party	パーティーの場面で流れそうな曲
38	Funky claps	パズルアクションに使えそうな曲
39	Night surfer	さまざまな印象の音楽が流れる曲
40	Ready to FLY	一定リズムのベースが利いている曲
41	We are heroes	変身ヒーローが敵を倒しつつ進むような曲
42	Pure water2	タイトル画面で流れていそうな曲

BEEP音一覧

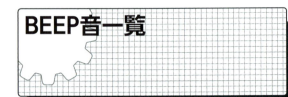

[BEEP]命令で使用できるBEEP音用の音源の一覧です。ゲーム中の効果音として使用できるものも多数用意されていますので、作品造りに活用してください。

BEEP音

番号	BEEP音名	解説
0	Beep	単純なビープ音
1	Noise	ノイズ音
2	Square	エラー音
3	Button - correct	ダイアログ・YES
4	Button - incorrect	ダイアログ・NO
5	Gauge up	ゲージがアップするような音
6	Fall down	落下音
7	Get a coin	コインを取った音
8	Jump	ジャンプ音
9	Put	キーボードタッチ音
10	Shooting	弾を撃った音
11	Mini Bomb	小規模な爆発音
12	Shining	キラッと輝いたような音
13	Damage	ダメージ音
14	Blow off	吹き飛ばされるような音
15	Drift	タイヤのドリフト音
16	Banjos	バンジョーの音色
17	Synth Strings	シンセサイザー・ストリングス
18	Synth Brass	シンセサイザー・ブラス
19	Synth Bass	シンセサイザー・コントラバス
20	Distortion guitar	ディストーションギター
21	Rock Organ	オルガン
22	Dance piano	ピアノ
23	High Tom	ドラム・タム (High)
24	Low Tom	ドラム・タム (Low)
25	Crash Cymbal	ドラム・クラッシュシンバル
26	DancedrumKit OpenHiHat	ドラム・ハイハット(Open)
27	DancedrumKit CloseHiHat	ドラム・ハイハット(Close)
28	Clap	ドラム・クラップ
29	Snare Rim	ドラム・スネアリム
30	DancedrumKit Snare	ドラム・スネア
31	DancedrumKit Kick	ドラム・バスドラム
32	Button - Clear1	ボタン音　だんだん消える
33	Button - Tsudumi	ボタン音　短い鼓のような音
34	GOUKA KENRAN	和風の効果音
35	Electricity	電子機器のような効果音
36	Wipe - up	近未来都市のドアのような音
37	Broken piece	粉々になって消えるような音
38	Warp jump	ワープするような音
39	Banjos - phrase	場面転換（バンジョー）
40	Scratch	スクラッチ音
41	Distortion guitar - phrase	場面転換（ディストーションギター）
42	Rock Organ - phrase	場面転換（オルガン）
43	Dance piano - phrase	場面転換（ピアノ）
44	Car pass - synth	車の通過音
45	Count up	単純な音による演奏　だんだん高くなる
46	REC Noise	SAVE時のノイズ音
47	Synth Tom	シンセサイザー・タム
48	Synth conga	シンセサイザー・コンガ
49	Metronome normal	メトロノーム（カッ）
50	Metronome accent	メトロノーム（チーン）
51	Conga	コンガ
52	DancedrumKit Kick2	ドラム・バスドラム
53	DancedrumKit Snare2	ドラム・スネア
54	DancedrumKit OpenHiHat2	ドラム・ハイハット(Open)
55	Orchestra Hit1	オーケストラルヒット（ジャン!）
56	Timbals	ティンバレス
57	China Cymbal	チャイナ（中国のシンバル）
58	Chappa Cymbal	チャッパ（日本の鳴り物・銅拍子）
59	Shaker	シェイカー
60	Bell tree	ベルツリー
61	Wadaiko	和太鼓
62	Synth Hit	シンセサイザー・単純なヒット音
63	Cuckoo	カッコーの鳴き声のような音
64	Puff-Puff horn	パフパフラッパ
65	Shinobue	忍者が出てくるような効果音
66	Voicepercussion BOON	ボイスパーカッション（ブン）
67	Voicepercussion Ah	ボイスパーカッション（ア）
68	Dog	犬の鳴き声
69	Cat	猫の鳴き声
70	Girl's Voice - OK	女の子の声（オッケー）
71	Girl's Voice - Yattane!	女の子の声（やったね!）
72	Girl's Voice - Omedetou!	女の子の声（おめでとう!）
73	Girl's Voice - ByeBye	女の子の声（バイバーイ!）
74	Girl's Voice - Iyan	女の子の声（いやーん）
75	Girl's Voice - Kya!	女の子の声（キャッ!）
76	Girl's Voice - Uwaaan	女の子の声（うわーん!）
77	Girl's Voice - WAO!	女の子の声（ワァオ!）
78	Girl's Voice - Yahho	女の子の声（ヤッホー）
79	Waterdrop	水滴が落ちる音
80	Flame	炎が燃える音
81	Whip	ムチで叩く音
82	Rock break	岩が砕ける音
83	Raven	カラスの鳴き声
84	Gull	カモメの鳴き声
85	Stream	川の流れの音
86	Baseball - Hit	野球・ボールを打った音
87	Baseball - Catch	野球・ボールを取った音
88	Audience - Dejection	観客・落胆
89	Audience - Cheer	観客・歓声
90	Applause	拍手
91	Badminton - Smash	バトミントン・スマッシュ音
92	Soccer - Shoot	サッカー・シュート音
93	Fan noise light	小さな羽が回転する音
94	Fan noise heavy	大きな羽が回転する音
95	Dig	土を掘るような音
96	Whistle - short	ホイッスル・短い音
97	Whistle - long	ホイッスル・長い音
98	Frog	蛙の鳴き声
99	Door	ドアを開ける音
100	Ignition	点火音
101	Steam	蒸気が吹き出す音
102	Faint away	ピヨピヨ
103	Slash	剣を振り下ろす音
104	Flap	布などがはためくような音
105	Funny Bomb	金属の物体が壊れたような効果音
106	Button - Clear2	ボタン音　だんだん消える
107	Up&Down	高→低→高の流れで鳴る効果音
108	Large explosion	爆発音（長い）
109	Dance synth - phrase	場面転換（シンセサイザー）
110	Mini Drill	ドリル音（高い）
111	Drill spin	歯医者さんのドリルのような音
112	Finger Snap	指を鳴らす音
113	Result Jingle - Synth	結果発表・終了（シンセサイザー）
114	Result Jingle - Gothic	結果発表・終了（ゴシック・ホラー）
115	Vanish	消滅音
116	Button - start	ゲームのスタートボタンを押したような音
117	Button - usually2	シューティングゲームの発音のような音
118	Item get - power up	アイテムでパワーアップ
119	Item get - status up	アイテムで能力アップ
120	Cannon - synth	弾を発射したような音
121	Alert	警告音
122	wabblebass - down	ゆらぐ音による効果音 (down)
123	wabblebass - up	ゆらぐ音による効果音 (up)
124	Machine crash	機械が壊れる音
125	Burner boost	バーナーの火力が上がるような音
126	Robot - moving	ロボットが移動するような音
127	Robot - shining eyes	ロボットが狙いをつけるような音
128	Robot - wakeup	ロボットが動作を始めるような音
129	Vocorder - a	ボコーダー効果音（あ）
130	Vocorder - i	ボコーダー効果音（い）
131	Vocorder - u	ボコーダー効果音（う）
132	Vocorder - e	ボコーダー効果音（え）
133	Vocorder - o	ボコーダー効果音（お）

スプライトキャラクタ定義用テンプレート一覧

ここに掲載されているのがSmileBASIC-R起動時のデフォルトで定義されているキャラクタ定義用テンプレートの一覧になります。使いたいスプライトをここで確認して、作品を作るのに活用してください。

SmileBASIC-Rには多くのスプライト定義が初期登録されています。ここではそのスプライト定義を全リストにまとめました。まずスプライト定義に使用している画像を、次に原点座標による定義番号の違いをまとめてあります。

アニメパターンや回転パターンが用意されているものは（アニメ）（左右）（４方向）のように表記しています。同じ画像を回転して使用している定義の場合、原点座標によって表示が変わるものがありますので使用する際に一度表示させてみて確かめておきましょう。

名称	原点位置 左上	原点位置 下中央	原点位置 中央
イチゴ	0	2048	—
ミカン	1	2049	—
サクランボ	2	2050	—
リンゴ	3	2051	—
ブドウ	4	2052	—
バナナ	5	2053	—
スイカ	6	2054	—
キノコ	7	2055	—
クロワッサン	8	2056	—
食パン	9	2057	—
ケーキ	10	2058	—
プリン	11	2059	—
ソフトクリーム	12	2060	—
だんご	13	2061	—
板チョコ	14	2062	—
キャンディ	15	2063	—
骨つき肉	16	2064	—
魚	17	2065	—
草	18	2066	—
チューリップ	19	2067	—
すずらん	20	2068	—
マーガレット	21	2069	—
緑の宝石	22	2070	—
赤い宝石	23	2071	—
ダイヤモンド	24	2072	—
ピアノ	25	2073	—
バンジョー	26	2074	—
ラッパ	27	2075	—
ハープ	28	2076	—
太鼓	29	2077	—
シンバル	30	2078	—
リコーダー	31	2079	—
（空白）	32	2080	—

名称	原点位置 左上	原点位置 下中央	原点位置 中央
!	33	2081	—
"	34	2082	—
#	35	2083	—
$	36	2084	—
%	37	2085	—
&	38	2086	—
'	39	2087	—
(	40	2088	—
)	41	2089	—
*	42	2090	—
+	43	2091	—
,	44	2092	—
-	45	2093	—
.	46	2094	—
/	47	2095	—
0	48	2096	—
1	49	2097	—
2	50	2098	—
3	51	2099	—
4	52	2100	—
5	53	2101	—
6	54	2102	—
7	55	2103	—
8	56	2104	—
9	57	2105	—
:	58	2106	—
;	59	2107	—
<	60	2108	—
=	61	2109	—
>	62	2110	—
?	63	2111	—
@	64	2112	—
A	65	2113	—

名称	原点位置 左上	原点位置 下中央	原点位置 中央
B	66	2114	—
C	67	2115	—
D	68	2116	—
E	69	2117	—
F	70	2118	—
G	71	2119	—
H	72	2120	—
I	73	2121	—
J	74	2122	—
K	75	2123	—
L	76	2124	—
M	77	2125	—
N	78	2126	—
O	79	2127	—
P	80	2128	—
Q	81	2129	—
R	82	2130	—
S	83	2131	—
T	84	2132	—
U	85	2133	—
V	86	2134	—
W	87	2135	—
X	88	2136	—
Y	89	2137	—
Z	90	2138	—
[	91	2139	—
\	92	2140	—
]	93	2141	—
^	94	2142	—
_	95	2143	—
王様のカギ	96	2144	—
金のカギ	97	2145	—
カギ	98	2146	—

名称	原点位置 左上	原点位置 下中央	原点位置 中央
コンパス	99	2147	—
薬ビン（空）	100	2148	—
薬ビン（赤）	101	2149	—
薬ビン（黄）	102	2150	—
薬ビン（青）	103	2151	—
シュノーケル	104	2152	—
本	105	2153	—
鏡	106	2154	—
炎	107	2155	—
氷	108	2156	—
雷	109	2157	—
ドル袋	110	2158	—
時計	111	2159	—
ピッケル（4方向）	112〜115	2160〜2163	—
スコップ（4方向）	116〜119	2164〜2167	—
ピコピコハンマー（4方向）	120〜123	2168〜2171	—
ブーメラン（4方向）	124〜127	2172〜2175	—
パチンコ（4方向）	128〜131	2176〜2179	—
フック	132〜135	2180〜2183	—
小さな剣（4方向）	136〜139	2184〜2187	—
剣（4方向）	140〜143	2188〜2191	—
すごい剣（4方向）	144〜147	2192〜2195	—
木のつえ（4方向）	148〜151	2196〜2199	—
鉄のつえ（4方向）	152〜155	2200〜2203	—
すごいつえ（4方向）	156〜159	2204〜2207	—
オノ（4方向）	160〜163	2208〜2211	—
盾1	164〜165	—	2212〜2213
盾2	166〜167	—	2214〜2215
ピストル	168	2216	—
弓矢	169	2217	—
木の弓（4方向）	170〜173	2218〜2221	—
鉄の弓（4方向）	174〜177	2222〜2225	—
矢（4方向）	178〜181	2226〜2229	—

名称	原点位置 左上	原点位置 下中央	原点位置 中央
手裏剣	182	—	2230
こて	183	2231	—
ブーツ	184	2232	—
盾	185	2233	—
よろい	186	2234	—
かぶと	187	2235	—
スター（回転）	226〜229	2274〜2277	—
コイン（回転）	230〜233	2278〜2281	—
風船（赤）	234	2282	—
風船（黄）	235	2283	—
風船（青）	236	2284	—
風船（破裂）	237	2285	—
風船のヒモ	238	2286	—
ファイル	239	2287	—
フォルダ	240	2288	—
裏板	241	2289	—
土台	242	2290	—
ブロック	243	2291	—
バクダン（未点火）	244	2292	—
バクダン（点火）	245	2293	—
回転する風車（上向き）	246〜249	2294〜2297	—
回転する風車（下向き）	250〜253	2298〜2301	—
キャタピラで移動する台1	254〜255	2302〜2303	—
キャタピラで移動する台2	256〜257	2304〜2305	—
トゲ小	258	2306	—
トゲ大	259	2307	—
太いトゲ小	260	2308	—
太いトゲ大	261	2309	—
岩	262	2310	—
岩崩れ	263	2311	—
岩こなごな	264	2312	—
ツボ	265	2313	—
ツボ崩れ	266	2314	—

【資料】スプライトキャラクタ定義用テンプレート一覧

名称	原点位置 左上	原点位置 下中央	原点位置 中央
ツボこなごな	267	2315	—
宝箱(空)	268	2316	—
宝箱	269	2317	—
リュックサック	270	2318	—
カバン	271	2319	—
ハシゴ縦	272	2320	—
ハシゴ横	273	2321	—
あしあと右	274	—	2322
あしあと左	275	—	2323
リバーシ黒	276	—	2324
リバーシ回転	277〜279	—	2325〜2327
リバーシ白	280	—	2328
サイコロ1	281	—	2329
サイコロ2	282	—	2330
サイコロ3	283	—	2331
サイコロ4	284	—	2332
サイコロ5	285	—	2333
サイコロ6	286	—	2334
ジャンケングー	287	—	2335
ジャンケンチョキ	288	—	2336
ジャンケンパー	289	—	2337
指差し(4方向)	290〜293	—	2338〜2341
三角矢印(4方向)	294〜297	—	2342〜2345
ターゲットカーソル	298	—	2346
ターゲット照準	299	—	2347
大三角矢印(4方向)	300〜303	—	2348〜2351
フラグ	304	2352	—
注意マーク	305	—	2353
透明なブロック(光る)	306〜309	2354〜2357	—
顔マーク	310	2358	—
顔マーク膨らむ	311	2359	—
顔マーク破裂	312	2360	—
消滅	313	2361	—
顔マーク怒り	314	2362	—
バット(4方向)	315〜318	2363〜2366	—
ゴルフクラブ(4方向)	319〜322	2367〜2370	—
ピンポンラケット(4方向)	323〜326	2371〜2374	—
グローブ(4方向)	327〜330	2375〜2378	—
ラケット(4方向)	331〜334	2379〜2382	—
サッカーボール	335	—	2383
シャトル	336	—	2384
野球ボール	337	—	2385
バレーボール	338	—	2386
バスケットボール	339	—	2387
テニスボール	340	—	2388
ダーツ	341	—	2389
フキダシ？	342	2390	—
フキダシ！	343	2391	—
ボーリングのボール1	344	—	2392
ボーリングのボール2	345	—	2393
ボーリングのピン	346	2394	—
車(青)(4方向)	347〜350	—	2395〜2398
車(赤)(4方向)	351〜354	—	2399〜2402
車(黄)(4方向)	355〜358	—	2403〜2406
車(緑)(4方向)	359〜362	—	2407〜2410
コーン	363	2411	—
チェッカーフラッグ	364	2412	—
帆船(4方向)	365〜368	2413〜2416	—
水面の波(アニメ)	369〜372	2417〜2420	—
ボート(青)(4方向)	373〜376	—	2421〜2424
ボート(赤)(4方向)	377〜380	—	2425〜2428
ボート(黄)(4方向)	381〜384	—	2429〜2432
ボート(緑)(4方向)	385〜388	—	2433〜2436
カエル(4方向)	389〜392	—	2437〜2440
カエル(4方向)(アニメ)	393〜400	—	2441〜2448
カエル移動(4方向)	401〜404	—	2449〜2452
クラゲ(4方向)(アニメ)	405〜412	—	2453〜2460
魚(左右)(アニメ)	413〜416	—	2461〜2464
クモ(4方向)(アニメ)	417〜424	—	2465〜2472
ネズミ(4方向)(アニメ)	425〜432	—	2473〜2480
ゴキちゃん(4方向)	433〜436	—	2481〜2484
ハチ(4方向)	437〜440	—	2485〜2488
チョウ(4方向)	441〜444	—	2489〜2492
1UP	445	2493	—
全音符	446	2494	—
2分音符	447	2495	—
音符付頭	448	2496	—
4分音符	449	2497	—
8分音符	450	2498	—
16分音符	451	2499	—
おひつじ座	452	—	2500
おうし座	453	—	2501
ふたご座	454	—	2502
かに座	455	—	2503
しし座	456	—	2504
おとめ座	457	—	2505
てんびん座	458	—	2506
さそり座	459	—	2507
いて座	460	—	2508
やぎ座	461	—	2509
みずがめ座	462	—	2510
うお座	463	—	2511
戦士(4方向)(アニメ)	464〜467	2512〜2515	
戦士(左右)	468〜471	2516〜2519	
魔法使い(4方向)	472〜475	2520〜2523	
魔法使い(左右)	476〜479	2524〜2527	
僧侶(4方向)	480〜483	2528〜2531	
僧侶(左右)	484〜487	2532〜2535	
盗賊(4方向)	488〜491	2536〜2539	
盗賊(左右)	492〜495	2540〜2543	
戦士(4方向)(アニメ)	496〜511	2544〜2559	
戦士(左右)	512〜515	2560〜2563	
魔法使い(4方向)(アニメ)	516〜531	2564〜2579	
魔法使い(左右)	532〜535	2580〜2583	
僧侶(4方向)(アニメ)	536〜551	2584〜2599	
僧侶(左右)	552〜555	2600〜2603	
盗賊(4方向)(アニメ)	556〜571	2604〜2619	
盗賊(左右)	572〜575	2620〜2623	
王様(4方向)(アニメ)	576〜591	2624〜2639	
王様(左右)	592〜595	2640〜2643	
女王(4方向)(アニメ)	596〜611	2644〜2659	
女王(左右)	612〜615	2660〜2663	
忍者(4方向)(アニメ)	616〜631	2664〜2679	
忍者(左右)	632〜635	2680〜2683	
くのー(4方向)(アニメ)	636〜651	2684〜2699	
くのー(左右)	652〜655	2700〜2703	
白騎士(4方向)(アニメ)	656〜671	2704〜2719	
白騎士(左右)	672〜675	2720〜2723	
黒騎士(4方向)(アニメ)	676〜691	2724〜2739	
黒騎士(左右)	692〜695	2740〜2743	
兵士(4方向)(アニメ)	696〜711	2744〜2759	
兵士(左右)	712〜715	2760〜2763	
メイド(4方向)(アニメ)	716〜731	2764〜2779	
メイド(左右)	732〜735	2780〜2783	
お兄さん(4方向)(アニメ)	736〜751	2784〜2799	
お兄さん(左右)	752〜755	2800〜2803	
お姉さん(4方向)(アニメ)	756〜771	2804〜2819	
お姉さん(左右)	772〜775	2820〜2823	
爺(4方向)(アニメ)	776〜791	2824〜2839	
爺(左右)	792〜795	2840〜2843	
婆(4方向)(アニメ)	796〜811	2844〜2859	
婆(左右)	812〜815	2860〜2863	
男の子(4方向)(アニメ)	816〜831	2864〜2879	
男の子(左右)	832〜835	2880〜2883	
女の子(4方向)(アニメ)	836〜851	2884〜2899	
女の子(左右)	852〜855	2900〜2903	
ネコ(4方向)(アニメ)	856〜871	2904〜2919	
ネコ(左右)	872〜875	2920〜2923	
イヌ(4方向)(アニメ)	876〜891	2924〜2939	
イヌ(左右)	892〜895	2940〜2943	
妖精(4方向)(アニメ)	896〜911	2944〜2959	
妖精(左右)	912〜915	2960〜2963	
ゴブリン(4方向)(アニメ)	916〜931	2964〜2979	
ゴブリン(左右)	932〜935	2980〜2983	
ロボット1(4方向)(アニメ)	936〜951	2984〜2999	
ロボット1(左右)	952〜955	3000〜3003	
ロボット2(4方向)(アニメ)	956〜971	3004〜3019	
ロボット2(左右)	972〜975	3020〜3023	
ミイラ(4方向)(アニメ)	976〜991	3024〜3039	
ミイラ(左右)	992〜995	3040〜3043	
ガイコツ(4方向)(アニメ)	996〜1011	3044〜3059	
ガイコツ(左右)	1012〜1015	3060〜3063	
ゴースト(4方向)(アニメ)	1016〜1031	3064〜3079	
ゴースト(左右)	1032〜1035	3080〜3083	
コウモリ(4方向)(アニメ)	1036〜1051	3084〜3099	
コウモリ(左右)	1052〜1055	3100〜3103	
スライム(4方向)(アニメ)	1056〜1071	3104〜3119	
スライム(左右)	1072〜1075	3120〜0000	
ラミア(4方向)(アニメ)	1076〜1091	3124〜3139	
ラミア(左右)	1092〜1095	3140〜3143	
小鳥	1096〜1097	3144〜3145	
小鳥	1098〜1099	3146〜3147	
小鳥(アニメ)	1100〜1103	3148〜3151	
選手・赤(4方向)(アニメ)	1104〜1119	3152〜3167	
選手・赤(左右)	1120〜1123	3168〜3171	
選手・青(4方向)(アニメ)	1124〜1139	3172〜3187	
選手・青(左右)	1140〜1143	3188〜3191	
選手・赤(4方向)(アニメ)	1144〜1147	3192〜3195	
選手・赤(左右)	1148〜1149	3196〜3197	
選手・青(4方向)(アニメ)	1150〜1151	3198〜3199	
選手・青(左右)	1152〜1153	3200〜3201	
選手・赤	1154〜1157	3202〜3205	
選手・赤	1158〜1159	3206〜3207	
選手・青	1160〜1161	3208〜3209	
選手・青	1162〜1163	3210〜3211	
審判(アニメ)	1164〜1167	3212〜3215	
審判カード黄	1168〜1169	3216〜3217	
審判カード赤	1170〜1171	3218〜3219	
審判セーフ	1172	3220	
審判アウト	1173〜1174	3221〜3222	
審判イン	1175〜1176	3223〜3224	
旗(4方向)	1177〜1180	3225〜3228	
びっくり	1181	—	3229
汗	1182	—	3230
昇天	1183	—	3231
穴	1184	—	3232
吹出し用ヒゲ	1185	3233	—
吹出し用モヤモヤ1	1186	3234	—
吹出し用モヤモヤ2	1187	3235	—
吹出し用モヤモヤ3	1188	3236	—

原点位置

名称	左上	下中央	中央
吹出し用モヤモヤ4	1189	3237	—
吹出し用角(4隅)	1190〜1193	3238〜3241	—
吹出し用中白地	1194	—	3242
オプション赤(アニメ)	1195〜1198	—	3243〜3246
オプション青(アニメ)	1199〜1202	—	3247〜3250
敵1(アニメ)	1203〜1205	—	3251〜3253
敵2(アニメ)	1206〜1209	—	3254〜3257
敵3(アニメ)	1210〜1212	—	3258〜3260
敵4(アニメ)	1213〜1214	—	3261〜3262
敵5	1215	—	3263
敵6	1216	—	3264
敵7	1217	—	3265
敵8	1218	—	3266
敵9	1219	—	3267
敵10頭	1220	—	3268
敵10体	1221	—	3296
敵10尻尾	1222	—	3270
カプセルB(アニメ)	1223〜1226	—	3271〜3274
カプセルP(アニメ)	1227〜1230	—	3275〜3278
破片1	1231	—	3279
破片2	1232	—	3280
破片3	1233	—	3281
破片4	1234	—	3282
足場左端	1235	3283	
足場中央	1236	3284	
足場右端	1237	3285	
足場	1238	3286	
雲足場左端	1239	3287	
雲足場中央	1240	3288	
雲足場右端	1241	3289	
雲足場	1242	3290	
木足場左端	1243	3291	
木足場中央	1244	3292	
木足場右端	1245	3293	
木足場	1246	3294	

名称	左上	下中央	中央
トゲ付床左端	1247	3295	—
トゲ付床中央	1248	3296	—
トゲ付床右端	1249	3297	—
トゲ付床	1250	3298	—
シップ1(アニメ)	1251〜1262	—	3299〜3310
シップ2(アニメ)	1263〜1274	—	3311〜3322
シップ3(アニメ)	1275〜1286	—	3323〜3334
ロボット1変形(アニメ)	1287〜1289	—	3335〜3337
ロボット2変形(アニメ)	1290〜1292	—	3338〜3340
噴射1	1293	3341	—
噴射2	1294	3342	—
シールド(アニメ)	1295〜1298	3343〜3346	
弾発射1	1299	3347	—
弾発射2	1300	3348	—
被弾1	1301	3349	—
被弾2	1302	3350	—
被弾3	1303	3351	—
ミサイル	1304	3352	—
レーザー	1305	3353	—
レーザー大上	1306	3354	—
レーザー大中央	1307	3355	—
レーザー大下	1308	3356	—
レーザー大	1309	—	3357

名称	左上	下中央	中央
ファイア弾(アニメ)	1310〜1313	—	3358〜3361
アイス弾(アニメ)	1314〜1317	—	3362〜3365
サンダー弾(アニメ)	1318〜1321	—	3366〜3369
弾1	1322	—	3370
弾2	1323	—	3371
光弾大(アニメ)	1324〜1327	—	3372〜3375
光弾小(アニメ)	1328〜1331	—	3376〜3379
光弾小(アニメ)	1332〜1335	—	3380〜3383
弾拡大する(アニメ)	1336〜1338	—	3384〜3386
弾	1339	—	3387
弾くさび小	1340	—	3388
弾くさび大	1341	—	3389
光弾尾付き	1342	—	3390
光弾尾付き大	1343	—	3391
サークルビーム	1344	—	3392
カッタービーム	1345	—	3393
炎弾	1346	—	3394
炎弾大	1347	—	3395
ワイドビーム小	1348	—	3396
ワイドビーム中	1349	—	3397
ワイドビーム大	1350	—	3398
泡小	1351	—	3399
泡	1352	—	3400
しずく	1353	—	3401
鐘乳石小(床)	1354	—	3402
鐘乳石	1355	3403	—
ピヨピヨ(アニメ)	1356〜1359	—	3404〜3407
キラキラ(アニメ)	1360〜1363	—	3408〜3411
爆発小(アニメ)	1364〜1367	3412〜3415	
間欠泉(アニメ)	1368〜1375	3416〜3423	
爆発大1(アニメ)	1376〜1379	—	3424〜3427
爆発大2(アニメ)	1380〜1383	—	3428〜3431

名称	左上	下中央	中央
竜頭	1384	—	3432
竜体	1385	—	3433
竜尾	1386	—	3434
ゴキちゃん大(アニメ)	1387〜1388	—	3435〜3436
ヘドロマン(左右)(アニメ)	1389〜1396	3437〜3444	
骨兵(左右)(アニメ)	1397〜1404	3445〜3452	
骨兵威嚇(左右)(アニメ)	1405〜1408	3453〜3456	
骨兵攻撃(左右)(アニメ)	1409〜1414	3457〜3462	
骨兵死亡(左右)	1415〜1416	3463〜3464	
敵機大1	1417	—	3465
敵機大2	1418	—	3466
潜水艦右	1419	—	3467
潜水艦下	1420	—	3468

名称	左上	下中央	中央
潜水艦(左向き)	1421	3469	—
潜水艦上	1422	—	3470
戦車車体	1423〜1424	—	3472
戦車砲塔	1425	—	3473
気球	1426	3474	—
石像	1427	3475	—
マジックハンド柄	1428	3476	
マジックハンド回転部	1429	3477	
マジックハンド開	1430	3478	
マジックハンド閉	1431	3479	
ハカセふつう	1432	—	3480
ハカセがぴーん	1433	—	3481
ハカセにこにこ	1434	—	3482
ワンパクふつう	1435	—	3483
ワンパクなにー!	1436	—	3484

SmileBASIC·R 命令リファレンス 【資料】スプライトキャラクタ定義用テンプレート一覧

SMILE BASIC technology

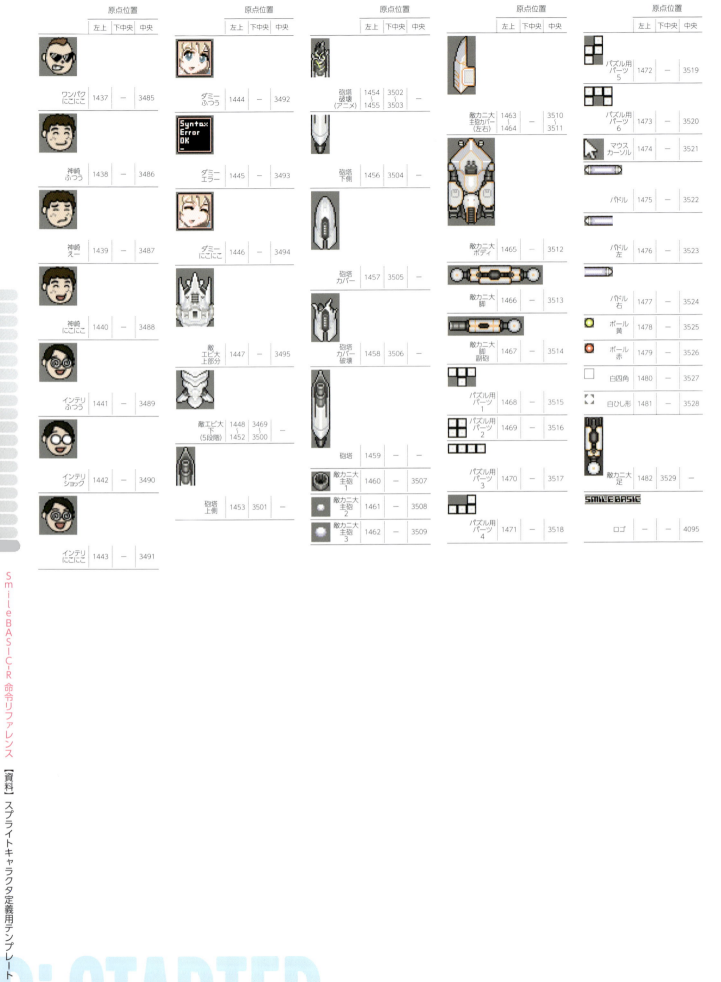

機能別 命令・関数索引

命令・関数	解説	種類	ページ
( )	カッコ表記。最も優先順位が高い	演算子	73
!	単独の論理反転記号、[TRUE]と[FALSE]の状態を反転する	演算子	73
-	数値に付く単独のマイナス符号（ー A）	演算子	73
NOT	数値のビットを反転する。単独演算となる（例：NOT A）	演算子	73
*	乗算（A × B）	演算子	73
/	除算（A ÷ B）	演算子	73
DIV	整数除算。除算の結果の整数値のみを取得	演算子	73
MOD	整数剰余算。除算の結果の余りを整数値で取得する。	演算子	73
+	加算（A + B）	演算子	73
-	減算（A-B）	演算子	73
<<	左の数値を右の数値分左へビットシフトする	演算子	73
>>	左の数値を右の数値分右へビットシフトする	演算子	73
>	左辺が右辺より大きい（A>B）	演算子	73
<	左辺が右辺より小さい（A < B）	演算子	73
>=	左辺が右辺より大きいか等しい（A>=B）	演算子	73
<=	左辺が右辺より小さいか等しい（A<=B）	演算子	73
==	両辺が等しい（A == B）	演算子	73
!=	両辺が等しくない（A ! = B）	演算子	73
AND	2つの数値の同じ位置のビットがともに[1]ならそのビットを[1]に、それ以外なら[0]にする（A AND B）	演算子	73
OR	2つの数値の同じ位置のビットがともに[0]ならそのビットを[0]に、それ以外なら[1]にする（A OR B）	演算子	73
XOR	2つの数値の同じ位置のビットが同じならそのビットを[0]に、違っていたら[1]にする（A XOR B）	演算子	73
&&	論理積※ショートカット演算子	演算子	73
||	論理和※ショートカット演算子	演算子	73
CLEAR	SMILE BASIC 内部のメモリーを初期化する	DIRECT モード専用	74
NEW	プログラム SLOT の内容を消去する	DIRECT モード専用	74
LIST	プログラムリストを表示し、EDIT モードに移行する	DIRECT モード専用	74
LIST ERR	直前にエラーが発生した行からプログラムリストを表示し、EDIT モードに移行する	DIRECT モード専用	74
RUN	プログラムを実行する	DIRECT モード専用	74
CONT	プログラムを再開する	DIRECT モード専用	74
CD	作業のフォルダを指定する	DIRECT モード専用	74
LS	フォルダ内のファイル一覧を表示する	DIRECT モード専用	74
!	シェルコマンドを実行する	DIRECT モード専用	74
SHUTDOWN	システムを終了する	DIRECT モード専用	74
REBOOT	システムを再起動する	DIRECT モード専用	74
QUIT	SmileBASIC-R を終了する	DIRECT モード専用	74
=	左の変数に右の内容を代入する	配列と変数	75
DIM	配列を宣言する	配列と変数	75
VAR	配列を宣言する	配列と変数	75
DIM	変数を宣言する	配列と変数	75
VAR	変数を宣言する	配列と変数	75
SWAP	2つの変数の内容を入れ替える	配列と変数	75
INC	変数に式の値を加算する	配列と変数	75
DEC	数値変数から式の値を減算する	配列と変数	75
COPY	配列変数の内容を別の配列変数にコピーする	配列と変数	75
COPY	データ文の内容を配列変数にコピーする	配列と変数	75
SORT	配列の要素を昇順で並び替える	配列と変数	76
RSORT	配列の要素を降順で並び替える	配列と変数	76
PUSH	配列の最後に要素を1つ追加する	配列と変数	76
POP	配列の最後の要素を抜き取る	配列と変数	76
UNSHIFT	配列の先頭に要素を追加する	配列と変数	76
SHIFT	配列の先頭の要素を抜き取る	配列と変数	76
FILL	配列の要素の内容を指定値に変更する	配列と変数	76
@ ラベル名	その行に対するラベル（名前）を設定する	分岐・くりかえし	77
GOTO	指定したラベルの行にジャンプする	分岐・くりかえし	77
GOSUB	指定したラベルのサブルーチンを呼び出す	分岐・くりかえし	77
RETURN	GOSUB で呼び出された場所に戻る	分岐・くりかえし	77
RETURN	ユーザー定義関数で戻り値を定義する	分岐・くりかえし	77
OUT	複数の値を返すユーザー定義関数での出力先を設定する	分岐・くりかえし	77
ON ～ GOTO	制御変数によってジャンプする先を変えて分岐する	分岐・くりかえし	77
ON ～ GOSUB	制御変数によって呼び出すサブルーチンを変えて分岐する	分岐・くりかえし	77
IF ～ THEN ～ ELSE ～ ENDIF	条件に応じて判断しプログラムの処理を変える	分岐・くりかえし	78
IF ～ GOTO	条件に応じて判断ジャンプ先へ分岐する	分岐・くりかえし	78
THEN	IF による条件が成立した時の制御の先頭を示す	分岐・くりかえし	78
ELSE	IF による条件が不成立だった時の制御の先頭を示す	分岐・くりかえし	78
ENDIF	IF による制御が複数になる場合の終了を示す	分岐・くりかえし	78
FOR ～ TO ～ STEP	命令を指定回数だけ繰り返す	分岐・くりかえし	78
TO	FOR におけるループ数の終了値を指定する	分岐・くりかえし	78
STEP	FOR におけるループ数の増分を指定する	分岐・くりかえし	78
NEXT	FOR 命令で実行するループの終了	分岐・くりかえし	78
WHILE	条件が成立している間ループを繰り返す	分岐・くりかえし	78
WEND	WHILE 命令で実行するループの終了	分岐・くりかえし	78
REPEAT	UNTIL 命令で設定している条件が成立するまでループを繰り返す	分岐・くりかえし	78
UNTIL	条件が成立するまでループを繰り返す	分岐・くりかえし	78
CONTINUE	ループを強制的に次に進める	分岐・くりかえし	79
BREAK	ループを強制的に終了する	分岐・くりかえし	79
END	プログラムを終了する	分岐・くりかえし	79
END	ユーザー定義関数、ユーザー定義命令の終了	分岐・くりかえし	79
STOP	プログラムを中断する	分岐・くりかえし	79
DEF	引数と戻り値のないユーザー定義命令を定義する	ユーザー定義	80
DEF	引数があり戻り値がないユーザー定義命令を定義する	ユーザー定義	80
DEF	戻り値が1つだけあるユーザー定義関数を定義する	ユーザー定義	80
DEF ～ OUT	戻り値が複数あるユーザー定義関数を定義する	ユーザー定義	80
COMMON	違うプログラム SLOT から呼び出せるユーザー定義関数・命令を定義する	ユーザー定義	80
CALL	指定した名称のユーザー定義命令を呼び出す	ユーザー定義	80
CALL	指定した名称のユーザー定義関数を呼び出す	ユーザー定義	80
CALL SPRITE	SPRITE コールバックを呼び出す	ユーザー定義	80
READ	定義されたデータを読み込む	データ操作・その他	81
DATA	データを定義する	データ操作・その他	81
RESTORE	[READ]命令で読み込むデータの先頭を指定する	データ操作・その他	81
OPTION	プログラムの動作モードを設定する	データ操作・その他	81

命令・関数	解説	種類	ページ
WAIT	プログラムを指定時間停止する	データ操作・その他	81
VSYNC	プログラムを指定時間経過するまで停止する	データ操作・その他	81
USLEEP	プログラムの実行を指定時間だけ停止する	データ操作・その他	81
REM	コメント行を書き込む	データ操作・その他	81
'	コメント行を書き込む	データ操作・その他	81
TMREAD ～ OUT	時間文字列を数値に変換する	データ操作・その他	81
DTREAD ～ OUT	日付文字列を数値に変換する	データ操作・その他	81
CHKLABEL( )	そのラベル名が使われているか確認し、結果を戻り値として返す	データ操作・その他	81
CHKCALL( )	文字列で指定したユーザー定義命令や関数があるかないか確認し、戻り値で返す	データ操作・その他	82
CHKVAR( )	文字列で指定した変数があるかないか確認し、戻り値で返す	データ操作・その他	82
KEY	ファンクションキーに文字列を割り当てる	データ操作・その他	82
KEY( )	ファンクションキーの内容を取得する	データ操作・その他	82
CLIPBOARD	クリップボードの内容を設定する	データ操作・その他	82
CLIPBOARD( )	クリップボードの内容を取得し戻り値として返す	データ操作・その他	82
BACKTRACE	直前に実行していた場所を表示する	データ操作・その他	82
CLS	コンソール画面を消去する	コンソール・文字列入力	83
COLOR	コンソール画面の表示色を指定する	コンソール・文字列入力	83
LOCATE	コンソール画面の表示位置を指定する	コンソール・文字列入力	83
TPRIO	コンソール画面の表示順序を変更する	コンソール・文字列入力	83
PRINT	コンソール画面へ文字を表示する	コンソール・文字列入力	83
ATTR	コンソール画面に表示する文字の回転・反転属性を設定する	コンソール・文字列入力	83
SCROLL	コンソール画面全体の表示位置を調整する	コンソール・文字列入力	83
CHKCHR( )	コンソール画面上の文字コードを調べ戻り値として返す	コンソール・文字列入力	83
INPUT	キーボードから数値、または文字列を入力させる	コンソール・文字列入力	83
LINPUT	キーボードから数値、または文字列を入力させる	コンソール・文字列入力	83
INKEY$( )	キーボードから入力されている文字を受け取り戻り値として返す	コンソール・文字列入力	83
FONTDEF	指定した文字コードのフォントを定義する	コンソール・文字列入力	84
FONTDEF	フォントを初期状態に戻す	コンソール・文字列入力	84
WIDTH	コンソール文字サイズを変更する	コンソール・文字列入力	84
WIDTH OUT	コンソール文字サイズを取得する	コンソール・文字列入力	84
CONSOLE	コンソール画面設定を初期状態に戻す	コンソール・文字列入力	84
CONSOLE	コンソール画面の表示位置と大きさを設定する	コンソール・文字列入力	84
CONSOLE OUT	コンソール画面の表示位置と大きさを取得する	コンソール・文字列入力	84
KBDTYPE	キーボードの種類を設定する	各種入力デバイス	85
KBDTYPE( )	キーボードの種類を取得する	各種入力デバイス	85
KBDREPEAT	キーリピートを設定する	各種入力デバイス	85
KBDREPEAT OUT	キーリピートの設定を取得する	各種入力デバイス	85
MOUSEMOV OUT	マウスの移動量を取得する	各種入力デバイス	85
MOUSEBTN( )	マウスのボタンの状態を取得する	各種入力デバイス	85
TOUCHCOUNT( )	タッチパネルの現在のタッチ数を取得する	各種入力デバイス	85
TOUCH OUT	タッチパネルのタッチ情報を取得する	各種入力デバイス	85
BUTTON( )	接続されているコントローラのボタンの状態を取得する	各種入力デバイス	85
BREPEAT	ハードウェアボタンのリピートを設定する	各種入力デバイス	86
STICK OUT	コントローラのアナログ量の情報を取得する	各種入力デバイス	86
PADMODE	XInput/DirectInput のモードを切換える	各種入力デバイス	86
PADMODE OUT	XInput/DirectInput のモードを取得する	各種入力デバイス	86
PADASSIGN	BUTTON 命令へのコントローラのボタン割り当てを行う	各種入力デバイス	86
PADASSIGN ～ OUT	指定した論理 ID に割り当てられているコントローラボタンの物理 ID を取得する	各種入力デバイス	86
TABLETSTAT OUT	接続されたタブレットから状態を取得する	各種入力デバイス	86
FILES	ファイル一覧をコンソール画面に表示する	ファイル	87
FILES	ファイル一覧を文字列配列に取得する	ファイル	87
LOAD	ファイルを指定のリソースに読み込む	ファイル	87
LOAD	画像ファイルを読み込む	ファイル	87
LOAD ～ OUT	テキストファイルを文字列変数に読み込む	ファイル	87
LOAD( )	バイナリーファイルを数値配列変数に読み込む	ファイル	87
LOAD	バイナリーファイルを数値配列変数に読み込む	ファイル	87
SAVE	指定のリソースファイルを保存する	ファイル	87
SAVE	文字列変数をテキストファイルとして保存する	ファイル	87
SAVE	数値配列をバイナリーファイルとして保存する	ファイル	87
SAVE	数値配列の1要素を1バイトとしたバイナリーファイルを保存する	ファイル	88
RENAME	ファイル名を変更する	ファイル	88
DELETE	ファイルを消去する	ファイル	88
EXEC	プログラムファイルを読み込み実行する	ファイル	88
EXEC	プログラム SLOT のファイルを実行する	ファイル	88
USE	プログラム SLOT を実行可能な状態にする	ファイル	88
USE	指定したプログラム SLOT にプログラムをロードし実行する	ファイル	88
CHKFILE( )	指定したファイルが存在するかどうかをチェックする	ファイル	88
FCOPY	指定したファイルを別の名前で複製する	ファイル	88
MKDIR	現在の作業フォルダに新しいフォルダを作る	ファイル	88
RMDIR	現在の作業フォルダ内のフォルダを消去する	ファイル	88
CHDIR	作業フォルダを変更する	ファイル	88
CHDIR( )	現在の作業フォルダ名を取得する	ファイル	88
SYSTEM$( )	シェルコマンドを実行する	ファイル	89
SMILESET	SMILE ツールのファイルパスの設定	ファイル	89
SMILESET ～ OUT	SMILE ツールのファイルパスを取得する	ファイル	89
AUTOEXEC	SmileBASIC-R 起動時の自動実行ファイルを設定する	ファイル	89
AUTOEXEC( )	SmileBASIC-R 起動時の自動実行ファイルのツール番号を取得する	ファイル	89
XSCREEN	画面表示を指定された解像度とアスペクト比に切り替える	画面の表示モード	90
XSCREEN OUT	現在の画面表示の解像度やアスペクト比を取得する	画面の表示モード	90
VISIBLE	画面に表示する要素の ON/OFF を切り替える	画面の表示モード	90
BACKCOLOR	画面の背景色を設定する	画面の表示モード	90
BACKCOLOR( )	現在の背景色の色コードを取得する	画面の表示モード	90
ACLS	描画設定を SmileBASIC-R 起動時の状態に戻す	画面の表示モード	90
FADE	画面全体を指定色で覆う	画面の表示モード	90
FADE( )	画面を覆っている色のコードを取得する	画面の表示モード	90
FADECHK( )	フェードアニメーションの状態を取得する	画面の表示モード	90
GPAGE	表示するグラフィックページと操作するグラフィックページを指定する	グラフィック描画	91
GPAGE OUT	表示するグラフィックページと操作するグラフィックページ番号を取得する	グラフィック描画	91
GCOLOR	グラフィックで描画する色を指定する	グラフィック描画	91
GCOLOR( )	グラフィック描画色の色コードを取得する	グラフィック描画	91

命令・関数	解説	種類	ページ
RGB()	RGBの色コードを変換する	グラフィック描画	91
RGBREAD ~ OUT	RGBの色コードを各成分に分解する	グラフィック描画	91
GCLIP	グラフィックページのクリッピング領域を指定する	グラフィック描画	91
GPRIO	グラフィック表示画面の表示順位を変更する	グラフィック描画	91
GCLS	グラフィックページを指定色で塗りつぶす	グラフィック描画	91
GSPOIT()	操作中のグラフィックページの指定位置の色を調べる	グラフィック描画	91
GPSET	グラフィックページの指定位置にドットを描画する	グラフィック描画	91
GLINE	グラフィックページに直線を引く	グラフィック描画	92
GCIRCLE	グラフィックページに円を描く	グラフィック描画	92
GCIRCLE	グラフィックページに円弧を描く	グラフィック描画	92
GBOX	グラフィックページに長方形を描く	グラフィック描画	92
GFILL	グラフィックページの四角形の範囲を塗りつぶす	グラフィック描画	92
GPAINT	グラフィックページを塗りつぶす	グラフィック描画	92
GCOPY	グラフィックページをコピーし別の場所へペーストする	グラフィック描画	92
GSAVE	グラフィックページの画像データを配列にコピーする	グラフィック描画	92
GLOAD	画像データを配列からグラフィックページにコピーする	グラフィック描画	92
GLOAD	画像データをインデックス画像配列から色変換しながらグラフィックページにコピーする	グラフィック描画	93
GTRI	グラフィックページに三角形を描いて塗りつぶす	グラフィック描画	93
GPUTCHR	グラフィックページにフォントデータを元に文字を書く	グラフィック描画	93
GPUTCHR	グラフィックページにフォントデータを元に文字コードで指定した文字を書く	グラフィック描画	93
GOFS	グラフィックページのオフセット座標を設定する	グラフィック描画	93
GOFS OUT	グラフィックページのオフセット座標を取得する	グラフィック描画	93
SPPAGE	スプライト定義に使用するグラフィックページを設定する	スプライト制御	94
SPPAGE()	スプライト定義に使用しているグラフィックページ番号を取得する	スプライト制御	94
SPCLIP	スプライト表示のクリッピング領域を指定する	スプライト制御	94
SPDEF	スプライトで表示するキャラクタ定義用のテンプレートを初期状態に戻す	スプライト制御	94
SPDEF	スプライトで表示するキャラクタ定義用のテンプレートを作成する	スプライト制御	94
SPDEF	スプライトのキャラクタ定義用テンプレートを配列から一括作成する	スプライト制御	94
SPDEF	スプライトのキャラクタ定義用テンプレートをDATA列から一括作成する	スプライト制御	94
SPDEF ~ OUT	スプライトのキャラクタ定義テンプレートの情報を得る	スプライト制御	94
SPDEF	スプライトのキャラクタ定義用テンプレートを別の定義からコピーして作成する	スプライト制御	95
SPSET	スプライトにテンプレートを割り当て使用可能にする	スプライト制御	95
SPSET	スプライトに直接定義データを設定し使用可能にする	スプライト制御	95
SPDEF ~ OUT	空いているスプライトにテンプレートを割り当て使用可能にする	スプライト制御	95
SPDEF ~ OUT	指定範囲の空いているスプライトにテンプレートを割り当て使用可能にする	スプライト制御	95
SPCLR	指定した管理番号のスプライトを解放する	スプライト制御	95
SPUSED()	指定した管理番号のスプライトが定義されているかどうか確認する	スプライト制御	95
SPSHOW	指定した管理番号のスプライトを表示する	スプライト制御	95
SPHIDE	指定した管理番号のスプライトを表示しないようにする	スプライト制御	95
SPHOME	指定した管理番号のスプライトの座標基準点を設定する	スプライト制御	95
SPHOME ~ OUT	指定した管理番号のスプライトの座標基準点を取得する	スプライト制御	96
SPOFS	スプライトを指定座標に表示する	スプライト制御	96
SPOFS ~ OUT	スプライトの座標情報を得る	スプライト制御	96
SPROT	スプライトの表示角度を変更する	スプライト制御	96
SPROT ~ OUT	スプライトの回転角度を得る	スプライト制御	96
SPSCALE	スプライトの表示倍率を変更する	スプライト制御	96
SPSCALE ~ OUT	スプライトの表示倍率を得る	スプライト制御	96
SPCOLOR	スプライトの表示色を変更する	スプライト制御	96
SPCOLOR()	スプライトの表示色を得る	スプライト制御	96
SPCHR	スプライトのキャラクタ定義を変更する	スプライト制御	96
SPCHR	スプライトのキャラクタ定義を直接指定して変更する	スプライト制御	97
SPCHR ~ OUT	スプライトのキャラクタ定義情報を得る	スプライト制御	97
SPCHR ~ OUT	スプライトのキャラクタ定義テンプレート番号を得る	スプライト制御	97
SPLINK	スプライトを別のスプライトとリンクさせる	スプライト制御	97
SPLINK()	指定したスプライトがリンクしているスプライトを調べる	スプライト制御	97
SPUNLINK	スプライトのリンクを解除する	スプライト制御	97
SPANIM	スプライトのアニメーションを設定する	スプライト制御	97
SPANIM	スプライトのアニメーションを数値配列を用いて設定する	スプライト制御	98
SPANIM	スプライトのアニメーションをDATAを用いて設定する	スプライト制御	98
SPSTOP	スプライトのアニメーションを停止する	スプライト制御	98
SPSTART	スプライトのアニメーションを開始する	スプライト制御	98
SPCHK()	指定した管理番号のスプライトのアニメーションの状態を取得する	スプライト制御	98
SPVAR	スプライトの内部変数に数値を書き込む	スプライト制御	98
SPVAR()	スプライトの内部変数の数値を取得する	スプライト制御	98
SPCOL	スプライトの衝突判定を設定する	スプライト制御	98
SPCOL	スプライトの衝突判定をマスク付きで設定する	スプライト制御	98
SPCOL	スプライトの衝突判定を領域とマスク付きで設定する	スプライト制御	99
SPCOL ~ OUT	スプライトの衝突判定設定の情報を取得する	スプライト制御	99
SPCOL ~ OUT	スプライトの衝突判定設定の情報を範囲の情報を含めて取得する	スプライト制御	99
SPCOLVEC	スプライトの衝突判定領域の移動速度を指定する	スプライト制御	99
SPHITSP()	指定したスプライトと管理番号範囲内のスプライトとの衝突を調べる	スプライト制御	99
SPHITSP()	指定した2つのスプライトの衝突を調べる	スプライト制御	99
SPHITSP()	直前に行ったものと同じ条件でスプライトの衝突を調べる	スプライト制御	100
SPHITRC()	指定した四角形の範囲とスプライトとの衝突判定を行う	スプライト制御	100
SPHITRC()	指定した四角形の範囲と範囲内の管理番号範囲のスプライトとの衝突判定を行う	スプライト制御	100
SPHITRC()	直前に設定した指定した四角形の範囲とスプライトとの衝突判定を行う	スプライト制御	100
SPHITINFO OUT	衝突判定結果の衝突時間情報を取得する	スプライト制御	100
SPHITINFO OUT	衝突判定結果の衝突時間と座標情報を取得する	スプライト制御	100
SPHITINFO OUT	衝突判定結果の衝突時間と座標情報および速度情報を取得する	スプライト制御	100
SPFUNC	スプライトごとに処理を割り当てる	スプライト制御	100
SPUSED()	指定した管理番号のスプライトが定義されているかどうか確認する	スプライト制御	100
AUDIOOUT	音声の出力先を設定する	サウンド	101
AUDIOOUT()	現在の音声の出力先を取得する	サウンド	101
VOLUME	出力音声のマスターボリュームを設定する	サウンド	101
SNDSTOP	すべての音の発声を停止する	サウンド	101

命令・関数	解説	種類	ページ
BEEP	警告音や効果音を発生させる	サウンド	101
BEEPSTOP	効果音・警告音の発声を停止する	サウンド	101
WAVSET	ユーザー定義の効果音を設定する	サウンド	101
WAVSET	ユーザー定義の効果音をWAVEファイルで設定する	サウンド	101
BGMPLAY	登録済の音楽を演奏する	サウンド	102
BGMPLAY	MML文字列で入力されたBGMを演奏する	サウンド	102
BGMSTOP	指定トラックの音楽演奏を停止する	サウンド	102
BGMCHK()	トラックの演奏状態を調べる	サウンド	102
BGMVOL	指定トラックの音量を設定する	サウンド	102
BGMPAUSE	指定したトラックで演奏中の音楽を一時停止する	サウンド	102
BGMPAUSE()	トラックの一時停止を調べる	サウンド	102
BGMCONT	指定したトラックの演奏を再開する	サウンド	102
BGMSET	指定した番号のユーザー定義曲をMML文字列を使って直接設定する	サウンド	102
BGMSETD	MML文字列の入ったDATAを使ってユーザー定義曲を設定する	サウンド	102
BGMSETF	指定した番号のユーザー定義曲をOgg形式を使って設定する	サウンド	102
BGMCLEAR	指定した番号のユーザー定義曲を消去する	サウンド	102
SOUND	サウンドデバイスのレジスタへ値を登録する	サウンド	103
SOUND()	サウンドデバイスのレジスタの値を取得する	サウンド	103
FLOOR()	数値の小数点以下を切り捨てて整数部を取り出す	数学	104
ROUND()	数値の小数点以下を四捨五入して整数部を取り出す	数学	104
CEIL()	数値の小数点以下を切り上げて整数部を取り出す	数学	104
ABS()	数値の絶対値を取得する	数学	104
SGN()	数値の符号を取得する	数学	104
MIN()	複数の数値の中の一番小さい値を調べる	数学	104
MAX()	数値配列の要素の中の一番大きい値を調べる	数学	104
MIN()	複数の数値の中の一番小さい値を調べる	数学	104
MAX()	複数の数値の中の一番大きい値を調べる	数学	104
RND()	整数の乱数を得る	数学	104
RNDF()	実数型の乱数を得る	数学	104
RANDOMIZE	乱数の初期化を行う	数学	104
SQR()	正の平方根を求める	数学	104
EXP()	e（自然対数の底）のべき乗を求める	数学	104
POW()	べき乗を求める	数学	104
LOG()	対数を求める	数学	104
PI()	円周率を取得する	数学	104
RAD()	角度からラジアンを求める	数学	104
DEG()	ラジアン値から角度を求める	数学	104
SIN()	ラジアン値からサイン値を求める	数学	104
COS()	ラジアン値からコサイン値を求める	数学	104
TAN()	ラジアン値からタンジェント値を求める	数学	104
ASIN()	アークサイン値を求める	数学	105
ACOS()	アークコサイン値を求める	数学	105
ATAN()	アークタンジェント値を求める	数学	105
SINH()	ハイパボリックサイン値を求める	数学	105
COSH()	ハイパボリックコサイン値を求める	数学	105
TANH()	ハイパボリックタンジェント値を求める	数学	105
CLASSIFY()	数値が通常数値かどうかを調べる	数学	105
MOD	数値1を数値2で割った余りを求める	数学	105
DIV	数値1を数値2で割った整数値を取得する	数学	105
AND	数値1と数値2の論理積を求める	数学	105
OR	数値1と数値2の論理和を求める	数学	105
XOR	数値1と数値2の排他的論理和を求める	数学	105
NOT	数値の各ビットを反転する	数学	105
<<	数値を指定回数だけ左にビットシフトする	数学	105
>>	数値を指定回数だけ右にビットシフトする	数学	105
文字列変数名[ ]	文字列変数の要素の一部を調べ戻り値として返す	文字列操作	106
文字列変数名[ ]="文字列"	文字列変数の要素の一部を置き換える	文字列操作	106
ASC()	指定した文字のASCIIコードを調べる	文字列操作	106
CHR$()	指定したASCIIコードの文字を取得する	文字列操作	106
VAL()	文字列から数値を得る	文字列操作	106
STR$()	数値を文字列にする	文字列操作	106
HEX$()	数値を16進数で表記した文字列に変換する	文字列操作	106
BIN$()	数値を2進数で表記した文字列に変換する	文字列操作	106
FORMAT$()	表示書式を使って値を整形し文字列化する	文字列操作	106
LEN()	文字列の長さを調べる	文字列操作	107
LEN()	配列の要素数を調べる	文字列操作	107
LEFT$()	文字列の左端から指定文字数の文字列を取り出す	文字列操作	107
MID$()	文字列の指定位置から指定文字数の文字列を取り出す	文字列操作	107
RIGHT$()	文字列の右端から指定文字数の文字列を取り出す	文字列操作	107
INSTR()	文字列から検索対象の文字列を探しその位置を戻り値として返す	文字列操作	107
SUBST$()	文字列の指定位置からを別の文字列に置換する	文字列操作	107
PRGEDIT	操作するプログラムSLOTと行番号を設定する	ソースコード操作	108
PRGGET$()	操作中の行番号に書かれた内容を文字列として取得する	ソースコード操作	108
PRGSET	操作中のプログラムSLOTの行の内容を置き換える	ソースコード操作	108
PRGINS	操作中のプログラムSLOTの行に1行挿入する	ソースコード操作	108
PRGDEL	操作中のプログラムSLOTの行を削除する	ソースコード操作	108
PRGSIZE()	ソースコードの行数などを取得し戻り値として返す	ソースコード操作	108
PRGNAME$()	プログラムのファイル名を調べ文字列として返す	ソースコード操作	108
GPIOMODE	指定したピン番号のピンのI/Oモードを設定する	GPIO制御	109
GPIOPUD	指定したピン番号のピンのプルアップ／ダウンを設定する	GPIO制御	109
GPIOIN()	指定したピン番号のデジタル入力の状態を取得する	GPIO制御	109
GPIOIN()	8ビットI/O入力の状態（0～255）を取得する	GPIO制御	109
GPIOOUT	指定したピン番号へデジタル値を出力する	GPIO制御	109
GPIOOUT	8ビットI/Oへの各デジタル値を出力する	GPIO制御	109
GPIOHWPWM	PWM出力に関連するパラメータを設定する	GPIO制御	109
I2CSTART	I2Cを有効化する	GPIO制御	109
I2CSTOP	I2Cを無効化する	GPIO制御	109
I2CRECV()	指定したI2Cデバイスから8ビットのデータを受信する	GPIO制御	110
I2CRECV	指定したI2Cデバイスから8ビットの配列データを受信する	GPIO制御	110
I2CRECV8()	指定したI2Cデバイスの指定レジスタから8ビットのデータを受信する	GPIO制御	110

命令・関数	解説	種類	ページ
I2CRECV16( )	指定した I2C デバイスの指定レジスタから 16 ビットのデータを受信する	GPIO 制御	110
I2CSEND	指定した I2C デバイスへ8ビットのデータを送信する	GPIO 制御	110
I2CSEND8	指定した I2C デバイスへ8ビットの配列データを送信する	GPIO 制御	110
I2CSEND8	指定した I2C デバイスの指定レジスタへ8ビットのデータを送信する	GPIO 制御	110
I2CSEND16	指定した I2C デバイスの指定レジスタへ 16 ビットのデータを送信する	GPIO 制御	110
SPISTART	指定されたクロック周波数とタイミング方式で SPI を有効化する	GPIO 制御	110
SPISTOP	SPI を無効化する	GPIO 制御	110
SPIRECV	指定した SPI デバイスから8ビットの配列データを受信する	GPIO 制御	110
SPISEND	指定した SPI デバイスへ8ビットの配列データを送信する	GPIO 制御	110
SPISENDRECV	指定した SPI デバイスへ8ビットの配列データを送受信する	GPIO 制御	110
HTTPGET$( )	GET メソッドで HTTP リクエストを送信する	ネットワーク	111
HTTPPOST$( )	POST メソッドで HTTP リクエストを送信する	ネットワーク	111
URLENCODE$( )	指定した、文字列を URL エンコードされた文字列に変換する	ネットワーク	111
:	MML を演奏するチャンネルを指定する	MML	112
T	MML を演奏するテンポ（速度）を指定する	MML	112
L	デフォルトの音の長さを指定する	MML	112
.	付点音符として処理をする	MML	112
&	前後の音をつないで演奏する	MML	112
_	記号の手前の音から、後の音に、音階を滑らかに変えながら演奏する	MML	112
Q	音の長さのうち、どの程度実際に音を出すかを指定する	MML	112
C	[ド]の音階指定	MML	112
D	[レ]の音階指定	MML	112
E	[ミ]の音階指定	MML	112
F	[ファ]の音階指定	MML	112
G	[ソ]の音階指定	MML	112
A	[ラ]の音階指定	MML	112
B	[シ]の音階指定	MML	112
#	音階を半音上げる	MML	112
−	音階を半音下げる	MML	112
R	休符 ※音階と同じように音長指定できる	MML	112
O	オクターブを指定する。	MML	112
<	次の音からのオクターブを1つ上げる	MML	112
>	次の音からのオクターブを1つ下げる	MML	112
!	これ以降にある MML 内の [<] [>] コマンドの効果を逆にする	MML	112
N	音階をキーで直接数値指定する。	MML	112
V	音量を指定する	MML	112
(	それ以降の演奏の音量を1つ上げる	MML	112
)	それ以降の演奏の音量を1つ下げる	MML	112
P	音が聞こえてくる位置を決める	MML	112
@E	エンベロープを設定する	MML	112
@ER	エンベロープを解除する	MML	112
@	楽器音を変更する	MML	112
@MON	揺らし効果を有効にする	MML	112
@MOF	揺らし効果を無効にする	MML	112
@D	周波数の微調整を行う音高くなる	MML	112
@MA	トレモロ（周期的に音量を上げ下げ）を設定する	MML	112
@MP	ビブラート（音程の聞こえかたを保ちながら高さを揺らす）を設定する	MML	112
@ML	オートパンポット（音の位相を揺らす）を設定する	MML	112
[ ]	指定範囲の MML を指定回数だけ繰り返し演奏する	MML	112
$ =	MML の内部変数に数値を代入する	MML	113
{ }	マクロを定義する	MML	113
{ }	マクロを使用する	MML	113
CSRX	カーソル位置 X	システム変数	114
CSRY	カーソル位置 Y	システム変数	114
FREEMEM	残りユーザーメモリー（キロバイト）	システム変数	114
VERSION	システムバージョン（[&HXXYYZZZZ]=Ver XX.YY.ZZZZ）	システム変数	114
TABSTEP	TAB 移動量（書き込み可能）	システム変数	114
SYSBEEP	システム効果音（書き込み可能、[TRUE]= あり、[FALSE]=なし）	システム変数	114
ERRNUM	エラーが発生した時のエラー番号	システム変数	114
ERRLINE	エラーが発生した時の行番号	システム変数	114
ERRPRG	エラーが発生した時のプログラム SLOT	システム変数	114
PRGSLOT	PRGEDIT 命令等のカレントプログラム SLOT	システム変数	114
RESULT	特定の命令を実行した際の処理結果	システム変数	114
MAINCNT	SmileBASIC-R 起動時からのフレーム数	システム変数	114
MILLISEC	SmileBASIC-R 起動時からのミリセカント単位の時間	システム変数	114
TRUE	常に [1]	システム変数	114
FALSE	常に [0]	システム変数	114
TIME$	時刻文字列 (HH:MM:SS)	システム変数	114
DATE$	日付文字列 (YYYY/MM/DD)	システム変数	114
CALLIDX	SPFUNC で呼び出された番号	システム変数	114
SOFTKBD	ソフトウェアキーボードの使用禁止／許可（書き込み可能。[TRUE]= 許可、[FALSE]= 禁止）	システム変数	114
#ON	1	定数・汎用	114
#OFF	0	定数・汎用	114
#YES	1	定数・汎用	114
#NO	0	定数・汎用	114
#TRUE	1	定数・汎用	114
#FALSE	0	定数・汎用	114
#AQUA	&HFF00F8F8	定数・色コード	114
#BLACK	&HFF000000	定数・色コード	114
#BLUE	&HFF0000FF	定数・色コード	114
#CYAN	&HFF0000F8	定数・色コード	114
#FUCHSIA	&HFFF800F8	定数・色コード	114
#GRAY	&HFF808080	定数・色コード	114
#GREEN	&HFF008000	定数・色コード	114
#LIME	&HFF00F800	定数・色コード	114
#MAGENTA	&HFFF800F8	定数・色コード	114
#MAROON	&HFF800000	定数・色コード	114
#NAVY	&HFF000080	定数・色コード	114
#OLIVE	&HFF808000	定数・色コード	114

命令・関数	解説	種類	ページ
#PURPLE	&HFF800080	定数・色コード	114
#RED	&HFFF80000	定数・色コード	114
#SILVER	&HFFC0C0C0	定数・色コード	114
#TEAL	&HFF008080	定数・色コード	114
#WHITE	&HFFF8F8F8	定数・色コード	114
#YELLOW	&HFFF8F800	定数・色コード	114
#TROT0	&H00	定数・ATTR	114
#TROT90	&H01	定数・ATTR	114
#TROT180	&H02	定数・ATTR	114
#TROT270	&H03	定数・ATTR	114
#TREVH	&H04	定数・ATTR	114
#TREVV	&H08	定数・ATTR	114
#SPSHOW	&H01	定数・SPSET/SPCHR	114
#SPROT0	&H00	定数・SPSET/SPCHR	114
#SPROT90	&H02	定数・SPSET/SPCHR	114
#SPROT180	&H04	定数・SPSET/SPCHR	114
#SPROT270	&H06	定数・SPSET/SPCHR	114
#SPREVH	&H08	定数・SPSET/SPCHR	114
#SPREVV	&H10	定数・SPSET/SPCHR	114
#CHKXY	&H01	定数・SPCHK	114
#CHKZ	&H02	定数・SPCHK	114
#CHKUV	&H04	定数・SPCHK	114
#CHKI	&H08	定数・SPCHK	114
#CHKR	&H10	定数・SPCHK	114
#CHKS	&H20	定数・SPCHK	114
#CHKC	&H40	定数・SPCHK	114
#CHKV	&H80	定数・SPCHK	114
#BID_UP	0	定数・BUTTON	114
#BID_DOWN	1	定数・BUTTON	114
#BID_LEFT	2	定数・BUTTON	114
#BID_RIGHT	3	定数・BUTTON	114
#BID_A	4	定数・BUTTON	114
#BID_B	5	定数・BUTTON	114
#BID_X	6	定数・BUTTON	114
#BID_Y	7	定数・BUTTON	114
#BID_LB	8	定数・BUTTON	114
#BID_RB	9	定数・BUTTON	114
#BID_START	10	定数・BUTTON	114
#BID_LT	11	定数・BUTTON	114
#BID_RT	12	定数・BUTTON	114
#BID_BACK	13	定数・BUTTON	114
#BID_LS	14	定数・BUTTON	114
#BID_RS	15	定数・BUTTON	114
#BID_HOME	16	定数・BUTTON	114
#SID_L	0	定数・スティック	114
#SID_R	1	定数・スティック	114
#GPIOMODE_IN	0	定数・GPIO	114
#GPIOMODE_OUT	1	定数・GPIO	114
#GPIOMODE_PWM	2	定数・GPIO	114
#GPIOMODE_CLOCK	3	定数・GPIO	114
#GPIOMODE_SOFT_PWM	4	定数・GPIO	114
#GPIOMODE_SOFT_TONE	5	定数・GPIO	114
#GPIOMODE_ALT0	16	定数・GPIO	114
#GPIOMODE_ALT1	17	定数・GPIO	114
#GPIOMODE_ALT2	18	定数・GPIO	114
#GPIOMODE_ALT3	18	定数・GPIO	114
#GPIOMODE_ALT4	20	定数・GPIO	114
#GPIOMODE_ALT5	21	定数・GPIO	114
#GPIO0	27	定数・GPIO ポート	114
#GPIO1	28	定数・GPIO ポート	114
#GPIO2	3	定数・GPIO ポート	114
#GPIO3	5	定数・GPIO ポート	114
#GPIO4	7	定数・GPIO ポート	114
#GPIO5	29	定数・GPIO ポート	114
#GPIO6	31	定数・GPIO ポート	114
#GPIO7	26	定数・GPIO ポート	114
#GPIO8	24	定数・GPIO ポート	114
#GPIO9	21	定数・GPIO ポート	114
#GPIO10	19	定数・GPIO ポート	114
#GPIO11	23	定数・GPIO ポート	114
#GPIO12	32	定数・GPIO ポート	114
#GPIO13	33	定数・GPIO ポート	114
#GPIO14	8	定数・GPIO ポート	114
#GPIO15	10	定数・GPIO ポート	114
#GPIO16	36	定数・GPIO ポート	114
#GPIO17	11	定数・GPIO ポート	114
#GPIO18	12	定数・GPIO ポート	114
#GPIO19	35	定数・GPIO ポート	114
#GPIO20	38	定数・GPIO ポート	114
#GPIO21	40	定数・GPIO ポート	114
#GPIO22	15	定数・GPIO ポート	114
#GPIO23	16	定数・GPIO ポート	114
#GPIO24	18	定数・GPIO ポート	114
#GPIO25	22	定数・GPIO ポート	114
#GPIO26	37	定数・GPIO ポート	114
#GPIO27	13	定数・GPIO ポート	114

アルファベット順 命令・関数索引

命令・関数	解説	種類	ページ
'	コメント行を書き込む	データ操作・その他	81
-	減算 (A-B)	演算子	73
!	単独の論理反転記号、[TRUE] と [FALSE] の状態を反転する	演算子	73
!	シェルコマンドを実行する	DIRECT モード専用	74
!	これ以降にある MML 内の [<] [>] コマンドの効果を逆にする	MML	112
!=	両辺が等しくない (A != B)	演算子	73
#	音階を半音上げる	MML	112
#AQUA	&HFF00F8F8	定数・色コード	114
#BID_A	4	定数・BUTTON	114
#BID_B	5	定数・BUTTON	114
#BID_BACK	13	定数・BUTTON	114
#BID_DOWN	1	定数・BUTTON	114
#BID_HOME	16	定数・BUTTON	114
#BID_LB	8	定数・BUTTON	114
#BID_LEFT	2	定数・BUTTON	114
#BID_LS	14	定数・BUTTON	114
#BID_LT	11	定数・BUTTON	114
#BID_RB	9	定数・BUTTON	114
#BID_RIGHT	3	定数・BUTTON	114
#BID_RS	15	定数・BUTTON	114
#BID_RT	12	定数・BUTTON	114
#BID_START	10	定数・BUTTON	114
#BID_UP	0	定数・BUTTON	114
#BID_X	6	定数・BUTTON	114
#BID_Y	7	定数・BUTTON	114
#BLACK	&HFF000000	定数・色コード	114
#BLUE	&HFF0000FF	定数・色コード	114
#CHKC	&H40	定数・SPCHK	114
#CHKI	&H08	定数・SPCHK	114
#CHKR	&H10	定数・SPCHK	114
#CHKS	&H20	定数・SPCHK	114
#CHKUV	&H04	定数・SPCHK	114
#CHKV	&H80	定数・SPCHK	114
#CHKXY	&H01	定数・SPCHK	114
#CHKZ	&H02	定数・SPCHK	114
#CYAN	&HFF0000F8	定数・色コード	114
#FALSE	0	定数・汎用	114
#FUCHSIA	&HFFF800F8	定数・色コード	114
#GPIO0	27	定数・GPIO ポート	114
#GPIO1	28	定数・GPIO ポート	114
#GPIO10	19	定数・GPIO ポート	114
#GPIO11	23	定数・GPIO ポート	114
#GPIO12	32	定数・GPIO ポート	114
#GPIO13	33	定数・GPIO ポート	114
#GPIO14	8	定数・GPIO ポート	114
#GPIO15	10	定数・GPIO ポート	114
#GPIO16	36	定数・GPIO ポート	114
#GPIO17	11	定数・GPIO ポート	114
#GPIO18	12	定数・GPIO ポート	114
#GPIO19	35	定数・GPIO ポート	114
#GPIO2	3	定数・GPIO ポート	114
#GPIO20	38	定数・GPIO ポート	114
#GPIO21	40	定数・GPIO ポート	114
#GPIO22	15	定数・GPIO ポート	114
#GPIO23	16	定数・GPIO ポート	114
#GPIO24	18	定数・GPIO ポート	114
#GPIO25	22	定数・GPIO ポート	114
#GPIO26	37	定数・GPIO ポート	114
#GPIO27	13	定数・GPIO ポート	114
#GPIO3	5	定数・GPIO ポート	114
#GPIO4	7	定数・GPIO ポート	114
#GPIO5	29	定数・GPIO ポート	114
#GPIO6	31	定数・GPIO ポート	114
#GPIO7	26	定数・GPIO ポート	114
#GPIO8	24	定数・GPIO ポート	114
#GPIO9	21	定数・GPIO ポート	114
#GPIOMODE_ALT0	16	定数・GPIO	114
#GPIOMODE_ALT1	17	定数・GPIO	114
#GPIOMODE_ALT2	18	定数・GPIO	114
#GPIOMODE_ALT3	18	定数・GPIO	114
#GPIOMODE_ALT4	20	定数・GPIO	114
#GPIOMODE_ALT5	21	定数・GPIO	114
#GPIOMODE_CLOCK	3	定数・GPIO	114
#GPIOMODE_IN	0	定数・GPIO	114
#GPIOMODE_OUT	1	定数・GPIO	114
#GPIOMODE_PWM	2	定数・GPIO	114
#GPIOMODE_SOFT_PWM	4	定数・GPIO	114
#GPIOMODE_SOFT_TONE	5	定数・GPIO	114
#GRAY	&HFF808080	定数・色コード	114
#GREEN	&HFF008000	定数・色コード	114
#LIME	&HFF00F800	定数・色コード	114
#MAGENTA	&HFFF800F8	定数・色コード	114
#MAROON	&HFF800000	定数・色コード	114
#NAVY	&HFF000080	定数・色コード	114
#NO	0	定数・汎用	114
#OFF	0	定数・汎用	114
#OLIVE	&HFF808000	定数・色コード	114
#ON	1	定数・汎用	114
#PURPLE	&HFF800080	定数・色コード	114
#RED	&HFFF80000	定数・色コード	114
#SID_L	0	定数・スティック	114
#SID_R	1	定数・スティック	114

命令・関数	解説	種類	ページ
#SILVER	&HFFC0C0C0	定数・色コード	114
#SPREVH	&H08	定数・SPSET/SPCHR	114
#SPREVV	&H10	定数・SPSET/SPCHR	114
#SPROT0	&H00	定数・SPSET/SPCHR	114
#SPROT180	&H04	定数・SPSET/SPCHR	114
#SPROT270	&H06	定数・SPSET/SPCHR	114
#SPROT90	&H02	定数・SPSET/SPCHR	114
#SPSHOW	&H01	定数・SPSET/SPCHR	114
#TEAL	&HFF008080	定数・色コード	114
#TREVH	&H04	定数・ATTR	114
#TREVV	&H08	定数・ATTR	114
#TROT0	&H00	定数・ATTR	114
#TROT180	&H02	定数・ATTR	114
#TROT270	&H03	定数・ATTR	114
#TROT90	&H01	定数・ATTR	114
#TRUE	1	定数・汎用	114
#WHITE	&HFFF8F8F8	定数・色コード	114
#YELLOW	&HFFF8F800	定数・色コード	114
#YES	1	定数・汎用	114
$ =	MML の内部変数に数値を代入する	MML	113
&	前後の音をつないで演奏する	MML	112
&&	論理積※ショートカット演算子	演算子	73
(	それ以降の演奏の音量を 1 つ上げる	MML	112
( )	カッコ表記。最も優先順位が高い	演算子	73
)	それ以降の演奏の音量を 1 つ下げる	MML	112
*	乗算 (A × B)	演算子	73
.	付点音符として処理をする	MML	112
/	除算 (A ÷ B)	演算子	73
:	MML を演奏するチャンネルを指定する	MML	112
@	楽器音を変更する	MML	112
@D	周波数の微調整を行う音高くなる	MML	112
@E	エンベロープを設定する	MML	112
@ER	エンベロープを解除する	MML	112
@MA	トレモロ（周期的に音量を上げ下げ）を設定する	MML	112
@ML	オートパンポット（音の位相を揺らす）を設定する	MML	112
@MOF	揺らし効果を無効にする	MML	112
@MON	揺らし効果を有効にする	MML	112
@MP	ビブラート（音程の聞こえかたを保ちながら高さを揺らす）を設定する	MML	112
@ ラベル名	その行に対するラベル（名前）を設定する	分岐・くりかえし	77
[ ]	指定範囲の MML を指定回数だけ繰り返し演奏する	MML	112
_	記号の手前の音から、後の音に、音階を滑らかに変えながら演奏する	MML	112
{ }	マクロを定義する	MML	113
{ }	マクロを使用する	MML	113
||	論理和※ショートカット演算子	演算子	73
+	加算 (A + B)	演算子	73
<	左辺が右辺より小さい (A < B)	演算子	73
<	次の音からのオクターブを 1 つ上げる	MML	112
<<	左の数値を右の数値分左へビットシフトする	演算子	73
<<	数値を指定回数だけ左にビットシフトする	数学	105
<=	左辺が右辺より小さいか等しい (A<=B)	演算子	73
=	左の変数に右の内容を代入する	配列と変数	75
==	両辺が等しい (A == B)	演算子	73
>	左辺が右辺より大きい (A>B)	演算子	73
>	次の音からのオクターブを 1 つ上げる	MML	112
>=	左辺が右辺より大きいか等しい (A>=B)	演算子	73
>>	左の数値を右の数値分右へビットシフトする	演算子	73
>>	数値を指定回数だけ右にビットシフトする	数学	105
A	[ラ] の音階指定	MML	112
ABS( )	数値の絶対値を取得する	数学	104
ACLS	描画設定を SmileBASIC-R 起動時の状態に戻す	画面の表示モード	90
ACOS( )	アークコサイン値を求める	数学	105
AND	2つの数値の同じ位置のビットがともに [1] ならそのビットを [1] に、それ以外なら [0] にする (A AND B)	演算子	73
AND	数値1と数値2の論理積を求める	数学	105
ASC( )	指定した文字の ASCII コードを調べる	文字列操作	106
ASIN( )	アークサイン値を求める	数学	105
ATAN( )	アークタンジェント値を求める	数学	105
ATTR	コンソール画面に表示する文字の回転・反転属性を設定する	コンソール・文字列入力	83
AUDIOOUT	音声の出力先を設定する	サウンド	101
AUDIOOUT( )	現在の音声の出力先を取得する	サウンド	101
AUTOEXEC	SmileBASIC-R 起動時の自動実行ファイルを設定する	ファイル	89
AUTOEXEC( )	SmileBASIC-R 起動時の自動実行ファイルのツール番号を取得する	ファイル	89
B	[シ] の音階指定	MML	112
BACKCOLOR	画面の背景色を設定する	画面の表示モード	90
BACKCOLOR( )	現在の背景色の色コードを取得する	画面の表示モード	90
BACKTRACE	直前に実行していた場所を表示する	データ操作・その他	82
BEEP	警告音や効果音を発生させる	サウンド	101
BEEPSTOP	効果音・警告音の発声を停止する	サウンド	101
BGMCHK( )	トラックの演奏状態を調べる	サウンド	102
BGMCLEAR	指定した番号のユーザー定義曲を消去する	サウンド	102
BGMCONT	指定したトラックの演奏を再開する	サウンド	102
BGMPAUSE	指定したトラックで演奏中の音楽を一時停止する	サウンド	102
BGMPAUSE( )	トラックの演奏の一時停止を調べる	サウンド	102
BGMPLAY	登録済の音楽を演奏する	サウンド	102
BGMPLAY	MML 文字列で入力された BGM を演奏する	サウンド	102
BGMSET	指定した番号のユーザー定義曲を MML 文字列を使って直接設定する	サウンド	102
BGMSETD	MML 文字列の入った DATA を使ってユーザー定義曲を設定する	サウンド	102
BGMSETF	指定した番号のユーザー定義曲を Ogg 形式を使って設定する	サウンド	102
BGMSTOP	指定したトラックの音楽演奏を停止する	サウンド	102
BGMVOL	指定トラックの音量を設定する	サウンド	102
BIN$( )	数値を 2 進数で表記した文字列に変換する	文字列操作	106

126

命令・関数	解説	種類	ページ
BREAK	ループを強制的に終了する	分岐・くりかえし	79
BREPEAT	ハードウェアボタンのリピートを設定する	各種入力デバイス	86
BUTTON( )	接続されているコントローラのボタンの状態を取得する	各種入力デバイス	85
C	[ド]の音階指定	MML	112
CALL	指定した名称のユーザー定義命令を呼び出す	ユーザー定義	80
CALL	指定した名称のユーザー定義関数を呼び出す	ユーザー定義	80
CALL SPRITE	SPRITE コールバックを呼び出す	ユーザー定義	80
CALLIDX	SPFUNC で呼び出された番号	システム変数	114
CD	作業のフォルダを指定する	DIRECT モード専用	74
CEIL( )	数値の小数点以下を切り上げて整数部を取り出す	数学	104
CHDIR	作業フォルダを変更する	ファイル	88
CHDIR( )	現在の作業フォルダ名を取得する	ファイル	88
CHKCALL( )	文字列で指定したユーザー定義命令や関数があるかないか確認し、戻り値で返す	データ操作・その他	82
CHKCHR( )	コンソール画面上の文字コードを調べ戻り値として返す	コンソール・文字列入力	83
CHKFILE( )	指定したファイルが存在するかどうかをチェックする	ファイル	88
CHKLABEL( )	そのラベル名が使われているか確認し、結果を戻り値として返す	データ操作・その他	81
CHKVAR( )	文字列で指定した変数があるかないか確認し、戻り値で返す	データ操作・その他	82
CHR$( )	指定した ASCII コードの文字を取得する	文字列操作	106
CLASSIFY( )	数値が通常数値かどうか調べる	数学	105
CLEAR	SMILE BASIC 内部のメモリーを初期化する	DIRECT モード専用	74
CLIPBOARD	クリップボードの内容を設定する	データ操作・その他	82
CLIPBOARD( )	クリップボードの内容を取得し戻り値として返す	データ操作・その他	82
CLS	コンソール画面を消去する	コンソール・文字列入力	83
COLOR	コンソール画面の表示色を指定する	コンソール・文字列入力	83
COMMON	違うプログラム SLOT から呼び出せるユーザー定義関数・命令を定義する	ユーザー定義	80
CONSOLE	コンソール画面設定を初期状態に戻す	コンソール・文字列入力	84
CONSOLE	コンソール画面の表示位置と大きさを設定する	コンソール・文字列入力	84
CONSOLE OUT	コンソール画面の表示位置と大きさを取得する	コンソール・文字列入力	84
CONT	プログラムを再開する	DIRECT モード専用	74
CONTINUE	ループを強制的に次に進める	分岐・くりかえし	79
COPY	配列変数の内容を別の配列変数にコピーする	配列と変数	75
COPY	データ文の内容を配列変数にコピーする	配列と変数	75
COS( )	ラジアンからコサイン値を求める	数学	104
COSH( )	ハイパボリックコサイン値を求める	数学	105
CSRX	カーソル位置 X	システム変数	114
CSRY	カーソル位置 Y	システム変数	114
D	[レ]の音階指定	MML	112
DATA	データを定義する	データ操作・その他	81
DATE$	日付文字列 (YYYY/MM/DD)	システム変数	114
DEC	数値変数から式の値を減算する	配列と変数	75
DEF	引数と戻り値のないユーザー定義命令を定義する	ユーザー定義	80
DEF	引数があり戻り値がないユーザー定義命令を定義する	ユーザー定義	80
DEF	戻り値が 1 つだけあるユーザー定義関数を定義する	ユーザー定義	80
DEF ～ OUT	戻り値が複数あるユーザー定義命令を定義する	ユーザー定義	80
DEG( )	ラジアン値から角度を求める	数学	104
DELETE	ファイルを消去する	ファイル	88
DIM	配列を宣言する	配列と変数	75
DIM	変数を宣言する	配列と変数	75
DIV	整数除算。除算の結果の整数値のみを取得	演算子	73
DIV	数値 1 を数値 2 で割った整数値を取得する	数学	105
DTREAD ～ OUT	日付文字列を数値に変換する	データ操作・その他	81
E	[ミ]の音階指定	MML	112
ELSE	IF による条件が不成立だった時の制御の先頭を示す	分岐・くりかえし	78
END	プログラムを終了する	分岐・くりかえし	79
END	ユーザー定義関数、ユーザー定義命令の終了	分岐・くりかえし	79
ENDIF	IF による制御が複数になる場合の終了を示す	分岐・くりかえし	78
ERRLINE	エラーが発生した時の行番号	システム変数	114
ERRNUM	エラーが発生した時のエラー番号	システム変数	114
ERRPRG	エラーが発生した時のプログラム SLOT	システム変数	114
EXEC	プログラムファイルを読み込み実行する	ファイル	88
EXEC	プログラム SLOT のファイルを実行する	ファイル	88
EXP( )	e (自然対数の底) のべき乗を求める	数学	104
F	[ファ]の音階指定	MML	112
FADE	画面全体を指定色で覆う	画面の表示モード	90
FADE( )	画面を覆っている色のコードを取得する	画面の表示モード	90
FADECHK( )	フェードアニメーションの状態を取得する	画面の表示モード	90
FCOPY	指定したファイルを別の名前で複製する	ファイル	88
FILES	ファイル一覧をコンソール画面に表示する	ファイル	87
FILES	ファイル一覧を文字列配列に取得する	ファイル	87
FILL	配列の要素の内容を指定値に変更する	配列と変数	76
FLOOR( )	数値の小数点以下を切り捨てて整数部を取り出す	数学	104
FONTDEF	指定した文字コードのフォントを定義する	コンソール・文字列入力	84
FONTDEF	フォントを初期状態に戻す	コンソール・文字列入力	84
FOR ～ TO ～ STEP	命令を指定回数だけ繰り返す	分岐・くりかえし	78
FORMAT$( )	表示書式を使って値を整形し文字列化する	文字列操作	106
FREEMEM	残りユーザーメモリー (キロバイト)	システム変数	114
G	[ソ]の音階指定	MML	112
GBOX	グラフィックページに長方形を描く	グラフィック描画	92
GCIRCLE	グラフィックページに円を描く	グラフィック描画	92
GCIRCLE	グラフィックページに円弧を描く	グラフィック描画	92
GCLIP	グラフィックページのクリッピング領域を指定する	グラフィック描画	91
GCLS	グラフィックページを指定色で塗りつぶす	グラフィック描画	91
GCOLOR	グラフィックで描画する色を指定する	グラフィック描画	91
GCOLOR( )	グラフィック描画色の色コードを取得する	グラフィック描画	91
GCOPY	グラフィックページをコピーし別の場所へペーストする	グラフィック描画	92
GFILL	グラフィックページの四角形の範囲を塗りつぶす	グラフィック描画	92
GLINE	グラフィックページに直線を引く	グラフィック描画	92
GLOAD	画像データを配列からグラフィックページにコピーする	グラフィック描画	92
GLOAD	画像データをインデックス画像配列から色変換しながらグラフィックページにコピーする	グラフィック描画	93
GOFS	グラフィックページのオフセット座標を設定する	グラフィック描画	93
GOFS OUT	グラフィックページのオフセット座標を取得する	グラフィック描画	93
GOSUB	指定したラベルのサブルーチンを呼び出す	分岐・くりかえし	77

命令・関数	解説	種類	ページ
GOTO	指定したラベルの行にジャンプする	分岐・くりかえし	77
GPAGE	表示するグラフィックページと操作するグラフィックページを指定する	グラフィック描画	91
GPAGE OUT	表示するグラフィックページと操作するグラフィックページ番号を取得する	グラフィック描画	91
GPAINT	グラフィックページを塗りつぶす	グラフィック描画	92
GPIOHWPWM	PWM 出力に関連するパラメータを設定する	GPIO 制御	109
GPIOIN( )	指定したピン番号のデジタル入力の状態を取得する	GPIO 制御	109
GPIOIN( )	8 ビット I/O 入力の状態 (0 ～ 255) を取得する	GPIO 制御	109
GPIOMODE	指定したピン番号のピンの I/O モードを設定する	GPIO 制御	109
GPIOOUT	指定したピン番号へデジタル値を出力する	GPIO 制御	109
GPIOOUT	8 ビット I/O へ各デジタル値を出力する	GPIO 制御	109
GPIOPUD	指定したピン番号のピンのプルアップ／ダウンを設定する	GPIO 制御	109
GPRIO	グラフィック表示画面の表示順位を変更する	グラフィック描画	91
GPSET	グラフィックページの指定位置にドットを描画する	グラフィック描画	91
GPUTCHR	グラフィックページにフォントデータを元に文字を書く	グラフィック描画	93
GPUTCHR	グラフィックページにフォントデータを元に文字コードで指定した文字を書く	グラフィック描画	93
GSAVE	グラフィックページの画像データを配列にコピーする	グラフィック描画	92
GSPOIT( )	操作中のグラフィックページの指定位置の色を取得する	グラフィック描画	91
GTRI	グラフィックページに三角形を描いて塗りつぶす	グラフィック描画	93
HEX$( )	数値を 16 進数で表記した文字列に変換する	文字列操作	106
HTTPGET$( )	GET メソッドで HTTP リクエストを送信する	ネットワーク	111
HTTPPOST$( )	POST メソッドで HTTP リクエストを送信する	ネットワーク	111
I2CRECV	指定した I2C デバイスから8ビットの配列データを受信する	GPIO 制御	110
I2CRECV( )	指定した I2C デバイスから8ビットのデータを受信する	GPIO 制御	110
I2CRECV16( )	指定した I2C デバイスの指定レジスタから 16 ビットのデータを受信する	GPIO 制御	110
I2CRECV8( )	指定した I2C デバイスの指定レジスタから8ビットのデータを受信する	GPIO 制御	110
I2CSEND	指定した I2C デバイスへ8ビットのデータを送信する	GPIO 制御	110
I2CSEND	指定した I2C デバイスへ8ビットの配列データを送信する	GPIO 制御	110
I2CSEND16	指定した I2C デバイスの指定レジスタへ 16 ビットのデータを送信する	GPIO 制御	110
I2CSEND8	指定した I2C デバイスの指定レジスタへ8ビットのデータを送信する	GPIO 制御	110
I2CSTART	I2C を有効化する	GPIO 制御	109
I2CSTOP	I2C を無効化する	GPIO 制御	109
IF ～ GOTO	条件に応じて判断しジャンプ先へ分岐する	分岐・くりかえし	78
IF ～ THEN ～ ELSE ～ ENDIF	条件に応じて判断しプログラムの処理を変える	分岐・くりかえし	78
INC	変数に式の値を加算する	配列と変数	75
INKEY$( )	キーボードから入力されている文字を受け取り戻り値として返す	コンソール・文字列入力	83
INPUT	キーボードから数値、または文字列を入力させる	コンソール・文字列入力	83
INSTR( )	文字列から検索対象の文字列を探しその位置を戻り値として返す	文字列操作	107
KBDREPEAT	キーリピートを設定する	各種入力デバイス	85
KBDREPEAT OUT	キーリピートの設定を取得する	各種入力デバイス	85
KBDTYPE	キーボードの種類を設定する	各種入力デバイス	85
KBDTYPE( )	キーボードの種類を取得する	各種入力デバイス	85
KEY	ファンクションキーに文字列を割り当てる	データ操作・その他	82
KEY( )	ファンクションキーの内容を取得する	データ操作・その他	82
L	デフォルトの音の長さを指定する	MML	112
LEFT$( )	文字列の左端から指定文字数の文字列を取り出す	文字列操作	107
LEN( )	文字列の長さを調べる	文字列操作	107
LEN( )	配列の要素数を調べる	文字列操作	107
LINPUT	キーボードから数値、または文字列を入力させる	コンソール・文字列入力	83
LIST	プログラムリストを表示し、EDIT モードに移行する	DIRECT モード専用	74
LIST ERR	直前にエラーが発生した行からプログラムリストを表示し、EDIT モードに移行する	DIRECT モード専用	74
LOAD	ファイルを指定のリソースに読み込む	ファイル	87
LOAD	画像ファイルを読み込む	ファイル	87
LOAD	バイナリファイルを数値配列変数に読み込む	ファイル	87
LOAD ～ OUT	テキストファイルを文字列変数に読み込む	ファイル	87
LOAD( )	バイナリファイルを数値配列変数に読み込む	ファイル	87
LOCATE	コンソール画面の表示位置を指定する	コンソール・文字列入力	83
LOG( )	対数を求める	数学	104
LS	フォルダ内のファイル一覧を表示する	DIRECT モード専用	74
MAINCNT	SmileBASIC-R 起動時からのフレーム数	システム変数	114
MAX( )	数値配列の要素の中の一番大きい値を調べる	数学	104
MAX( )	複数の数値の中の一番大きい値を調べる	数学	104
MID$( )	文字列の指定位置から指定文字数の文字列を取り出す	文字列操作	107
MILLISEC	SmileBASIC-R 起動時からのミリセカント単位の時間	システム変数	114
MIN( )	複数の数値の中の一番小さい値を調べる	数学	104
MIN( )	複数の数値の中の一番小さい値を調べる	数学	104
MKDIR	現在の作業フォルダに新しいフォルダを作る	ファイル	88
MOD	整数剰余算。除算の結果の余りを整数値で取得する	演算子	73
MOD	数値1を数値2で割った余りを求める	数学	105
MOUSEBTN( )	マウスのボタンの状態を取得する	各種入力デバイス	85
MOUSEMOV OUT	マウスの移動量を取得する	各種入力デバイス	85
N	音階をキーで直接数値指定する。	MML	112
NEW	プログラム SLOT の内容を消去する	DIRECT モード専用	74
NEXT	FOR 命令で実行するループの終了	分岐・くりかえし	78
NOT	数値のビットを反転する。単独演算となる (例：NOT A)	演算子	73
NOT	数値の各ビットを反転する	数学	105
O	オクターブを指定する。	MML	112
ON ～ GOSUB	制御変数によって呼び出すサブルーチンを変えて分岐する	分岐・くりかえし	77
ON ～ GOTO	制御変数によって飛ぶ先を変えて分岐する	分岐・くりかえし	77
OPTION	プログラムの動作モードを設定する	データ操作・その他	81
OR	2つの数値の同じ位置のビットがともに [0] ならそのビットを [0] に、それ以外なら [1] にする (A OR B)	演算子	73
OR	数値1と数値2の論理和を求める	数学	105
OUT	複数値を返すユーザー定義関数での出力先を設定する	分岐・くりかえし	77
P	音が聞こえてくる位置を決める	MML	112
PADASSIGN	BUTTON 命令でのコントローラのボタン割り当てを行う	各種入力デバイス	86
PADASSIGN ～ OUT	指定した論理 ID に割り当てられているコントローラボタンの物理 ID を取得する	各種入力デバイス	86
PADMODE	XInput/DirectInput のモードを切換える	各種入力デバイス	86
PADMODE OUT	XInput/DirectInput のモードを取得する	各種入力デバイス	86

命令・関数	解説	種類	ページ
PI( )	円周率を取得する	数学	104
POP	配列の最後の要素を抜き取る	配列と変数	76
POW( )	べき乗を求める	数学	104
PRGDEL	操作中のプログラム SLOT の行を削除する	ソースコード操作	108
PRGEDIT	操作するプログラム SLOT と行番号を設定する	ソースコード操作	108
PRGGET$( )	操作中の行番号に書かれた内容を文字列として取得する	ソースコード操作	108
PRGINS	操作中のプログラム SLOT の行に 1 行挿入する	ソースコード操作	108
PRGNAME$( )	プログラムのファイル名を調べ文字列として返す	ソースコード操作	108
PRGSET	操作中のプログラム SLOT の行の内容を置き換える	ソースコード操作	108
PRGSIZE( )	ソースコードの行数などを取得し戻り値として返す	ソースコード操作	108
PRGSLOT	PRGEDIT 命令等のカレントプログラム SLOT	システム変数	114
PRINT	コンソール画面へ文字を表示する	コンソール・文字列入力	83
PUSH	配列の最後に要素を 1 つ追加する	配列と変数	76
Q	音の長さのうち、どの程度実際に音を出すかを指定する	MML	112
QUIT	SmileBASIC-R を終了する	DIRECT モード専用	74
R	休符 ※音階と同じように音長指定できる	MML	112
RAD( )	角度からラジアンを求める	数学	104
RANDOMIZE	乱数の初期化を行う	数学	104
READ	定義されたデータを読み込む	データ操作・その他	81
REBOOT	システムを再起動する	DIRECT モード専用	74
REM	コメント行を書き込む	データ操作・その他	81
RENAME	ファイル名を変更する	ファイル	88
REPEAT	UNTIL 命令で設定している条件が成立するまでループを繰り返す	分岐・くりかえし	78
RESTORE	[READ] 命令で読み込むデータの先頭を指定する	データ操作・その他	81
RESULT	特定の命令を実行した際の処理結果	システム変数	114
RETURN	GOSUB で呼びだれた場所へ戻る	分岐・くりかえし	77
RETURN	ユーザー定義関数で戻り値を定義する	分岐・くりかえし	77
RGB( )	RGB の色コードを変換する	グラフィック描画	91
RGBREAD ~ OUT	RGB の色コードを各成分に分解する	グラフィック描画	91
RIGHT$( )	文字列の右端から指定文字数の文字列を取り出す	文字列操作	107
RMDIR	現在の作業フォルダ内のフォルダを消去する	ファイル	88
RND( )	整数の乱数を得る	数学	104
RNDF( )	実数型の乱数を得る	数学	104
ROUND( )	数値の小数点以下を四捨五入して整数部を取り出す	数学	104
RSORT	配列の要素を降順で並び替える	配列と変数	76
RUN	プログラムを実行する	DIRECT モード専用	74
SAVE	指定のリソースファイルを保存する	ファイル	87
SAVE	文字列変数をテキストファイルとして保存する	ファイル	87
SAVE	数値配列をバイナリファイルとして保存する	ファイル	87
SAVE	数値配列の1要素を1バイトとしたバイナリファイルを保存する	ファイル	88
SCROLL	コンソール画面全体の表示位置を調整する	コンソール・文字列入力	83
SGN( )	数値の符号を得る	数学	104
SHIFT	配列の先頭の要素を抜き取る	配列と変数	76
SHUTDOWN	システムを終了する	DIRECT モード専用	74
SIN( )	ラジアン値からサイン値を求める	数学	104
SINH( )	ハイパボリックサイン値を求める	数学	105
SMILESET	SMILE ツールのファイルパスの設定	ファイル	89
SMILESET ~ OUT	SMILE ツールのファイルパスを取得する	ファイル	89
SNDSTOP	すべての音の音声を停止する	サウンド	101
SOFTKBD	ソフトウェアキーボードの使用禁止／許可（書き込み可能。[TRUE]= 許可、[FALSE]= 禁止）	システム変数	114
SORT	配列の要素を昇順で並び替える	配列と変数	76
SOUND	サウンドデバイスのレジスタへ値を登録する	サウンド	103
SOUND( )	サウンドデバイスのレジスタの値を取得する	サウンド	103
SPANIM	スプライトのアニメーションを設定する	スプライト制御	97
SPANIM	スプライトのアニメーションを数値配列を用いて設定する	スプライト制御	98
SPANIM	スプライトのアニメーションを DATA を用いて設定する	スプライト制御	98
SPCHK( )	指定した管理番号のスプライトのアニメーションの状態を取得する	スプライト制御	98
SPCHR	スプライトのキャラクタ定義を変更する	スプライト制御	96
SPCHR	スプライトのキャラクタ定義を直接指定して変更する	スプライト制御	97
SPCHR ~ OUT	スプライトのキャラクタ定義情報を得る	スプライト制御	97
SPCHR ~ OUT	スプライトのキャラクタ定義テンプレート番号を得る	スプライト制御	97
SPCLIP	スプライト表示のクリッピング領域を指定する	スプライト制御	94
SPCLR	指定した管理番号のスプライトを解放する	スプライト制御	95
SPCOL	スプライトの衝突判定を設定する	スプライト制御	98
SPCOL	スプライトの衝突判定をマスク付きで設定する	スプライト制御	98
SPCOL	スプライトの衝突判定を領域とマスク付きで設定する	スプライト制御	99
SPCOL ~ OUT	スプライトの衝突判定設定の情報を得る	スプライト制御	99
SPCOL ~ OUT	スプライトの衝突判定設定の情報を範囲の情報を含めて取得する	スプライト制御	99
SPCOLOR	スプライトの表示色を変更する	スプライト制御	96
SPCOLOR( )	スプライトの表示色を得る	スプライト制御	96
SPCOLVEC	スプライトの衝突判定領域の移動速度を指定する	スプライト制御	99
SPDEF	スプライトで表示するキャラクタ定義用のテンプレートを初期状態に戻す	スプライト制御	94
SPDEF	スプライトで表示するキャラクタ定義用のテンプレートを作成する	スプライト制御	94
SPDEF	スプライトのキャラクタ定義用テンプレートを配列から一括作成する	スプライト制御	94
SPDEF	スプライトのキャラクタ定義用テンプレートを DATA 列から一括作成する	スプライト制御	94
SPDEF	スプライトのキャラクタ定義用テンプレートを別の定義からコピーして作成する	スプライト制御	95
SPDEF ~ OUT	スプライトのキャラクタ定義テンプレートの情報を得る	スプライト制御	94
SPDEF ~ OUT	空いているスプライトにテンプレートを割り当て使用可能にする	スプライト制御	95
SPDEF ~ OUT	指定範囲の空いているスプライトにテンプレートを割り当て使用可能にする	スプライト制御	95
SPFUNC	スプライトにごとに処理を割り当てる	スプライト制御	100
SPHIDE	指定した管理番号のスプライトを表示しないようにする	スプライト制御	95
SPHITINFO OUT	衝突判定結果の衝突時間情報を取得する	スプライト制御	100
SPHITINFO OUT	衝突判定結果の衝突時間と座標情報を取得する	スプライト制御	100
SPHITINFO OUT	衝突判定結果の衝突時間および座標・速度情報を取得する	スプライト制御	100
SPHITRC( )	指定した四角形の範囲とスプライトの衝突判定を行う	スプライト制御	100
SPHITRC( )	指定した四角形の範囲と範囲内の管理番号のスプライトとの衝突判定を行う	スプライト制御	100

命令・関数	解説	種類	ページ
SPHITRC( )	直前に設定した指定した四角形の範囲とスプライトとの衝突判定を行う	スプライト制御	100
SPHITSP( )	指定したスプライトと管理番号範囲内のスプライトとの衝突を調べる	スプライト制御	99
SPHITSP( )	指定した2つのスプライトの衝突を調べる	スプライト制御	99
SPHITSP( )	直前に行ったものと同じ条件でスプライトの衝突を調べる	スプライト制御	100
SPHOME	指定した管理番号のスプライトの座標基準点を設定する	スプライト制御	95
SPHOME ~ OUT	指定した管理番号のスプライトの座標基準点を取得する	スプライト制御	96
SPIRECV	指定した SPI デバイスから8ビットの配列データを受信する	GPIO 制御	110
SPISEND	指定した SPI デバイスへ8ビットの配列データを送信する	GPIO 制御	110
SPISENDRECV	指定した SPI デバイスへ8ビットの配列データを送受信する	GPIO 制御	110
SPISTART	指定されたクロック周波数とタイミング方式で SPI を有効化する	GPIO 制御	110
SPISTOP	SPI を無効化する	GPIO 制御	110
SPLINK	スプライトを別のスプライトとリンクさせる	スプライト制御	97
SPLINK( )	指定したスプライトがリンクしているスプライトを調べる	スプライト制御	97
SPOFS	スプライトを指定座標に表示する	スプライト制御	96
SPOFS ~ OUT	スプライトの座標情報を得る	スプライト制御	96
SPPAGE	スプライト定義に使用するグラフィックページを設定する	スプライト制御	94
SPPAGE( )	スプライト定義に使用しているグラフィックページ番号を取得する	スプライト制御	94
SPROT	スプライトの表示角度を変更する	スプライト制御	96
SPROT( )	スプライトの回転角度を得る	スプライト制御	96
SPSCALE	スプライトの表示倍率を変更する	スプライト制御	96
SPSCALE ~ OUT	スプライトの表示倍率を得る	スプライト制御	96
SPSET	スプライトにテンプレートを割り当て使用可能にする	スプライト制御	95
SPSET	スプライトに直接定義データを設定し使用可能にする	スプライト制御	95
SPSHOW	指定した管理番号のスプライトを表示する	スプライト制御	95
SPSTART	スプライトのアニメーションを開始する	スプライト制御	98
SPSTOP	スプライトのアニメーションを停止する	スプライト制御	98
SPUNLINK	スプライトのリンクを解除する	スプライト制御	97
SPUSED( )	指定した管理番号のスプライトが定義されているかどうか確認する	スプライト制御	95
SPUSED( )	指定した管理番号のスプライトが定義されているかどうか確認する	スプライト制御	100
SPVAR	スプライトの内部変数に数値を書き込む	スプライト制御	98
SPVAR( )	スプライトの内部変数の数値を取得する	スプライト制御	98
SQR( )	正の平方根を求める	数学	104
STEP	FOR におけるループ数の増分を指定する	分岐・くりかえし	78
STICK OUT	コントローラのアナログ量の情報を取得する	各種入力デバイス	86
STOP	プログラムを中断する	分岐・くりかえし	79
STR$( )	数値を文字列にする	文字列操作	106
SUBST$( )	文字列の指定位置からを別の文字列に置換する	文字列操作	107
SWAP	2 つの変数の内容を入れ替える	配列と変数	75
SYSBEEP	システム効果音（書き込み可能、[TRUE]= あり、[FALSE]=なし）	システム変数	114
SYSTEM$( )	シェルコマンドを実行する	ファイル	89
T	MML を演奏するテンポ（速度）を指定する	MML	112
TABLETSTAT OUT	接続されたタブレットから状態を取得する	各種入力デバイス	86
TABSTEP	TAB 移動量（書き込み可能）	システム変数	114
TAN( )	ラジアン値からタンジェント値を求める	数学	104
TANH( )	ハイパボリックタンジェント値を求める	数学	105
THEN	IF による条件が成立した時の制御の先頭を示す	分岐・くりかえし	78
TIME$	時刻文字列（HH:MM:SS）	システム変数	114
TMREAD ~ OUT	時間文字列を数値に変換する	データ操作・その他	81
TO	FOR におけるループ数の終了値を指定する	分岐・くりかえし	78
TOUCH OUT	タッチパネルのタッチ情報を取得する	各種入力デバイス	85
TOUCHCOUNT( )	タッチパネルの現在のタッチ数を取得する	各種入力デバイス	85
TPRIO	コンソール画面の表示順位を変更する	コンソール・文字列入力	83
UNSHIFT	配列の先頭に要素を追加する	配列と変数	76
UNTIL	条件が成立するまでループを繰り返す	分岐・くりかえし	78
URLENCODE$( )	指定した、文字列を URL エンコードされた文字列に変換する	ネットワーク	111
USE	プログラム SLOT の内容を実行可能な状態にする	ファイル	88
USE	指定したプログラム SLOT にプログラムをロードし実行する	ファイル	88
USLEEP	プログラムの実行を指定時間だけ停止する	データ操作・その他	81
V	音量を指定する	MML	112
VAL( )	文字列から数値を得る	文字列操作	106
VAR	配列を宣言する	配列と変数	75
VAR	変数を宣言する	配列と変数	75
VERSION	システムバージョン（[&HXXYYZZZZ]=Ver XX.YY.ZZZZ）	システム変数	114
VISIBLE	画面に表示する要素の ON/OFF を切り替える	画面の表示モード	90
VOLUME	出力音声のマスターボリュームを設定する	サウンド	101
VSYNC	プログラムを指定時間経過するまで停止する	データ操作・その他	81
WAIT	プログラムを指定時間停止する	データ操作・その他	81
WAVSET	ユーザー定義の効果音を設定する	サウンド	101
WAVSET	ユーザー定義の効果音を WAVE ファイルで設定する	サウンド	101
WEND	WHILE 命令で実行するループの終了	分岐・くりかえし	78
WHILE	条件が成立している間ループを繰り返す	分岐・くりかえし	78
WIDTH	コンソール文字サイズを変更する	コンソール・文字列入力	84
WIDTH OUT	コンソール文字サイズを取得する	コンソール・文字列入力	84
XOR	2つの数値の同じ位置のビットが同じならそのビットを [0] に、違っていたら [1] にする (A XOR B)	演算子	73
XOR	数値1と数値2の排他的論理和を求める	数学	105
XSCREEN	画面表示を指定された解像度とアスペクト比に切り替える	画面の表示モード	90
XSCREEN OUT	現在の画面表示の解像度とアスペクト比を取得する	画面の表示モード	90
文字列変数名 [ ]	文字列変数の要素の一部を取得し戻り値として返す	文字列操作	106
文字列変数名 [ ]="文字列"	文字列変数の要素の一部を置き換える	文字列操作	106

128